土木工程测量

主　编　马飞虎
副主编　孙翠羽
参　编　康永红　汤　俊　聂启祥
　　　　张燕茹　程海琴　何桂珍
　　　　贺小星

中南大学出版社
www.csupress.com.cn

图书在版编目(CIP)数据

土木工程测量/马飞虎主编. —长沙:中南大学出版社,2016.11

ISBN 978 - 7 - 5487 - 2254 - 0

Ⅰ.土... Ⅱ.马... Ⅲ.土木工程 - 工程测量 Ⅳ. TU198

中国版本图书馆 CIP 数据核字(2016)第 100601 号

土木工程测量

主编 马飞虎

□责任编辑	刘颖维	
□责任印制	易红卫	
□出版发行	**中南大学出版社**	
	社址:长沙市麓山南路	邮编:410083
	发行科电话:0731-88876770	传真:0731-88710482
□印　　装	长沙市宏发印刷有限公司	

□开　　本	787 × 1092　1/16	□印张 19.5	□字数 496 千字	
□版　　次	2016 年 11 月第 1 版	□印次 2016 年 11 月第 1 次印刷		
□书　　号	ISBN 978 - 7 - 5487 - 2254 - 0			
□定　　价	44.00 元			

普通高校土木工程专业系列精品规划教材

编审委员会

总　序

　　土木工程是促进我国国民经济发展的重要支柱产业。近30年来，我国公路、铁路、城市轨道交通等基础设施以及城市建筑进入了高速发展阶段，以高速、重载和超高层为特征的建设工程的安全性、经济性和耐久性等高标准要求向传统的土木工程设计、施工技术提出了严峻挑战。面对新挑战，国内外土木工程行业的设计、施工、养护技术人员和科研工作者在工程实践和科学研究工作中，不断提出创新理念，积极开展基础理论和技术创新，研发了大量的新技术、新材料和新设备，形成了成套设计、施工和养护的新规范和技术手册，并在工程实践中大范围应用。

　　土木工程行业日新月异的发展，对现代土木工程专业技术人才培养提出了迫切要求。教材建设和教学内容是人才培养的重要环节。为向普通高校本科生全面、系统和深入阐述公路、铁路、城市轨道交通以及建筑结构等土木工程领域的基础理论和工程技术成果，由中南大学出版社、中南大学土木工程学院组织国内土木工程领域一批专家、学者组成"普通高校土木工程专业系列精品规划教材"编审委员会，共同编写这套系列教材。通过多次研讨，确定了这套土木工程专业系列教材的编写原则：

　　1. 系统性

　　本系列教材以《土木工程指导性专业规范》为指导，教材内容满足城乡建筑、公路、铁路以及城市轨道交通等领域的建筑工程、桥梁工程、道路工程、铁道工程、隧道与地下工程和土木工程管理等方向的需求。

　　2. 先进性

　　本系列教材与21世纪土木工程专业人才培养模式的研究成果密切结合，既突出土木工程专业理论知识的传承，又尽可能全面反映土木工程领域的新理论、新技术和新方法，注重各门内容的充实与更新。

　　3. 实用性

　　本系列教材针对90后学生的知识与素质特点，以应用型人才培养为目标，注重理论知识与案例分析相结合，传统教学方式与基于现代信息技术的教学手段相结合，重点培养学生的工程实践能力，提高学生的创新素质。这套教材不仅是面向普通高校土木工程专业本科生的课程教材，还可作为其他层次学历教育和短期培训的教材和广大土木工程技术人员的专业参考书。

4. 严谨性

本系列教材的编写出版要求严格按国家相关规范和标准执行，认真把好编写人员遴选关、教材大纲评审关、教材内容主审关和教材编辑出版关，尽最大努力提高教材编写质量，力求出精品教材。

根据本套系列教材的编写原则，我们邀请了一批长期从事土木工程专业教学的一线教师负责本系列教材的编写工作。但是，由于我们的水平和经验所限，这套教材的编写肯定有不尽人意的地方，敬请读者朋友们不吝赐教。编委会将根据读者意见、土木工程发展趋势和教学手段的提升，对教材进行认真修订，以期保持这套教材的时代性和实用性。

最后，衷心感谢全套教材的参编同仁，由于他们的辛勤劳动，编撰工作才能顺利完成。真诚感谢中南大学校领导、中南大学出版社领导和编辑们，由于他们的大力支持和辛勤工作，本套教材才能够如期与读者见面。

2015 年 7 月

前　言

　　本书是根据高等学校土木工程专业教学指导委员会制订的《高等学校土木工程本科指导性专业规范》，结合土木工程、环境工程、土地资源和房产管理等专业对工程测量的实际需求编写而成，可供相关本科专业选用，是一部内容全面的工程测量教材。全书共 14 章：第 1 章绪论；第 2 章 水准测量；第 3 章 角度测量；第 4 章 距离测量与直线定向；第 5 章 全站仪及其使用；第 6 章 测量误差的基本知识；第 7 章 小区域制测量；第 8 章 GNSS 技术及应用；第 9 章 地形测量；第 10 章 地形图的识读与应用；第 11 章 施工测量的基本工作；第 12 章 线路工程测量；第 13 章 桥梁、隧道测量；第 14 章 变形测量。

　　本书由马飞虎主编，孙翠羽副主编，康永红、汤俊、聂启祥、张燕茹、程海琴、何桂珍、贺小星参编。第 1 章至第 4 章由马飞虎编写，第 9 章至第 11 章由孙翠羽编写，第 5 章至第 8 章由康永红编写。其余章节由汤俊、聂启祥、张燕茹、程海琴、何桂珍、贺小星编写。全书由马飞虎统稿，在编写过程中参阅了大量的文献和资料，研究生饶志强、姜珊珊、孙喜文等协助整理了文字及图片，在此一并表示衷心感谢。

　　《土木工程测量》既可作为土木工程专业及相关专业测量课程的教科书，也可供相关专业的工程技术人员参考。

　　限于编者水平，书中难免有不足之处，恳请读者批评指正。

作者

2016 年 8 月

目　录

第 1 章

绪　论

1.1　测量学的定义及分类

测量学是研究地球形状、大小及确定地球表面空间点位，以及对空间点位信息进行采集、处理、储存和管理的科学。测量学按其研究的范围和对象的不同，又分为多个学科。

1. 普通测量学

普通测量学，是研究将地球表面局部地区的地貌及地物测绘成大比例尺地形图的基本理论和方法的科学。它在地形测量中不考虑地球曲率的影响，是测量学的基础部分，其内容是将地表的地物、地貌及人工建（构）筑物等测绘成地形图，为各建设部门直接提供数据和资料。

2. 大地测量学

大地测量学，是研究地球的大小和形状，解决大范围地区的控制测量和地球重力场问题的理论和方法。大地测量必须考虑地球曲率的影响。现代大地测量学已进入以空间大地测量为主的领域，可提供高精度、高分辨率，以及适时、动态的定量空间信息，是研究地壳运动与形变、地球动力学、海平面变化、预测地质灾害等的重要手段之一。

3. 摄影测量学

摄影测量学，是研究利用摄影或遥感技术获取被测物体的信息，以确定物体的形状、大小和空间位置的理论和方法。由于获得相片的方式不同，摄影测量又分为航空摄影测量、水下摄影测量、地面摄影测量和航天遥感等。随着空间、数字和全息影像技术的发展，它可方便地为人们提供数字图件、建立各种数据库、虚拟现实，已成为测量学的关键技术。

4. 海洋测量学

海洋测量学，是研究港口、码头、航道、水下地形的测量以及海图绘制的理论、技术和方法的学科，是以海洋和陆地水域为研究对象。

5. 工程测量学

工程测量学，是研究各种工程在规划设计、施工放样和运营管理等阶段中的测量理论和方法。工程测量学的主要内容包括控制测量、地形测量、施工测量、安装测量、竣工测量、变形观测、跟踪监测等。

6. 地图制图学

地图制图学，是研究各种地图的制作理论、原理、工艺技术和应用的一门学科。研究内容主要包括地图的编制、地图投影学、地图整饰、印刷等。自动化、电子化、系统化已成为其主要发展方向。

7. GNSS 卫星测量

GNSS 卫星测量，又称导航全球定位系统，是通过地面上 GNSS 卫星信号接收机，接收太空 GNSS 卫星发射的导航信息，快捷地确定(解算)接收机天线中心的位置。由于其高精度、高效率、多功能、操作简便，已在包括土木工程在内的众多领域广泛应用。

本书主要介绍土木建筑工程中测绘工作的内容，它属于工程测量的范畴，也与其他测量学科有着密切的联系。

1.2　土木工程测量学的任务及作用

1.2.1　土木工程测量学的任务

土木工程测量学主要面向土木建筑、环境、道路、桥梁、水利等学科。在工程建设过程中，工程项目一般分为规划与勘测设计、施工、运营管理三个阶段，测量工作贯穿于工程项目建设的全过程，根据不同的施测对象和阶段，工木工程测量学具有以下任务。

1. 测图

在勘测阶段，为了对建(构)筑物的具体设计提供地形资料，需要在建筑地区测图。由于这种测图是在局部范围内进行的，可以不考虑地球曲率的影响，将曲面当作平面处理。测量时只需按照一定的测量程序，在地球表面局部区域内测定地物(如房屋、道路、桥梁、河流、湖泊)和地貌(如平原、洼地、丘陵、山地)的特征点或棱角点的三维坐标，根据局部区域地图投影理论，将测量资料按比例绘制成图或制作成电子图。这种既能表示地物的平面位置，又能表示地貌变化的平面图，称为地形图。此外，与建筑工程有关的土地划分、用地边界和产界的测定等，均需测绘地物平面图。这种只表示地物的平面尺寸和位置，不表示地貌的平面图，称为地物图。

为了满足与工程建设有关的土地规划与管理、用地界定等的需求，需要测绘各种平面图(如地籍图、宗地图)。

对于公路、铁路、管线和特殊构造物的设计，除需要提供带状地形图外，还需要测绘沿某一方向表示地面起伏变化的纵断面图和横断面图。

工程竣工后，为了便于工程验收和运营管理、维修，还需要测绘竣工图。

2. 用图

用图是利用成图的基本原理，如构图方法、坐标系统、表达方式等，在图上进行量测，以获得所需要的资料(如地面点的三维坐标、两点间的距离、地块面积、地面坡度、断面形状)，或将图上量测的数据反算成与实地相应的测量数据，以解决设计和施工中的实际问题。例如，从图上利用拟建场地的有利地形来选择建(构)筑物的形式、位置和尺寸；在图上进行方案比较和工程量的估算；施工场地的布置与平整等。用图的过程实质上是个识图、量图和判图的过程。

工程建设项目的规划设计方案，力求经济、合理、实用、美观。这就要求在规划设计中，充分利用地形、合理使用土地，正确处理建设项目与环境的关系，做到规划设计与自然美的结合,使建(构)筑物与自然地形形成协调统一的整体。因此,用图涉及地形图、地物图和断面图并贯穿于设计阶段的全过程。此外,城市规划、城镇建设、能源开发、土地使用、改建、扩建、施工管理等,也都需要用图。

3. 放图

放图也称施工放样,是根据设计图提供的数据,按照设计精度要求,通过测量手段将建(构)筑物的特征点、线、面等标定到实地工作面上,为施工提供正确位置,指导施工。放样又称测设,是测图的逆过程。测图又称测绘,是将地上的点位测定在图上。放样则是将设计图上的点位测设到地上,两者测量过程相反。放样工作贯穿于施工全过程。同时,在施工过程中,还需要利用测量的手段监测建(构)筑物的三维坐标、构件与设备的安装定位等,以保证工程施工质量。

4. 变形测量

对于某些有特殊要求的建(构)筑物,为了监测它在各种应力作用下的安全性和稳定性,或检查它的设计理论和施工质量,还需要进行变形观测。变形观测是在建(构)筑物上设置若干观测点,按测量观测程序和相应周期,测定观测点在荷载或外力作用下,随时间延续三维坐标的变化值,以分析判断建(构)筑物的安全性和稳定性。变形观测包括位移观测、倾斜观测、裂缝观测等。

综合上述,测量工作贯穿于工程建设的全过程。参与工程建设的技术人员必须具备工程测量的基本技能。因此,工程测量学是工程建设技术人员的一门必修技术基础课。

1.2.2 土木工程测量学的作用

测绘技术及成果对于国民经济建设、国防建设和科学研究起着重要的作用,同时被广泛地应用于相关领域。

在土木工程中,测绘科学的各项高新技术,已在或正在土木工程各专业中得到广泛应用。在工程建设的规划设计阶段,各种比例尺地形图、数字地形图,用于城镇规划设计、管理、道路选线以及总平面和竖向设计等,以保障建设选址得当,规划布局科学合理;在进行施工时,特别是大型、特大型工程的施工,运用全球定位系统技术和测量机器人技术可以进行高精度建(构)筑物的施工测设,同时适时对施工、安装工作进行检验校正,使得施工符合设计要求;在工程管理方面,竣工测量资料是扩建、改建和管理维护必需的资料。对于大型或重要的建(构)筑物还要定期进行变形监测,以确保其安全可靠;在土地资源管理方面,地籍图、房产图对土地资源开发、综合利用、管理和权属确认具有法律效力。因此,测绘资料是项目建设的重要依据,是土木工程勘察设计现代化的重要技术,是工程项目顺利施工的重要保证,是房产、地产管理的重要手段,是工程质量检验和监测的重要措施。

本课程的学习要求掌握测量基本理论和技术原理,熟练操作常规测量仪器,学会并正确应用工程测量基本理论和方法,同时具有一定的测图、用图、放图和变形测量等的独立工作能力。

1.3　地球形状与大小

地球的自然表面是很不规则的，其上有高山、深谷、丘陵、平原、江湖、海洋等。我们可以设想地球的整体形状是被海水所包围的球体，即设想将一静止的海洋面扩展延伸，使其穿过大陆和岛屿，形成一个封闭的曲面。

由于地球的自转运动，地球上任一点都要受到离心力和地球引力的双重作用，这两个力的合力称为重力，重力的方向线称为铅垂线。铅垂线是测量工作的基准线。静止的水面称为水准面，水准面是受地球重力影响而形成的，是一个处处与重力方向垂直的连续曲面，并且是一个重力场的等位面。与水准面相切的平面称为水平面。水准面可高可低，因此符合上述特点的水准面有无数多个，其中通过平均海水面的一个水准面称为大地水准面，它是测量工作的基准面。由大地水准面所包围的形体，称为大地体。

用大地体表示地球形体是恰当的，由于地球内部质量分布不均匀，致使地面上各点的铅垂线方向产生不规则变化，所以，大地水准面是一个不规则的无法用数学表达式表述的曲面（图1－1），在这样的曲面上是无法进行测量数据的计算及处理的。经过长期研究表明，地球形状极近似于一个两极稍扁的旋转椭球，即一个椭圆绕其短轴旋转而成的形体。而其旋转椭球面是可以用较简单的数学公式准确地表达出来。在测量工作中就是用这样一个规则的曲面代替大地水准面作为测量计算的基准面（图1－2）。

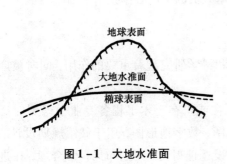

图1－1　大地水准面

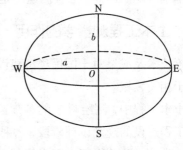

图1－2　旋转椭球

椭球的形状和大小是由其基本元素决定的。椭球体的基本元素是：长半轴 a、短半轴 b、扁率（$\alpha = \dfrac{a-b}{a}$）。

某一国家或地区为处理测量成果而采用与大地体的形状大小最接近，又适合本国或本地区要求的旋转椭球，这样的椭球体称为参考椭球体。确定参考椭球体与大地体之间的相对位置关系，称为椭球体定位。参考椭球体面只具有几何意义而无物理意义，它是严格意义上的测量计算基准面。我国目前采用1975年国际大地测量协会推荐的椭球，其元素值为：$a = 6378140$ m，$b = 6356755$ m，$\alpha = 1:298.257$。

由于地球的扁率很小，所以在一般测量工作中，可把地球看作一个圆球来处理，其半径 $R = 6371$ km。

1.4 测量坐标系统

坐标系统用来确定地面点在地球椭球面或投影平面上的位置。测量上通常采用地理坐标系统、高斯－克吕格平面直角坐标系统、独立平面直角坐标系统和 WGS－84 坐标系统。

1.4.1 地理坐标系

当研究和测定整个地球的形状或进行大区域的测绘工作时,可用地理坐标来确定地面点的位置。地理坐标是一种球面坐标,依据球体的不同分为天文坐标和大地坐标。

1. 天文坐标

以大地水准面为基准面,地面点沿铅垂线投影在该基准面上的位置,称为该点的天文坐标。该坐标 (λ , φ) 用天文经度和天文纬度表示。天文地理坐标是用天文测量方法直接测定的。如图 1－3 所示,将大地体看作地球,NS 即为地球的自转轴,N 为北极,S 为南极,O 为地球体中心。包含地面点 P 的铅垂线且平行于地球自转轴的平面称为 P 点的天文子午面。天文子午面与地球表面的交线称为天文子午线,也称经线。而将通过英国格林尼治天文台埃里中星仪的子午面称为起始子午面,相应的子午线称为起始子午线或零子午线,并作为经度计量的起点。过点 P 的天文子午面与起始子午面所夹的两面角就称为 P 点的天文经度。用 λ 表示,其值为 $0° \sim 180°$,在本初子午线以东的叫东经,以西的叫西经。

通过地心且垂直于地轴的平面称为赤道面,赤道面与地球表面的交线称为赤道;地面点 P 的铅垂线与赤道面所形成的夹角 φ 称为 P 点的天文纬度。由赤道面北极度量称为北纬,向南极度量称为南纬,其取值为 $0° \sim 90°$。

2. 大地坐标

以参考椭球面为基准面,地面点沿椭球面的法线投影在该基准面上的位置,称为该点的大地坐标。该坐标 (L, B) 用大地经度和大地纬度表示。大地地理坐标是根据大地测量所得数据推算得到的。如图 1－4 所示,包含地面点 P 的法线且通过椭球旋转轴的平面称为 P 的大地子午面。过 P 点的大地子午面与起始大地子午面所夹的两面角就称为 P 点的大地经度,用 L 表示,其值分为东经 $0° \sim 180°$ 和西经 $0° \sim 180°$。过点 P 的法线与椭球赤道面所夹的线面角就称为 P 点的大地纬度,用 B 表示,其值分为北纬 $0° \sim 90°$ 和南纬 $0° \sim 90°$。

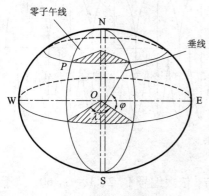

图 1－3 天文坐标

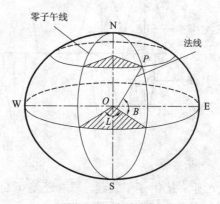

图 1－4 大地坐标

地理坐标为一种球面坐标,常用于大地问题解算、地球形状和大小的研究、编制大面积地图、火箭与卫星发射、战略防御和指挥等方面。

1.4.2 高斯–克吕格平面直角坐标系

地理坐标建立在球面基础上,不能直接用于测图、工程建设规划、设计、施工,因此测量工作最好在平面上进行。所以需要将球面坐标按一定的数学算法归算到平面上去,即按照地图投影理论(高斯投影)将球面坐标转化为平面直角坐标。

高斯投影,是设想将截面为椭圆的柱面套在椭球体外面,如图1–5所示,使柱面轴线通过椭球中心,并且使椭球面上的中央子午线与柱面相切,而后将中央子午线附近的椭球面上的点、线正形投影到柱面上,再沿过极点N的母线将柱面剪开,展成平面,这样就形成了高斯投影平面。故高斯投影又称为横轴椭圆柱投影。

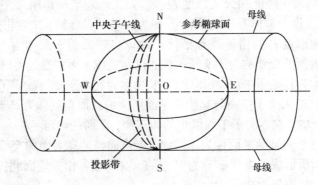

图1–5　高斯投影

高斯投影中,除中央子午线外,各点均存在长度变形,且距中央子午线越远,长度变形越大。为了控制由曲面等角投影(正形投影)到平面时引起的变形在测量容许值范围内,将地球椭球面按一定的经度差分成若干范围不大的带,称为投影带。带宽一般分为经差6°、3°。分别称为6°带、3°带(图1–6)。

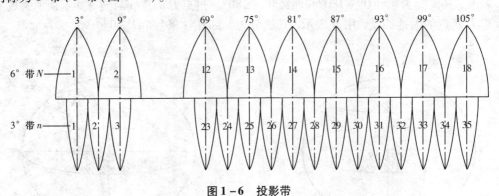

图1–6　投影带

6°带:从0°子午线起,每隔经差6°自西向东分带,依次编号1、2、3、…、60,位于各带边界上的子午线称为分带子午线,位于各带中央的子午线称为中央子午线或轴子午线。带号N与相应的中央子午线经度L_0的关系是

$$L_0 = 6N - 3 \qquad\qquad (1-1)$$

3°带：以 6°带的中央子午线和分界子午线为其中央子午线。即自东经 1.5°子午线起，每隔经差 3°自西向东分带，依次编号 1、2、3、…、120，带号 n 与相应的中央子午线经度 L_0' 的关系是

$$L_0' = 3n \qquad\qquad (1-2)$$

例如：北京某点的经度为 116°28′，它属于 6°带的带号 $N = \mathrm{int}\left[\dfrac{116°28′}{6°} + 1\right] = 20$，中央子午线经度 $L_0 = 6° \times 20 - 3° = 117°$。3°带的带号 $n = \mathrm{int}\left[\dfrac{116°28′ - 1°30′}{3°} + 1\right] = 39$，相应的中央子午线经度 $L_0' = 3° \times 39 = 117°$。分带应视测量的精度选择，工程建设一般选择 6°、3°带，亦可按 9°（宽带）、1°5′（窄带）分带。

　　在投影面上，中央子午线和赤道的投影都是直线。以中央子午线和赤道的交点 O 作为坐标原点，以中央子午线的投影为纵坐标轴 x，规定 x 轴向北为正；以赤道的投影为横坐标轴 y，y 轴向东为正，这样便形成了高斯平面直角坐标系 [图 1-7(a)]。

　　我 国 领 土 位 于 北 半 球，在高斯－克吕格平面直角坐标系中，x 值均为正值。而地面点位于中央子午线以东，y 为正值，以西则 y 为负值。

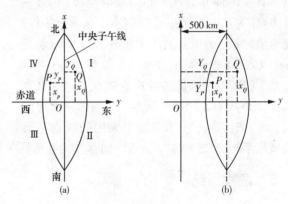

图 1-7　高斯－克吕格平面直角坐标系

这种以中央子午线为纵轴的坐标值称为自然值。为了避免 y 值出现负值，规定每带纵轴向西平移 500 km，即所有点的 y 坐标值均加上 500 km，如图 1-7(b) 所示。这样在新的坐标系下，横坐标均为正值。此外，为便于区别某点位于哪一个投影带内，还应在横坐标值前冠以投影带带号，这种坐标称为国家统一坐标。例如，P 点的高斯平面直角坐标 $x_P = 3275611.188$ m；$y_P = -376543.211$ m，若该点位于第 19 带内，则 P 点的国家统一坐标表示为 $x_P = 3275611.188$ m；$Y_P = 19\,123456.789$ m。

1.4.3　独立平面直角坐标系

　　当测区范围较小（半径 $\leqslant 10$ km）时，可将地球表面视作平面，直接将地面点沿铅垂线方向投影到水平面上，用平面直角坐标系表示该点的投影位置。以测区子午线方向（真子午线或磁子午线）为纵轴（x 轴），北方向为正；横轴（y 轴）与 x 轴垂直，东方向为正。这样就建立了独立平面直角坐标系。

　　与数学坐标系相比较，区别在于纵、横轴互换，且象限按顺时针方向 Ⅰ、Ⅱ、Ⅲ、Ⅳ 排列，如图 1-8 所示，这是因为在测量中南北方向是最重要的基本方向，直线的方向也都是从正北方向开始按顺时针方向计量的，但这种改变并不影响三角函数的应用。

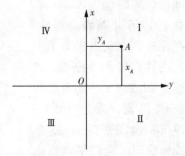

图 1-8　平面直角坐标系

1.4.4 WGS-84 坐标系

WGS-84 坐标系的几何定义是：原点在地球质心，z 轴指向国际时间局 BIH 1984 年定义的协议地球极 CTP(Conventional Terrestrial Pole)方向，x 轴指向 BIH-1984.0 的零子午面和 CTP 赤道面的交点，y 轴与 z 轴、x 轴构成右手坐标系，如图 1-9 所示。

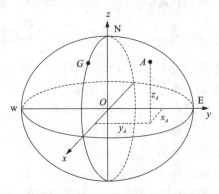

由于地球自转轴相对地球体而言，地极点在地球表面的位置随着时间而发生变化，这种现象称为极移运动，简称极移。BIH 定期向外公布地极的瞬间位置。WGS-84 坐标系是由美国国防部以 BIH-1984 年首次公布的瞬时地极(B1H-1984.0)作为基准建立并于 1984 年公布的空间三维直角坐标系，为世界通用的世界大地坐标系统(World Geodetic System, 1984)，简称 WGS-84 坐标系。GPS 卫星测量获得的是地心空间三维直角坐标，属于 WGS-84 坐标系。我国国家大地坐标系、城市坐标系、土木工程中采用的独立平面直角坐标系与 WGS-84 坐标系之间存在相互转换关系。

图 1-9 WGS-84 坐标系

1.4.5 高程系统

地面点至水准面的铅垂距离，称为该点的高程。地面点到大地水准面的铅垂距离，称为该点的绝对高程(简称高程)或海拔，用 H 表示。为了建立全国统一的高程系统，必须确定一个高程基准面。通常采用平均海水面代替大地水准面作为高程基准面，平均海水面的确定是通过验潮站多年验潮资料来求定的。建国以来，我国把以青岛市大港 1 号码头两端的验潮站多年观测资料求得的黄海平均海水面作为高程基准面，其高程为 0.000 m，建立了 1956 年黄海高程系。并在青岛市观象山建立了中华人民共和国水准原点，其高程为 72.289 m。随着观测资料的积累，采用 1953—1979 年的验潮资料，1985 年精确地确定了黄海平均海水

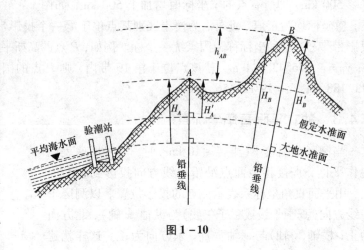

图 1-10

面，推算得国家水准原点的高程为 72.260 m，由此建立了 1985 国家高程基准，作为统一的国家高程系统，1987 年开始启用。

在局部地区，如果引用绝对高程有困难时，可采用假定高程系统。即假定一个水准面作为高程基准面，地面点至假定水准面的铅垂距离，称为相对高程或假定高程。

两点高程之差称为高差。图 1 - 10 中，H_A、H_B 为 A、B 点的绝对高程，H'_A、H'_B 为相对高程，h_{AB} 为 A、B 两点间的高差，则

$$h_{AB} = H_B - H_A = H'_B - H'_A$$

所以，两点之间的高差与高程起算面无关。

1.5 地面点的确定

1.5.1 地面点定位元素

欲确定地面点的位置，必须求得它在椭球面或投影平面上的坐标$(\lambda、\varphi$ 或 $x、y)$和高程 H 三个量，这三个量称为三维定位参数。而将$(\lambda、\varphi$ 或 $x、y)$称为二维定位参数。确定地面点位置，无论采用哪种坐标系和定位方法，都需要测定点位之间的距离、角度和高程。这三个量称为定位元素。

1.5.2 地面点定位的原理

如图 1 - 11 所示，欲确定地面上某特征点 P 的位置，在工程建设中，通常采用卫星定位和几何测量的定位方法。卫星定位是利用卫星信号接收机，同时接收多颗定位卫星的信号，解算出待定点 P 的定位元素，如图 1 - 11(a)所示。设各卫星的空间坐标为 x_i、y_i、z_i，P 的空间坐标为 x_P、y_P、z_P，P 点接收机与卫星间的距离为 D_i，则有

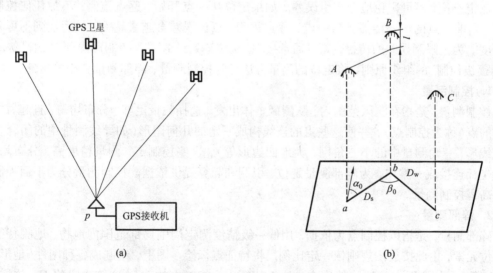

图 1 - 11 地面点定位原理

$$D_i = \sqrt{(x_P - x_i)^2 + (y_P - y_i)^2 + (z_P - z_i)^2} \tag{1-3}$$

将各卫星点坐标代入上式并联立解得 x_P、y_P、z_P。在解算过程中通过高斯投影即可转化为平面直角坐标。几何测量定位如图 1 - 11(b)所示，地面上有 A、B、C 三点，其中已知 A 点的三维坐标 x_A、y_A、H_A，B、C 为待定点，若测定 A、B 间的距离 D_{AB}，AB 边与坐标纵轴 x 间的

夹角 α_{AB}（称为方位角）和 h_{AB}，则有

$$\left.\begin{array}{l} x_B = x_A + D_{AB}\cos\alpha_{AB} \\ y_B = y_A + D_{AB}\sin\alpha_{AB} \\ H_B = H_A + h_{AB} \end{array}\right\} \qquad (1-4)$$

同理，若 A、B 点的坐标已知，只要测定 AB 和 BC 边的夹角 β 和距离 D_{BC}、高差 h_{BC}，推算出 α_{BC} 后，即可按式（1-4）求得 C 点的空间坐标。

地面点定位的方法除上述之外，还有如图 1-12 所示的极坐标法［图 1-12(a)］、直角坐标法［图 1-12(b)］、角度交会法［图 1-12(c)］、距离交会法［图 1-12(d)］、边角交会法［图 1-12(e)］等，只要测定其中相应的距离 D_i 和角度 β_i，即可确定 P 的平面位置。

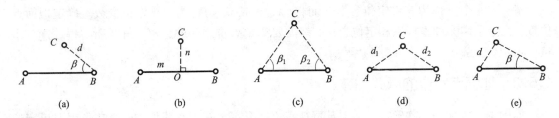

图 1-12　地面点定位方法

1.5.3　地面点定位的程序与原则

测定点位，不可避免地会产生误差。如果定位从一点开始，逐点施测，不加任何控制和检查，则前一点的误差传播到后一点，逐点累积，点位误差会越来越大，最后达到不可容许的程度。为了限制误差的传播，测量通常按照"从整体到局部""先控制后碎部""由高级到低级""逐级控制"的组织原则，将定位的测量方法分为控制测量、碎部测量和相关测量。

1. 控制测量

控制测量，是指在测区范围内，从测区整体出发，选择数量足够、分布均匀，且起着控制作用的点（称为控制点），并使这些点的连线构成一定的几何图形（如导线测量中的闭合多边形折线形，三角测量中的小三角网、大地四边形等），这些控制点，测量精度高，分布均匀，通过坐标连接成一整体，为碎部测量定位、引测和起算提供依据。控制测量分为平面控制测量和高程控制测量。

2. 碎部测量

碎部测量，是指以控制点为依据，用低一级精度测定周围局部范围内地物、地貌特征点的定位元素，由此按成图规则依一定比例尺将特征点标绘在图上，绘制成各种图件（地形图、平面图等）。如测图中的地物轮廓点、地貌特征点，施工中的建（构）筑物定位点、放样点。这样碎部点的误差就局限在控制点周围，从而控制它的传播范围和大小，保证了整个碎部测量的精度要求。

3. 相关测量

相关测量，是指以控制点为依据，在测区内用低一级精度进行与工程建设项目有关的各种测量工作，如施工放样、竣工图测绘、施工监测等。它是根据设计数据或特定的要求测定地面点的定位元素，为施工检验、验收等提供数据和资料。

由上述程序可以看出，确定地面点位（整个测量工作）必须遵循以下原则。

1. 整体性原则

整体性是指测量对象各部应构成一个完整的区域，各地面点的定位元素相互关联而不孤立。测区内所有局部区域的测量必须统一到同一技术标准，即从属于控制测量。因此测量工作必须"从整体到局部"。

2. 控制性原则

控制性是指在测区内建立一个自身的统一基准，作为其他任何测量的基础和质量保证，当控制测量完成后，才能进行其他测量工作，以此达到控制测量误差的目的。其他测量相对控制测量而言精度要低一些。此为"先控制后碎部"。

3. 等级性原则

等级性是指测量工作应"由高级到低级"。任何测量必须先进行高一级精度的测量，而后以此为基础进行低一级的测量工作，逐级进行。这样在满足技术要求的同时合理地利用了资源和提高经济效益，在进行任何测量时都必须满足技术规范规定的技术等级，否则所得到的测量成果不可应用。等级规定是工程建设中测量技术工作的质量标准，任何违背技术等级的不合格测量都是不允许的。

4. 检核性原则

测量成果必须真实、可靠、准确、置信度高，任何不合格或错误成果都将给工程建设带来严重后果。因此对测量资料和成果，应进行严格的全过程检验、复核，消灭错误和虚假，剔除不合格成果。实践证明：测量资料与成果必须保持其原始性，前一步工作未经检核不得进行下一步工作，未经检核的成果绝对不允许使用。检核包括观测数据检核、计算检核和精度检核。

1.6 用水平面代替水准面的限度

实际测量工作中，在一定的测量精度要求和测区面积不大的情况下，往往以水平面直接代替水准面，因此应当了解地球曲率对水平距离、水平角、高差的影响，从而决定在多大面积范围内能容许用水平面代替水准面。在分析过程中，将大地水准面近似地看成圆球，半径 $R = 6371$ km。

1.6.1 地球曲率对距离的影响

如图 1-13 所示，设大地水准面上的两点 A、B 之间的弧长为 D，所对的圆心角为 θ，弧长 D 在水平面上的投影为 D'，二者的差值为 ΔD。若将水准面看作近似的圆球面，地球的半径为 R。则地球曲率对 D 的影响为

$$\Delta D = D' - D = R\tan\theta - R\theta = R(\tan\theta - \theta)$$

将 $\tan\theta$ 按幂级数展开，即 $\tan\theta = \theta + \theta^3/3 + 2\theta^5/15 + \cdots$，略去高次项而取前两项，并顾及到 $\theta = D/R$，代入上式整理得

$$\Delta D = \frac{D^3}{3R^2} \text{ 或 } \frac{\Delta D}{D} = \frac{D^2}{3R^2} \qquad (1-5)$$

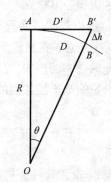

图 1-13 地球曲率的影响

式中：$\Delta D/D$ 称为相对误差，通常表示成 $1/M$ 的形式，M 为正整数，M 越大，精度越高。取

$D = 10\text{ km}$、20 km、30 km，算得 ΔD 分别为 8.2 mm、65.7 mm、221.7 mm，$\Delta D/D$ 则分别为 1/1220000、1/300000、1/135000。以上数据表明，ΔD 与 D^3 成正比。当 $D = 10\text{ km}$ 时，地球曲率对距离的影响相对误差为 1/1220000，这对于地面上进行最精密的距离测量也是允许的，例如特大桥梁的轴线规范规定的容许相对误差为 1/130000。一般测量仅要求 1/5000～1/2000。因此可得出结论：在半径为 10 km 的范围内进行距离的测量工作时，用水平面代替水准面所产生的距离误差可以忽略不计。

1.6.2　地球曲率对高程的影响

如图 1-13 所示，在同一水准面上两点 A、B 的高程相等，即高差 $h = 0$。若 B 投影到过 A 点的水平面上为 B' 点，则 $\Delta h = BB'$，就是以水平面代替水准面时地球曲率对高程的影响。亦有

$$\Delta h = OB - OB' = R - R\sec\theta = R(1 - \sec\theta)$$

将 $\sec\theta$ 按幂级数展开，即 $\sec\theta = 1 + \theta^2/2 + 5\theta^4/24 + \cdots$，略去高次项而取前两项，并顾及到 $\theta = D/R$，代入上式整理得

$$\Delta h = \frac{D^2}{2R} \tag{1-6}$$

若取 $D = 0.1\text{ km}$、0.2 km、0.5 km、1.0 km，相应的 Δh 分别为 0.8 mm、3.1 mm、19.6 mm、78.5 mm。由此可见，Δh 与 D^2 成正比。地球曲率对高差的影响即使在很短的距离内也必须加以考虑。因此，高程测量应根据测量精度要求和 D 的大小予以考虑其影响。

1.6.3　地球曲率对水平角的影响

由球面三角学知道，同一个空间多边形在球面上投影的各内角之和，较其在平面上投影的各内角之和大一个球面角 ε，它的大小与图形面积成正比，公式为

$$\varepsilon = \frac{P}{R^2} \cdot \rho'' \tag{1-7}$$

式中：P 为球面多边形的面积；R 为地球半径；$\rho'' = 206265''$。当 P 分别为 10 km²、20 km²、50 km²、100 km²、500 km² 时，相应的 ε 为 0.05″、0.10″、0.25″、0.51″、2.54″。由上述表明，当测区面积为 100 km² 时，以水平面代替水准面，地球曲率对球面多边形内角的影响仅为 0.51″。所以在测区面积不大于 100 km² 时，水平角测量可不考虑地球曲率的影响。

综上所述，在面积为 100 km² 的范围内，不论是进行水平距离或水平角测量，都可以不考虑地球曲率的影响，在精度要求较低的情况下，这个范围还可以相应扩大。但地球曲率对高差的影响是不能忽视的。

思　考　题

1. 测绘资料的重要性有哪些？土木工程测量学的任务是什么？测图与测设有什么不同？
2. 名词解释：大地水准面、大地体、旋转椭球面、参考椭球面、铅垂线、高斯平面、中央子午线、绝对高程、相对高程、高差。
3. 大地水准面有何特点？大地水准面与高程基准面、大地体与参考椭球体有什么不同？

4. 测量工作的两个原则及其作用是什么？

5. 测量工作中所用的平面直角坐标系与数学上的有哪些不同之处？

6. 确定地面点位有几种坐标系统？各起什么作用？

7. WGS-84坐标系是如何建立的？

8. 试简述地面点位确定的程序和原则。

9. 用水平面代替水准面对距离、水平角和高程有何影响？

习 题

1. 某点的经度为东经118°50′，试计算它所在的6°带和3°带的带号，相应6°带和3°带的中央子午线的经度是多少？

2. 某点的国家统一坐标为：纵坐标 $x = 763456.780$ m，横坐标 $y = 20447695.260$ m，试问该点在该带高斯平面直角坐标系中的真正纵、横坐标 x、y 为多少？

第 2 章

水准测量

在测量工作中，高程测量是基本工作之一，它的目的是测出地面点的高程，高程测量根据测量时所使用的仪器和获得高程的方法可以分为水准测量、三角高程测量、GPS 高程测量、气压高程测量和液体静力高程测量。由于水准测量的精度较高，所以在工程测量中得到了广泛的应用。本章主要介绍水准测量。

2.1 水准测量原理

水准测量的原理是利用水准仪提供水平视线，读取竖立于两个点上的水准尺上的读数，来求得两点间的高差。

如图 2-1 所示，若已知 A 点的高程为 H_A（称为已知高程点），欲测定 B 点的高程 H_B（称为待定高程点），须先测定 A、B 两点间的高差 h_{AB}。测定 h_{AB} 可在 A、B 点间安置一台可提供水平视线的水准仪，通过水准仪的视线在 A 点（称为后视点）水准尺（称为后视尺）上读数为 a（称为后视读数），在 B 点（称为前视点）水准尺（称为前视尺）上读数为 b（称为前视读数）。则

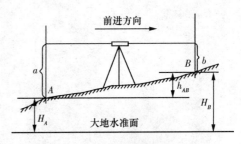

图 2-1 水准测量原理示意图

$$h_{AB} = a - b \qquad (2-1)$$

如果 A 点的高程已知，B 点的高程待求，那么 B 点的高程为

$$H_B = H_A + h_{AB} \qquad (2-2)$$

高差 h_{AB} 的值可能是正也可能是负，$h_{AB} > 0$ 表示待求点 B 高于已知点 A，$h_{AB} < 0$ 表示待求点 B 低于已知点 A。此外，高差的正负号又与测量进行的方向有关。如图 2-1 中从 A 向 B 进行测量，高差就表示为 h_{AB}，$h_{AB} > 0$；由 B 向 A 进行测量，则高差用 h_{BA} 表示，$h_{BA} < 0$。所以在测量高差时要说明进行的方向并标明高差正负号。

当两点相距较远或高差太大时，则可分段连续进行，从图 2-2 中可得

$$h_{AB} = h_1 + h_2 + \cdots + h_n \qquad (2-3)$$

其中：

$$h_1 = a_1 - b_1$$

$$h_2 = a_2 - b_2$$
$$\cdots\cdots$$
$$h_n = a_n - b_n$$
$$\sum h = \sum a_i - \sum b_i \qquad (2-4)$$

图 2-2 中安置仪器的点 Ⅰ、Ⅱ、…称为测站。立标尺的点 1、2、…称为转点，它们在前一测站先作为待求高程的点，然后在下一测站再作为已知高程的点，转点起传递高程的作用。转点非常重要，转点上产生的任何差错，都会影响到以后所有点的高程。

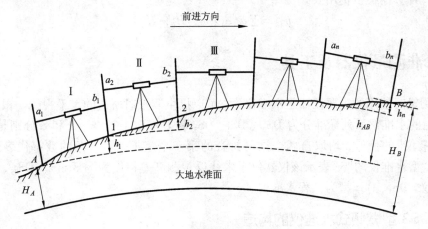

图 2-2　水准测量外业实施

进行水准测量时需要获得一系列点的高程，例如在测量时得到地面起伏的状况，则进行水准测量时可按图 2-3 进行。

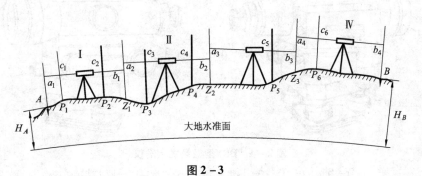

图 2-3

此时，水准仪在每一测站上除了要读出后视和前视读数外，同时要在这一测站范围内需要测量高程的点上立尺读取读数，如图中在 P_1、P_2 等点上立尺读出 c_1、c_2 等读数。则各点的高程可按下列方法计算：

仪器在测站 Ⅰ：$H = H_A + a_1$

$$\left.\begin{array}{l} H_{P_1} = H_1 - c_1 \\ H_{P_2} = H_1 - c_2 \\ H_{Z_1} = H_1 - b_1 \end{array}\right\} \qquad (2-5)$$

同理，仪器在测站 Ⅱ：$H_{Ⅱ} = H_{Z_1} + a_2$

$$\left.\begin{array}{l} H_{P_3} = H - c_3 \\ H_{P_4} = H - c_4 \\ H_{Z_2} = H - b_2 \end{array}\right\} \qquad (2-6)$$

式中：H_1、H 为仪器视线的高程，简称仪器高。图中 Z_1、Z_2… 为传递高程的转点，在转点上既有前视读数又有后视读数。图中 P_1、P_2… 点称中间点，中间点上只有一个前视读数，也称中视读数。计算的检核仍用公式

$$h_{AB} = \sum a_i - \sum b_i = H_B - H_A \qquad (2-7)$$

2.2 水准测量仪器及工具

水准测量时使用的主要仪器是水准仪，它可以提供测量时所需的水平视线。根据仪器的精度，我国的水准仪系列标准分为 DS_{05}、DS_1、DS_3 和 DS_{20} 四个等级。D 和 S 分别是"大地测量"和"水准仪"的代号，均取自两个词语拼音的第一个字母。右下角的数字代表仪器的精度，如 DS_3 型水准仪的"3"表示该仪器每千米往返观测高差精度为 ± 3 mm。DS_{05}、DS_1 型为精密水准仪，DS_3、DS_{20} 型为工程水准仪。

2.2.1 DS3 型微倾式水准仪的构造

图 2-4 为 DS_3 型微倾式水准仪，主要由望远镜、水准器、基座等组成。

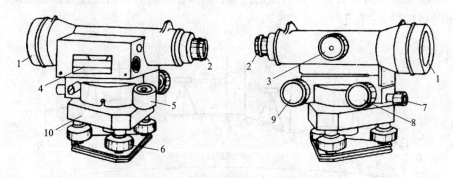

图 2-4　DS_3 型微倾式水准仪

1—物镜；2—目镜；3—调焦螺旋；4—管水准器；5—圆水准器；
6—脚螺旋；7—制动螺旋；8—微动螺旋；9—微倾螺旋；10—基座

1. 望远镜

水准仪的望远镜是用来瞄准水准尺并读数的。望远镜通过利用成像和扩大视角的功能看清不同距离的目标并提供照准目标的视线。

如图 2-5 所示，它由物镜、调焦透镜、"十"字丝分划板、目镜等组成。物镜、调焦透镜、目镜为复合透镜组，分别安装在镜筒的前、中、后三个部位，三者共光轴组成一个等效光学系统。通过转动调焦螺旋，调焦透镜沿光轴在镜筒内前后移动，改变等效光学系统的主焦距，从而可看清不同距离的目标。

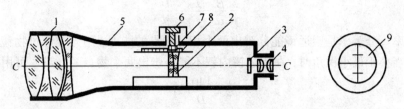

图 2 – 5　望远镜的构造

1—物镜；2—物镜调焦透镜；3—"十"字丝分划板；4—目镜；5—物镜筒；
6—物镜调焦螺旋；7—齿轮；8—齿条；9—"十"字丝影像

望远镜的"十"字丝分划板是刻在玻璃片上的一组"十"字丝，安置在望远镜筒内靠近目镜的一端。水准仪上的"十"字丝的形状如图 2 – 6 所示，水准测量是用"十"字丝中间的横丝或楔形丝读取水准尺上的读数。"十"字丝交点与物镜光心的连线，称为视准轴，也就是视线。视准轴是水准仪的主要轴线。

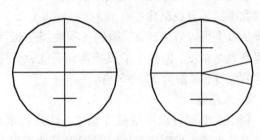

图 2 – 6　"十"字丝分划板

望远镜的成像原理如图 2 – 7 所示。远处目标 AB 反射的光线，通过物镜和调焦后的调焦透镜折射形成倒立实像 ab，落在"十"字丝分划板平面上。调节目镜对光螺旋，目镜又将 ab 和"十"字丝一起放大形成虚像 a_1b_1，即为在望远镜中观察到的目标 AB 倒立的影像。现代水准仪在调焦透镜后装有一个正像棱镜(如阿贝棱镜、施莱特棱镜)，通过棱镜反射看到的目标影像为正像。这种望远镜称为正像望远镜。

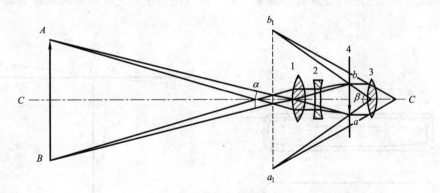

图 2 – 7　望远镜成像原理

1—物镜；2—调焦透镜；3—目镜；4—"十"字丝分划板

望远镜的性能由以下几个方面来衡量：

①放大率。放大率是通过望远镜所看到物像的视角 β 与肉眼直接看物体的视角 α 之比，它近似等于物镜焦距与目镜焦距之比，或等于物镜的有效孔径 D 与目镜的有效孔径 d 之比。即放大率为

$$v = \frac{\beta}{\alpha} = \frac{f_\text{物}}{f_\text{目}} = \frac{D}{d} \qquad (2-8)$$

②分辨率。分辨率是望远镜能分辨出两个相邻物点的能力,用光线通过物镜后的最小视角来表示。当小于最小视角时,在望远镜内就不能分辨出两个物点。分辨率可用下式表示

$$\varphi = \frac{140}{D}(\,'') \qquad (2-9)$$

式中:D 为物镜的有效孔径,mm。

③视场角。视场角是表示望远镜内所能看到的视野范围。这个范围是一个圆锥体,所以视场角用圆锥体的顶角来表示。视场角与放大率成反比。

④亮度。亮度指通过望远镜所看到物体的明亮程度。它与物镜有效孔径的平方成正比,与放大率的平方成反比。

从以上可以看出,望远镜的各项性能是相互制约的。例如增大放大率也增强了分辨率,可提高观测精度,但减小了视场角和亮度,不利于观测。所以测量仪器上望远镜的放大率有一定的限度,一般为 20 ~ 45 倍。

2. 水准器

利用水准器可以衡量视准轴 $C-C$ 是否水平、仪器旋转轴(又称竖轴)$V-V$ 是否铅垂。水准器分为管水准器(又称水准管)和圆水准器两种,前者和望远镜连在一起用于精平仪器,使视准轴水平;后者安置在基座上用于粗平,使竖轴铅垂。

(1)管状水准器

管状水准器又称水准管,是一个封闭的玻璃管,管的内壁在纵向磨成圆弧形,其半径为 0.2 ~ 100 m。管内盛酒精或乙醚或两者混合的液体,并留有一气泡[图 2-8(a)]。管面上刻有间隔为 2 mm 的分划线,分划的中点称水准管的零点。过零点与管内壁在纵向相切的直线称水准管轴。当气泡的中心点与零点重合时,称气泡居中,气泡居中时水准管轴位于水平位置。

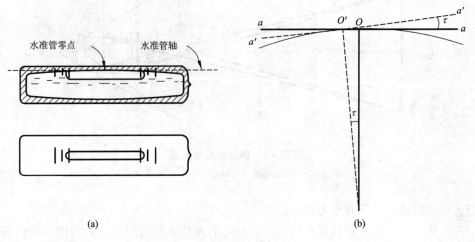

(a)　　　　　　　　　　　　　(b)

图 2-8　管水准器的构造及分划值

为了表示气泡的偏移量,沿水准管纵向对称于 O 点间隔 2 mm 弧长刻一分划线。两刻线

间 2 mm 弧长所对的圆心角,称为水准管的分划值[图 2-8(b)],用 τ 表示。它表示气泡偏离零点 2 mm(1 格)时,水准管轴倾斜的角值,即

$$\tau = \frac{2 \text{ mm}}{R} \rho''$$

(2-10)

式中:$\rho'' = 206265''$;R 为水准管内壁的曲率半径,mm。一般说来,τ 越小,水准管灵敏度和仪器安平精度越高。DS$_3$ 型水准仪的水准管分划值为 20″/2 mm。

水准仪上水准管的分划值为 10″~20″,R 越大,τ'' 越小,视线置平的精度越高,反之置平精度就低。但水准管的置平精度还与水准管的研磨质量、液体的性质和气泡的长度有关。在这些因素的综合影响下,使气泡移动 0.1 格时水准管轴所变动的角值称为水准管的灵敏度,该角越小,水准管的灵敏度就越高。

为了提高目标水准管气泡居中的精度,水准管上方安装了一套符合棱镜系统,如图 2-9(a)所示,这样可将气泡同侧两端的半个气泡影像反映到望远镜旁的观察镜中。若气泡的影像错开,如图 2-9(b)所示,则表示气泡不居中;这时,应转动微倾螺旋(左侧气泡移动方向与螺旋转动方向一致),使气泡影像吻合形成一个光滑圆弧,如图 2-9(c)所示,则表示气泡居中。这种水准管上不需要刻分划线,具有此棱镜装置的水准管又称为符合水准器,是微倾式水准仪上普遍采用的水准器。

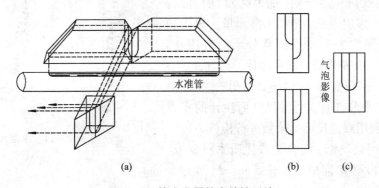

气泡影像

(a)　　　　　(b)　(c)

图 2-9　管水准器符合棱镜系统

(2)圆水准器

如图 2-10 所示,是一个封闭的圆形玻璃容器,顶盖的内表面为一球面,半径可为 0.12~0.86 m,容器内盛乙醚类液体,留有一小圆气泡。以球面中心 O 为圆心刻有半径为 2 mm 的分划圈。分划圈的圆心称圆水准器零点,过零点的球面法线称为圆水准器轴。用 $L'-L'$ 表示。圆水准器装在托板上,并使 $L'L'//VV$,当气泡居中时,$L'L'$ 与 VV 与同时处于铅垂位置。气泡由零点向任意方向偏离 2 mm,$L'L'$ 相对于铅垂线倾斜一个角值,称为圆水准器分划值,用 τ' 表示。DS$_3$ 型水准仪一般 $\tau' = (8'~10')/2$ mm。

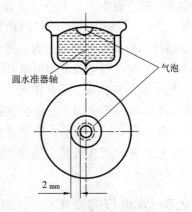

气泡

圆水准器轴

2 mm

图 2-10　圆水准器构造

（3）基座

基座是用来支承仪器的上部，由轴座、脚螺旋和连接板组成。仪器的望远镜与托板铰接，通过竖轴插入轴座中，由轴座支承、轴座用三个脚螺旋与连接板连接。整个仪器用中心连接螺固定在三脚架上。此外，控制望远镜水平转动的有制动、微动螺旋，制动螺旋拧紧后，转动微动螺旋，仪器在水平方向作微小转动，以利于照准目标。微倾螺旋可调节望远镜在竖直面内俯仰，以达到视准轴水平的目的。通过可升降的脚螺旋，可以使圆水准器的气泡居中，将仪器粗略整平。

2.2.2　水准尺与尺垫

水准尺根据构造可以分为直尺、塔尺和折尺，如图 2－11 所示。水准尺一般用优质木材或玻璃钢制成，长度为 2～5 m。直尺又分为单面分划和双面分划两种。

尺面为 1 cm 黑白或红白相间分划，每 10 cm 加一倒字注记（与正像望远镜配套的亦有正字）。

双面水准尺是一面为黑白相间分划（称为黑面）、另一面为红白相间分划（称为红面）的直尺，每两根为一对，多用于三、四等水准测量。黑面和红面的最小分划均为 1 cm，在整分米处有注计。两根尺的黑面均由零开始分划和注计。而红面，一根尺由 4.687 m 开始分划和注计，另一把尺由 4.787 m 开始分划和注计，两根尺红面注计的零点差为 0.1 m。利用双面尺可对读数进行检核。

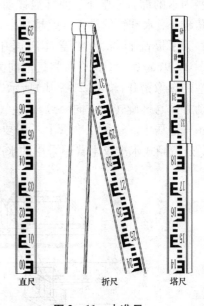

图 2－11　水准尺

（从左至右：直尺　折尺　塔尺）

塔尺一般用玻璃钢、铝合金或优质木材制成。一般由三节尺段套接而成，全长 5 m。尺面为 5 mm 或 10 mm 分划，每 10 cm 加一注记，超过 1 m 在注记上加红点表示米数，如 2 上加 1 个红点表示 1.2 m，加两个红点表示 2.2 m，依此类推。塔尺两面起点均为 0，属于单面尺。塔尺和折尺能伸缩或折叠，携带方便，但接合处容易产生误差，直尺则比较坚固可靠。

尺垫由生铁铸成，是在转点处放置水准尺用的，呈三角形，下方有三个尖脚，以利于稳定地放置在地面上或插入土中，如图 2－12 所示。使用时将三个尖脚牢固地踩入

图 2－12　尺垫

土中，把水准尺立在尺垫上方突起的半球形顶点。它用于高程传递的转点上，防止水准尺下沉。

2.2.3　水准仪的操作

在一个测站上使用水准仪的基本程序是：安置水准仪、粗略整平、照准水准尺、精确整平和读数。微倾式水准仪的具体操作步骤和方法如下所述。

1. 安置水准仪

首先打开三脚架，安置三脚架时要求高度适当、架头大致水平并牢固稳妥，在山坡上应使三脚架的两脚在坡下、一脚在坡上。然后从仪器箱内取出水准仪用中心连接螺旋连接到三脚架上，取水准仪时必须握住仪器的坚固部位，并确认已牢固地连接在三脚架上之后才可放手。

2. 粗略整平

仪器的粗略整平是调节基座上的三只脚螺旋，使圆水准器的气泡居中。

操作方法：

①先用任意两个脚螺旋使气泡移到通过圆水准器零点并垂直于这两个脚螺旋连线的方向上，如图 2 - 13(a)所示，气泡自 a 移动到 b，气泡运动的方向与左手大拇指旋转脚螺旋的方向一致，如此可使仪器在这两个脚螺旋连线的方向处于水平位置。

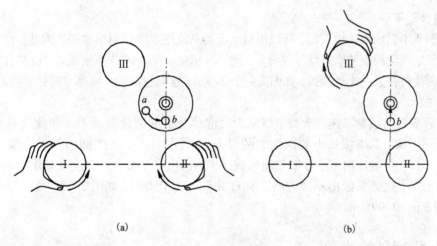

图 2 - 13　圆水准器整平

②转动另一个脚螺旋，如图 2 - 13(b)所示，使气泡位于分划圈的零点位置，使原两个脚螺旋连线的垂线方向亦处于水平位置，从而使整个仪器整平。按上述步骤反复操作，直至仪器转至任一方向气泡均居中为止。并注意：

①先旋转两个脚螺旋，然后旋转第三个脚螺旋。

②旋转两个脚螺旋时必须作相对地转动，即旋转方向应相反。

③气泡运动的方向与左手大拇指旋转脚螺旋的方向一致，由此来判断脚螺旋转动方向，以便气泡快速居中。

3. 瞄准水准尺

用望远镜照准目标，必须先调节目镜使"十"字丝清晰，然后松开制动螺旋，转动仪器，利用照门和准星瞄准水准尺，使水准尺进入望远镜视场，随即拧紧制动螺旋。再旋转调焦螺旋使尺像清晰，也就是使尺像落到"十"字丝平面上。最后转动微动螺旋，使"十"字丝纵丝与水准尺重合，如图 2 - 14 所示。

观测时把眼睛稍做上下移动，如果尺像与"十"字丝有相对的移动，即读数有改变，则表示有视差存在。产生视差的原因是尺像没有落在"十"字丝平面上，如图 2 - 15(a)、图 2 - 15

（b）所示。视差对瞄准、读数均有影响，务必加以消除。消除视差的方法是：反复、仔细、认真地进行目镜、物镜对光，直到眼睛做上下移动时，读数不再发生变化为止。此时，"十"字丝与尺像都是"十"分清晰而且处于同一平面上，如图 2 - 15（c）所示。

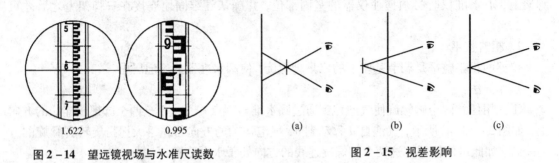

图 2 - 14　望远镜视场与水准尺读数　　　　图 2 - 15　视差影响

4. 精确整平

由于圆水准器的灵敏度较低，所以用圆水准器只能使水准仪粗略整平。因此，在每次读数之前还必须用微倾螺旋使水准管气泡符合，使视线精确水平。调节微倾螺旋，使符合水准器气泡两半弧影像符合成一光滑圆弧，如图 2 - 9（c）所示，这时视准轴在瞄准方向处于精密水平。

5. 读数

精平后应马上读数，速度要快，以减少气泡移动引起的读数误差。在读数时无论是成正像还是成倒像，都应按从小数向大数的方向读。用"十"字丝中间的横丝读取水准尺的读数，从尺上可直接读出米、分米和厘米数，并估读出毫米数，每个读数必须有四位数，如果某一位是零，也必须读出不能省略，如 1.005 m，1.050 m，如图 2 - 14 所示标尺读数分别为 1.622 m、0.995 m。

2.3　水准测量的实施

2.3.1　水准点

通过水准测量方法获得其高程的高程控制点，称为水准点，一般用 BM 表示，如图 2 - 16 所示，分为永久性和临时性两种。需要长期保存的水准点一般用混凝土或石头制成标石，中间嵌半球形金属标志，埋设在冰冻线以下 0.5 m 左右的坚硬土基中，并设防护井保护，称永久性水准点，如图 2 - 16（a）所示。亦可埋设在岩石或永久建（构）筑物上，如图 2 - 16（b）所示。使用时间较短的，称临时水准点。一般用混凝土标石埋在地面，如图 2 - 16（c）所示，或用大木桩顶面加一帽钉打入地下，并用混凝土固定，如图 2 - 16（d）所示，亦可在岩石或建（构）筑物上用红漆标记。

为了满足各类测量工作的需要，水准点按精度分为不同等级。国家水准点分四个等级，即一、二、三、四等，埋设永久性标志，其高程为绝对高程。为满足工程建设测量工作的需要，建立低于国家等级的等外水准点，埋设永久或临时标志，其高程应从国家水准点引测，引测有困难时，可采用相对高程。

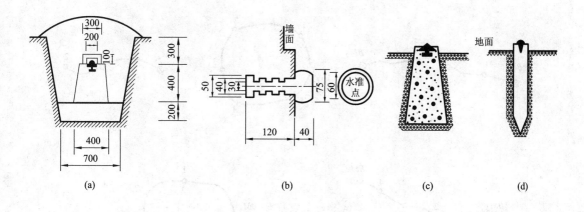

图 2 - 16　水准点的埋设

2.3.2　水准路线

水准测量的任务,是从已知高程的水准点开始测量其他水准点或地面点的高程。水准测量进行的路径称为水准路线。测量前应根据要求布置并选定水准点的位置,埋设好水准点标石,拟定水准测量进行的路线。根据测区情况和需要,水准测量路线可布设成以下形式。

1. 附合水准路线

从一个高级水准点 BM_1 开始,沿各待定高程的点 1、2、3 进行水准测量,最后附合到另一个高级水准点 BM_2,称之为附合水准路线。多用于带状测区。这种形式的水准路线可以对水准测量成果进行有效的检核。如图 2 - 17(a)所示。

2. 闭合水准路线

从一已知高程的水准点 BM_3 出发,沿各待定高程的点 1、2、3、4、5 进行水准测量,最后又回到原水准点 BM_3 上的水准路线,称为闭合水准路线。多用于面积较小的块状测区。这种形式的水准路线可以对水准测量成果进行有效的检核,如图 2 - 17(b)所示。

3. 支水准路线

从一已知高程点 BM_4 出发,沿线测定待定高程点 1、2、3、…的高程后,既不闭合又不符合在已知高程点上。这种水准测量路线称支水准(路线)。多用于测图水准点加密。这种形式的水准路线由于不能对测量成果自行检核,因此必须进行往测和返测,或用两组仪器进行并测,如图 2 - 17(c)所示。

4. 水准网

当几条附合水准路线或闭合水准路线连接在一起时,构成的网状图形称水准网。水准网可使检核成果的条件增多,因而可提高成果的精度,多用于面积较大的测区,如图 2 - 17(d)、图 2 - 17(e)所示。

2.3.3　水准测量外业的实施

水准测量施测方法如图 2 - 18 所示,图中 A 为已知高程的点,B 为待求高程的点。设 A 点的高程 $H_A = 123.446$ m,现测定 B 点的高程 H_B 的具体观测步骤如下:

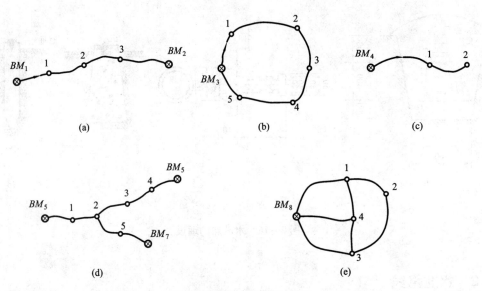

图 2 –17　水准路线的布设

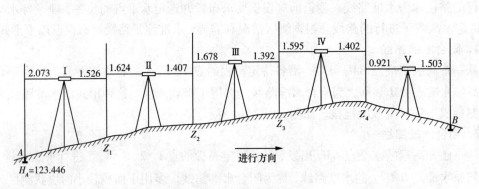

图 2 –18　水准测量外业实施

①在已知高程的 A 点竖立水准尺，在测量前进方向离 A 点适当距离处设立第一个转点 Z_1，必要时可以放置尺垫，并竖立水准尺。

②在离起点 A 与转点 Z_1 约等距离 I 处安置水准仪，仪器粗略整平后，先照准起点 A 上的水准尺，用微倾螺旋使气泡符合后，读取 A 点上后视读数 $a_1 = 2.073$。然后照准转点 Z_1 上的水准尺，气泡符合后读取前视读数 $b_1 = 1.526$。同时，记录员把读数分别记入测量手簿（表 2 –1），要求边记录边复诵读数，以便观测员校核，防止听错记错。

③确认记录准确后，计算出 A 点和 Z_1 之间的高差：$h_1 = a_1 - b_1 = 2.073 - 1.526 = +0.557$ m。到此，完成第一个测站的工作。

④当一个测站结束后，在转点 Z_1 处的水准尺不动，只是将尺面转向前进方向。在 A 点的水准尺和 I 点的水准仪则向前转移，选择合适的转点 Z_2，并在转点 Z_2 上竖立水准尺，同时仪器安置在离 Z_1、Z_2 约等距离的测站 II 处，重复第一个测站的工作直到进行到待求高程点 B。

表 2 – 1　水准测量手簿

日期			地点		观测	
天气			仪器		记录	

测点	后视读数	前视读数	高差		高程	备注
			+	–		
A	2.073				123.446	已知 A 点高程 = 123.446
Z_1	1.624	1.526	0.547			
Z_2	1.678	1.407	0.217			
Z_3	1.595	1.392	0.286			
Z_4	0.921	1.402	0.193			
B		1.503		0.582	124.107	
Σ	7.891	7.230	1.243	0.582		
计算检核	$\sum a - \sum b = 7.891 - 7.230 = +0.661$ $\sum h = 1.243 - 0.582 = +0.661$ $H_B - H_A = 124.107 - 123.446 = +0.661$					

在每一测段结束后或手簿上每一页之末,必须进行计算检核。检查后视读数之和减去前视读数之和($\sum a - \sum b$)是否等于各站高差之和($\sum h$),并等于终点高程减起点高程。如不相等,则计算中必有错误,应进行检查。

2.3.4　水准测量检核

1. 测站检核

为保证观测数据的正确性,通常采用双仪高法或双面尺法进行测站检核。

(1)双仪高法

双仪高法又称变更仪器高法。在一个测站上,观测一次高差后,将仪器升高或降低 10 cm 左右,用测量的两次高差进行测站检核。对于一般水准测量,当两次高差之差小于 5 mm时可认为合格,取其平均值为该测站所得高差,否则应进行检查或重测。

(2)双面尺法

在一个测站上,用同一仪器高分别观测水准尺黑面和红面的读数,由黑面和红面分别计算高差,扣除一对水准尺的常数差后,两个高差之差小于 5 mm 时认为合格,否则应进行检核或重测。

2. 成果检核

上述检核只能检查出读数误差和计算错误,不能排除其他诸多误差对观测成果的影响,例如转点位置移动、标尺或仪器下沉等,造成误差积累,使得实测高差 $\sum h_{测}$ 与理论高差 $\sum h_{理}$ 不相符,存在一个差值,称为高差闭合差,用 f_h 表示。即

$$f_h = \sum h_{测} - \sum h_{理} \qquad (2-11)$$

因此,必须对高差闭合差进行检核。表示测量成果符合精度要求,可以应用。否则必须

重测。f_h 满足

$$f_h \leq f_{h容} \qquad\qquad (2-12)$$

式中：$f_{h容}$ 称为容许高差闭合差，mm，在相应的规范中有具体规定。例如《工程测量规范》（GB50026—1993）规定

$$平地 f_{h容} = \pm 12 \text{ mm} \sqrt{L}; \quad 山地 f_{h容} = \pm 4 \text{ mm} \sqrt{n}(三等水准测量) \qquad (2-13)$$

$$平地 f_{h容} = \pm 20 \text{ mm} \sqrt{L}; \quad 山地 f_{h容} = \pm 6 \text{ mm} \sqrt{n}(四等水准测量) \qquad (2-14)$$

$$平地 f_{h容} = \pm 40 \text{ mm} \sqrt{L}; \quad 山地 f_{h容} = \pm 12 \text{ mm} \sqrt{n}(图根水准测量) \qquad (2-15)$$

式中：L 为往返测段、附合或闭合水准线路长度，km；n 为单程测站数。

2.3.5 水准测量成果处理

1. 高差闭合差 f_h 的计算与检核

（1）闭合水准路线

对于闭合水准路线，因为它起止于同一个水准点，所以理论上全路线各测站高差之和等于零。即

$$\sum h_{理闭} = 0 \qquad\qquad (2-16)$$

如果高差之和不等于零，则其差值即 $\sum h$ 测就是闭合水准路线的高程闭合差。即

$$f_h = \sum h \ 测 \qquad\qquad (2-17)$$

然后按式（2-12）进行外业计算的成果检核，验算 f_h 是否符合规范要求。验算通过后，方能进入下一步高差改正数的计算。否则，必须进行补测，直至达到要求为止。

（2）附合水准路线

由于路线的起、终点 A、B 为已知点，理论上在两已知高程水准点间所测的各测站高差之和应等于起迄两水准点间高程之差。即

$$\sum h_{理附} = H_B - H_A \qquad\qquad (2-18)$$

如果实测值与对应的理论值不相等，则实测值减去对应的理论值称为高程闭合差，所以附合水准路线的高程闭合差为：

$$f_h = \sum h_{测} - (H_B - H_A) \qquad\qquad (2-19)$$

同理，按式（2-12）对外业的测量成果进行检核，通过后方能进入下一步计算。

（3）支水准路线

由于路线进行往返观测，从理论上讲，往返测所得的高差应绝对值相等而符号相反，或者说往返测高差的代数和应等于零，即

$$\sum h_{往} = -\sum h_{返} \quad 或 \quad \sum h_{往} + \sum h_{返} = 0 \qquad (2-20)$$

如果往返测高差的代数和不等于零，则其值即为水准支线的高程闭合差，即

$$f_h = \sum h_{往} + \sum h_{返} \qquad\qquad (2-21)$$

同理，也用前述方法对外业的成果检核进行检核。

2. 高差改正数 v_i 的计算与高差闭合差调整

（1）高差改正数 v_i 计算

当实际的高程闭合差在容许值以内时，应把高程闭合差分配到各测段的高差上，改正的原则是：将 f_h 反号按测程 L 或测站 n 成正比分配。故各测段高差的改正数为

$$v_i = \frac{L_i}{\sum L}(-f_h) \qquad (2-22)$$

或

$$v_i = \frac{n_i}{\sum n}(-f_h) \qquad (2-23)$$

式中：L_i 和 n_i 分别为各测段路线的长度和测站数；$\sum L$ 和 $\sum n$ 分别为水准路线总长和测站总数。

高差改正数取整数，单位为 mm，并按下式进行验算

$$\sum v_i = -f_h \qquad (2-24)$$

若改正数的总和不等于闭合差的反数，则表明计算有错，应重算。如因凑整出现微小不符值，则可将它分配在任一测段上。

（2）调整后高差计算

高差改正数经计算检核无误后，将测段实测高差 $\sum h_{测i}$ 加上调整，加上高差改正数 v_i 得到调整后的高差 $\sum h'_i$，即

$$\sum h' = \sum h_{测i} + v_i \qquad (2-25)$$

调整后线路的总高差应等于它相应的理论值，以供检核。

对于支线水准，在 $f_h \leqslant f_{h容}$ 条件下，取其往返高差绝对值的平均值作为观测成果，高差的符号以往测为准。

3. 高程计算

设 i 测段起点的高程为 H_{i-1}，则终点高程 H_i 应为

$$H_i = H_{i-1} + \sum h'_i \qquad (2-26)$$

以此可求得各测段终点的高程，并推算到已知点进行检核。

4. 附合水准路线测量成果处理

附合水准路线测量成果处理如表 2-2 所示。

表 2-2 附合水准路线测量成果计算表

点号	路线长度 L/km	测站数 n_i	实测高差 h_i/m	改正数 v_i/mm	改正后高差 h'_i/m	高程 H_i/m	备注
BM_A	0.60		+1.331	-2	+1.329	56.543	
1						57.87	
	2.00		+1.813	-8	+1.805		
2						59.677	BM_A、BM_B 的
	1.60		-1.424	-7	-1.431		高程为已知
3						58.246	
	2.05		+1.340	-8	+1.332		
BM_B						59.578	
$\sum$	6.25		+3.060	-25	+3.035		
辅助计算							

$f_h = \sum h_{测} - (H_B - H_A) = +25$ mm $f_{h容} = \pm 40$ mm $\sqrt{L} = \pm 100$ mm

$f_h \leqslant f_{h容}$ 符合精度要求

$v_{il,km} = -f_h/L = -25/6.25 = -4$ mm/km $\sum v_i = -25$ mm $= -f_h$ 计算无误

2.4　水准仪的检验与校正

微倾式水准仪的主要轴线见图 2 – 19，主要轴线有视准轴 CC、水准管轴 LL、圆水准器轴 L_cL_c、仪器的竖轴 VV，其相应轴线间必须满足以下几何条件：

①圆水准器轴应平行于仪器的竖轴（$L_cL_c /\!/ VV$）。

②"十"字丝的横丝应垂直于仪器的竖轴。

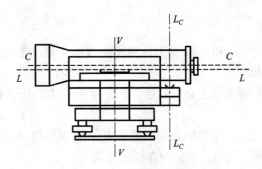

图 2 – 19　水准仪的几何轴线

③水准管轴应平行于视准轴（$LL /\!/ CC$）。

2.4.1　$L_cL_c /\!/ VV$ 的检验与校正

（1）目的

使圆水准轴平行于仪器的竖轴，即当圆水准器气泡居中时，竖轴位于铅垂位置

（2）检验方法。

安置仪器后，转动脚螺旋粗平仪器，使圆水准器气泡居中，如图 2 – 20（a）所示。旋转脚螺旋使圆水准气泡居中，然后将仪器上部绕竖轴旋转 180°，若气泡仍居中，则表示圆水准器轴已平行于竖轴，若气泡偏离中央，则需要校正，如图 2 – 20（b）所示。

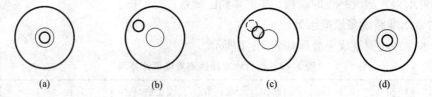

(a)　　　　　　(b)　　　　　　(c)　　　　　　(d)

图 2 – 20　圆水准器的检验与校正

（3）校正方法

转动脚螺旋使气泡退回偏离值的一半 ［图 2 – 20（c）中粗实线］；然后用校正针稍松动圆水准器背面中心固紧螺丝，如图 2 – 21 所示，拨动三个校正螺丝，使气泡居中，如图 2 – 20（d）所示。按上述检验、校正方法反复检校，直至望远镜处于任意位置时气泡均居中。最后将中心固紧螺丝拧紧。

（4）检校原理

若圆水准轴与仪器竖轴不平行而有一夹角 α，当

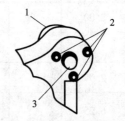

图 2 – 21　圆水准器校正部位
1—圆水准器；2—校正螺丝；3—固紧螺丝

圆水准器的气泡居中时，圆水准轴 L_cL_c 是铅垂的，但是仪器竖轴 VV 与铅垂线之间成 α 角，如图 2 – 22（a）所示；将仪器上部绕竖轴旋转 180°，因竖轴位置不变，所以旋转后圆水准轴与铅垂线成 2α 角，如图 2 – 22（b）所示；当旋转脚螺旋使气泡向中央方向移回偏离量的一半时，

竖轴将变动 α 角而处于铅垂方向，此时圆水准器轴与竖轴仍然保持 α 角，如图 2 - 22(c)所示；当用校正针拨圆水准器的三个校正螺旋使圆水准气泡居中后，则圆水准器轴将变动 α 角而处于铅垂方向，从而平行于竖轴，如图 2 -22(d)所示。

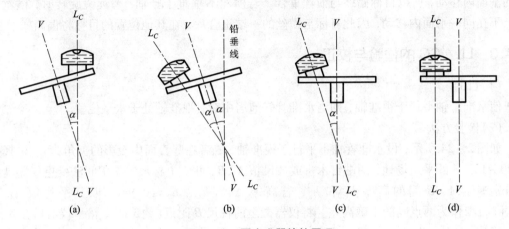

(a)　　　　(b)　　　　(c)　　　　(d)

图 2 - 22　圆水准器检校原理

2.4.2　"十"字丝横丝⊥VV 的检验与校正

（1）目的

满足"十"字丝横丝⊥VV 的条件，这样，当仪器粗略整平后，横丝基本水平，在横丝上任意位置截取的读数均相同。

（2）检验方法

先用横丝的一端照准远处一明显的、固定的目标 P，旋紧制动螺旋，然后用水平微动螺旋转动水准仪，从目镜中观察目标 P 的移动，若 P 点始终在横丝上移动，则条件满足，如图 2 -23(a)和图 2 - 23(b)所示，不需要校正；若 P 点离开横丝，如图 2 -23(c)和图 2 -23(d)所示，则说明横丝与竖轴没有垂直，应予以校正。

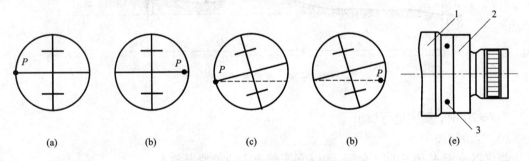

(a)　　　(b)　　　(c)　　　(b)　　　(e)

图 2 -23　"十"字丝的检验与校正

1—物镜筒；2—目镜筒；3—目镜筒固定螺丝

（3）校正方法

打开"十"字丝分划板的护罩，用螺丝刀松开物镜筒上目镜筒固定螺钉 3，如图 2 -23(e)所示。用手转动目镜筒 2（"十"字丝座连同一起转动），反复试验使横丝的两端都能与目标重合或使横丝两端所得水准尺读数相同,则校正完成。最后旋紧所有固定螺丝。

(4)检验原理。

若横丝垂直于竖轴,横丝的一端照准目标后,当望远镜绕竖轴旋转时,横丝在垂直于竖轴的平面内移动,所以目标始终与横丝重合。若横丝不垂直于竖轴,望远镜旋转时,横丝上各点不在同一平面内移动,因此目标与横丝的一端重合后,在其他位置的目标将偏离横丝。

2.4.3 LL∥CC 的检验与校正

(1)目的

使水准管轴平行于视准轴,则当水准管气泡居中时,视准轴处于水平位置。

(2)检验方法

如图 2-24 所示,设水准管轴不平行于视准轴,二者在竖直面内投影的夹角为 i。选择一段 80~100 m 的平坦场地,两端钉木桩或放尺垫 A、B,并立上标尺。按中间法变更仪器高两次分别测定 A、B 间的高差 h_1 和 h_2,若高差 $\Delta h = h_1 - h_2 \leqslant 3$ mm,取其平均值 $h_{AB} = (h_1 + h_2)/2$ 作为两点间的正确高差。将仪器搬至前视尺 B 附近(约 3 m),精平仪器后在 A、B 尺上读数 a_2、b_2,若 $h_2 = a_2 - b_2 = h_{AB}$,则表明 $LL\parallel CC$;若 $h_2 \neq h_{AB}$,表明 LL 与 CC 之间存在夹角 i

$$i'' = \frac{h2 - hAB}{DAB}\rho'' \quad (\rho'' = 206265'') \tag{2-27}$$

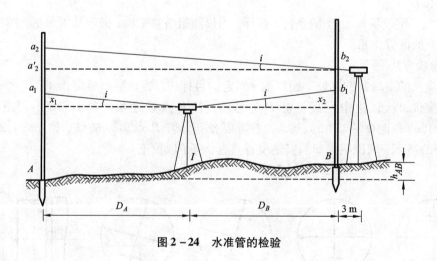

图 2-24 水准管的检验

当 $i > 20''$ 时,则应进行校正。

(3)检验原理

当仪器位于 A、B 中间 I 处时,由 i 角影响产生的读数误差为

$$\left.\begin{array}{l} x_A = D_A \tan i \\ x_B = D_B \tan i \end{array}\right\} \tag{2-28}$$

由于 $D_A = D_B$,则 $x_A = x_B$,所以

$$h_{AB} = (a - x_A) - (b - x_B) = a - b \tag{2-29}$$

这一点说明:当 i 存在时,若采用中间法测定高差,可以在计算中消除 i 角对高差的影

响。当仪器位于 B 点附近时，由于 i 和 D_B 都很小，i 角对 b 的读数影响可以忽略不计，而对 a 的读数影响随 D_A 的增大也随之增大，在高差计算中无法消除其影响。

(4) 校正方法

仪器在近 B 点不动，计算出消除 i 角影响后 A 尺 (远尺) 的正确读数 a'_2，由图可看出

$$a'_2 = b_2 + hAB \qquad\qquad (2-30)$$

若 $a_2 < a'_2$，说明视线向下倾斜；反之向上倾斜。转动微倾螺旋，使横丝对准 a'_2，此时，CC 处于水平，而水准管气泡必不居中。用校正针松动符合水准器左、右两校正螺丝，如图 2-25 所示，拨动上、下两校正螺丝使气泡严密居中。而后拧紧左右校正螺丝。

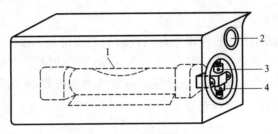

图 2-25　水准管的校正
1—气泡；2—气泡观察镜；3—上校正螺丝；4—下校正螺丝

检验与校正时，由于校正螺丝均为对抗螺丝，应遵循"先松后紧，边松边紧，最后固紧"的原则，以防损坏仪器。

2.5　水准测量误差分析

测量仪器制造不可能完美，经检验校正也不能完全满足理想的几何条件；测量工作中，由于环境、人为等因素的影响，测量成果中不可避免地带有误差。为了保证应有的观测精度，测量工作者应对测量误差产生的原因、性质及防止措施有所了解，以便将误差控制在最小程度。

水准测量误差的主要来源包括：仪器误差、观测误差以及由外界条件产生的误差。

2.5.1　仪器误差

1. 视准轴不平行水准管轴的误差

仪器经校正后，i 角仍会有微小的残余误差；即使水准管气泡居中，视线也不会水平，从而在标尺上的读数产生误差。这种 i 角产生的影响，采用前后视距相等 (即"中间法")，按等距离等影响的原则，可以在高差计算中消除。如果因某种原因某一测站的前视 (或后视) 距离较大，就在下一测站上使后视 (或前视) 距离较大，使误差得到补偿。

2. 调焦引起的误差

物镜对光时，调焦镜应严格沿光轴前后移动。调焦透镜光心移动的轨迹和望远镜光轴不重合时则改变调焦就会引起视准轴的改变，从而改变视准轴与水准管轴的关系，造成目标影像偏移，导致不能正常读数。如果在测量中保持前视和后视的距离相等，就可在前视和后视

读数过程中不调焦，避免因调焦而引起的误差。

3. 水准尺的误差

这项误差包括尺长误差、分划误差和零点误差，它直接影响读数和高差精度。水准尺的主要误差是每米真长的误差，它具有积累性质，高差越大误差也越大。对于误差过大的应在成果中加入尺长修正。零点误差是由于尺底不同程度磨损而造成的，成对使用的水准尺可在测段内设偶数站消除。这是因为水准尺前后视交替使用，相邻两站高差的影响值大小相等符号相反。

2.5.2 观测误差

1. 水准管气泡居中的误差

水准测量中要求视线水平，视线水平是以气泡居中或符合为根据，由于水准管内壁的黏滞作用和观测者眼睛分辨能力有限，使气泡未严格居中产生误差。气泡居中的精度就是水准管的灵敏度，它主要取决于水准管的分划值。一般认为水准管居中的误差约为 0.1 倍分划值，此时它对水准尺读数产生的误差为

$$m = \frac{0.1\tau''}{\rho} \cdot s \qquad (2-31)$$

式中：τ'' 为水准管的分划值，s；$\rho = 206265''$；s 为视线长。

如果采用符合水准器，气泡居中的精度可以提高一倍，则上式可写为

$$m = \frac{0.1\tau''}{2 \cdot \rho} \cdot s \qquad (2-32)$$

为了减小气泡居中误差的影响，应对视线长加以限制，观测时应使气泡精确地居中或符合。

2. 估读误差

水准尺上的毫米数都是估读的，估读的误差决定于望远镜视场中"十"字丝和厘米分划的宽度，所以估读误差与望远镜的放大率 V 及视线的长度 D 有关。可按下式计算

$$m_V = \pm \frac{60''}{V\rho''}D \qquad (2-33)$$

当 $V = 28$ 倍，D 分别为 100 m、75 m 时，m_V 分别为 1.0 mm、0.8 mm。所以在各种等级的水准测量中，对望远镜放大率和视线长都有一定的要求。

3. 水准尺倾斜的误差

水准尺没有扶直，无论向哪一侧倾斜都使读数偏大。读数误差的大小随着水准尺倾斜角和读数的增大而增大。若沿视线方向前后倾斜 δ 角，会导致读数偏大 $m\delta$，如图 2–26 所示，若读数为 b'，而应读数为 b，则

$$m\delta = b' - b = b'(1 - \cos\delta)$$

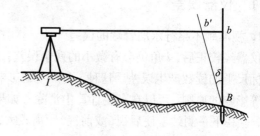

图 2–26 水准尺倾斜误差

$$(2-34)$$

将 $\cos\delta$ 按幂级数展开，略去高次项取 $\cos\delta = 1 - \delta^2/2$，代入上式有

$$m\delta = \frac{b'}{2} \times \left(\frac{\delta''}{\rho''}\right)^2 \qquad (2-35)$$

当 $\delta = 3°$，$b' = 2$ m 时，$m_\delta = 3$ mm。

由上述可知，观测误差对测量成果影响较大，而且是不可避免的偶然误差。因此，观测者应按操作规程认真操作，快速观测，准确读数，借助标尺的水准器立直标尺。同时仔细调焦，消除视差，以尽量减小观测误差的影响。

2.5.3　外界环境因素的影响

1. 仪器下沉和水准尺下沉的影响

（1）仪器下沉的误差

在读取后视读数和前视读数之间若仪器下沉了 Δ，则由于前视读数减少了 Δ，从而使高差增大了 Δ，如图 2-27(a) 所示。当采用双面尺或两次仪器高时，第二次观测可先瞄准前视点 B 读取前视读数，然后再瞄准后视点 A 读取后视读数，则可使所得的高差偏小，取高差平均值，可消除一部分仪器下沉的影响。用往返测时，亦因同样的原因可也可消除部分的误差。

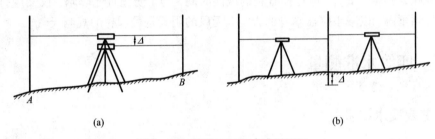

(a)   (b)

图 2-27　仪器下沉和水准尺下沉

（2）水准尺下沉的误差

在仪器从一个测站迁到下一个测站尚未读后视读数的一段时间内，若转点下沉了 Δ，从而使下一测站的后视读数偏大，则使高差也增大了 Δ，如图 2-27(b) 所示。在同样的情况下返测，则使高差的绝对值减小，所以取往返测的平均高差，可以减弱水准尺下沉的影响。

因此，观测时选择坚实的地面作测站和转点，踏实脚架和尺垫，缩短测站观测时间，采取往返观测等，可以减小此项影响。

地球曲率和大气折光的误差如图 2-28 所示，过仪器高度点 a 的水准面在水准尺上的读数为 b'。水准测量时，过 a 点的水平视线在标尺上的读数为 b'' 而不是读数 b'，$b'b''$ 即为地球曲率对读数的影响，称为地球曲率差，用公式表示为

$$c = \frac{D^2}{2R} \qquad (2-36)$$

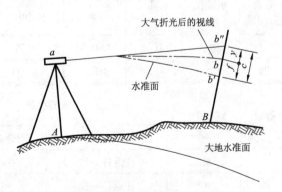

图 2-28　地球曲率差与大气折光差的影响

式中：D 为视线长。由于地面上空气密度上疏下密，当视线通过不同密度的大

气层时，会发生折射，使得视线不水平，而是向上或向下呈弯曲状，水平视线在标尺上的实际读数为 b，二者之差称为大气折光差，用 r 表示。在稳定的气象条件下，大气折光差约为地球曲率影响的 $1/7$，即

$$r = \frac{1}{7}c = \frac{D^2}{14R} \tag{2-37}$$

c, r 同时存在，其共同影响为

$$f = c - r = 0.43\frac{D^2}{R} \tag{2-38}$$

地球曲率和大气折光的影响可用"中间法"消除或削弱。精度要求较高的水准测量还应选择良好的观测时间(一般为日出后或日落前 $2h$)，并控制视线保持一定的高度和视线长度，来减小地球曲率和大气折光的影响。

3. 大气温度和风力的影响

温度不规则变化、较大的风力，会引起大气折光变化，致使标尺影像跳动，难以读数。温度变化也会影响仪器几何条件变化，烈日直射仪器会影响水准管气泡居中等，导致产生测量误差。因此，水准测量时，应选择有利的观测时间，为了防止日光曝晒，仪器应打伞保护，避免仪器日晒雨淋，以减小仪器本身的影响，无风的阴天是最理想的观测天气。

2.6　三、四等水准测量

2.6.1　主要技术要求

三、四等水准测量除用于国家高程控制网加密外，还常用于建立局部区域地形测量、工程测量高程首级控制，其高程应就近由国家高一级水准点引测。根据测区条件和用途，三、四等水准路线可布设成闭合或附合水准路线，水准点应埋设普通标石或做临时水准点，也可和平面控制点共享，三、四等水准测量的技术指标见表 2-3。

表 2-3　三、四等水准测量技术指标

等级	水准仪	水准尺	视线高度 /m	视线长度 /m	前后视距差 /m	前后视距累积差 /m	红黑面读数差 /mm
三	DS$_3$	双面	≥0.3	≤75	≤3.0	≤6.0	≤2
四	DS$_3$	双面	≥0.2	≤100	≤5.0	≤10.0	≤3

等级	红黑面高差之差 /mm	观测次数		往返较差、附合或闭合路线闭合差	
		与已知点连测	附合或闭合路线	平地/mm	山地/mm
三	≤3	往返各一次	往返各一次	$\pm 12\sqrt{L}$	$\pm 4\sqrt{n}$
四	≤5	往返各一次	往一次	$\pm 20\sqrt{L}$	$\pm 6\sqrt{n}$

注：计算往返较差时，L 为单程路线长，以 km 计；n 为单程测站数。

2.6.2　一个测站的观测程序

三、四等水准测量采用成对双面尺观测。测站观测程序(表 2 - 4)如下。

表 2 - 4　三四等水准测量手簿

测站编号	测点编号	后尺 下丝 上丝 后视距/m 视距差 Δd/m	前尺 下丝 上丝 前视距/m $\sum \Delta d$/m	方向及尺号	中丝读数/m 黑面	中丝读数/m 红面	K + 黑 - 红 /mm	高差中数 /m	备注
		(1)	(4)	后 -	(3)	(8)	(13)	(18)	
		(2)	(5)	前 -	(6)	(7)	(14)		
		(9)	(10)	后 - 前	(15)	(16)	(17)		
		(11)	(12)						
1	BMA ~ ZD₁	1.614	0.774	后 - 01	1.384	6.171	0	+0.8325	K_1 =4.787 K_2 =4.687
		1.156	0.326	前 - 02	0.551	5.239	- 1		
		45.8	44.8	后 - 前	+0.833	+0.932	+ 1		
		+ 1.0	+ 1.0						
2	ZD₁ ~ ZD₂	2.118	2.252	后 - 02	1.934	6.622	- 1	- 0.0740	
		1.682	1.758	前 - 01	2.008	6.796	- 1		
		50.6	49.4	后 - 前	- 0.074	- 0.174	0		
		+ 1.2	+ 2.2						
3	ZD₂ ~ ZD₃	1.922	2.066	后 - 01	1.726	6.512	+ 1	- 0.1410	
		1.529	1.668	前 - 02	1.866	6.554	- 1		
		39.3	39.8	后 - 前	- 0.140	- 0.042	+ 2		
		- 0.5	+ 1.7						
4	ZD₃ ~ ZD₄	2.041	2.220	后 - 02	1.832	6.520	- 1	- 0.1740	
		1.622	1.790	前 - 01	2.007	6.793	+ 1		
		41.9	43.0	后 - 前	- 0.175	- 0.273	- 2		
		- 1.1	+ 0.6						
5	ZD₄ ~ Ⅱ	1.531	2.820	后 - 01	1.304	6.093	- 2	- 1.2795	
		1.057	2.349	前 - 02	1.585	7.271	+ 1		
		45.6	47.1	后 - 前	- 1.281	- 1.178	- 3		
		- 1.5	- 0.9						

续表 2 – 4

| 每页计算检核 | $\sum(9) = 223.2$
$-)\sum(10) = 224.1$
$= -0.9$
$= 5$ 站(12)
$L = \sum(9) + \sum(10) = 447.3$ | $\sum(3) = 8.180$ $\sum(8) = 31.918$ $\sum(6) = 9.017$
$\sum(7) = 32.653$ $\sum(15) = -0.837$ $\sum(16) = -0.735$
$\sum[(3)+(8)] = 40.098$ $\sum(18) = -0.8360$
$-)\sum[(6)+(7)] = 41.670$ $2\sum(18) = -1.6720$
$= -1.572$
$\sum[(15)+(16)-0.100] = -1.672$ 计算无误 |

①安置水准仪,粗平。

②瞄准后视尺黑面,读取下、上、中丝的读数,记入手簿(1)、(2)、(3)栏。

③瞄准前视尺黑面,读取下、上、中丝的读数,记入手簿(4)、(5)、(6)栏。

④瞄准前视尺红面,读取中丝的读数,记入手簿(7)栏。

⑤瞄准后视尺红面,读取中丝的读数,记入手簿(8)栏。

以上观测程序归纳为"后,前,前,后",可减小仪器下沉误差。四等水准测量亦可按"后,后,前,前"程序观测。

上述观测完成后,应立即进行测站计算与检核,满足表 2 – 3 的限差要求后,方可迁站。

2.6.3 测站计算与检核

1. 视距计算与检核

后视距 $d_{后}$:$(9) = [(1)-(2)] \times 100$

前视距 $d_{前}$:$(10) = [(4)-(5)] \times 100$

前后视距差 Δd:$(11) = (9)-(10)$

前后视距累计差 $\sum\Delta d$:$(12) = $ 上站$(12) + $ 本站(11)

以上计算的 $d_{后}$、$d_{前}$、Δd、$\sum\Delta d$ 均应满足表 2 – 3 的规定,以满足中间法的要求。因此,每站安置仪器时,尽可能使 $\sum d_{后} = \sum d_{前}$。

2. 读数检核

设后、前视尺的红、黑面零点常数分别为 K_1(如 4.787)、K_2(如 4.687),同一尺的黑、红面读数差为:

前视尺:$(13) = (6) + K_2 - (7)$ 后视尺:$(14) = (3) + K_1 - (8)$

(13)、(14)之值均应满足表 2 – 3 的要求,即三等水准不大于 2 mm,四等水准不大于 3 mm。否则应重新观测。满足上述要求即可进行高差计算。

3. 高差计算与检核

黑面高差:$(15) = (3) - (6)$ 红面高差:$(16) = (8) - (7)$

红黑面高差之差(较差):$(17) = (15) - [(16) \pm 100 \text{ mm}] = (13) - (14)$

对于三等水准(17)应不大于 3 mm,四等水准(17)不大于 5 mm。上式中 100 mm 为前、后视尺红面的零点常数 K 的差值。正、负号可将(15)和(16)相比较确定,当(15)小于(16)接近 100 mm 时,取正号;反之取负号。上述计算与检核满足要求后,取平均值作测站高差。即:

$$(18) = [(15) + (16) \pm 100 \text{mm}]/2$$

上述计算与检核见表 2 - 4。

2.6.4 全路线的计算与检核

当观测完一个测段或全路线后,对水准测量记录按每页或测段进行检核(见表 2 - 4)。

高差检核:

$$\sum(15) = \sum(3) - \sum(6) \quad \sum(16) = \sum(8) - \sum(7)$$

$$\sum(15) + \sum(16) = \sum[(3)+(8)] - \sum[(6)+(7)] = 2\sum(18) \quad (偶数站)$$

$$\sum(15) + \sum(16) = \sum[(3)+(8)] - \sum[(6)+(7) \pm 100 \text{ mm}] = 2\sum(18) \quad (奇数站)$$

视距检核:

$$本页\sum(9) - 本页\sum(10) = 本页末站(12) - 前页末站(12)$$

$$终点站(12) = \sum(9) - \sum(10)$$

注:"本页"指的是测量时记录表格的当前页,"前页"指的是本页的前一页。

上述检核无误后,则测段或全路线总长度为

$$L = \sum(9) + \sum(10)$$

2.6.5 三、四等水准测量成果处理

经过上述检核符合表 2 - 3 的要求后,依水准路线的形式,计算出高差闭合差 f_h。若 f_h 满足表 2 - 3 的技术要求,再进行闭合差调整,计算出各水准点的高程。

2.7 其他水准测量仪器

2.7.1 自动安平水准仪

自动安平水准仪是在望远镜内安装一个光学补偿器代替水准管。仪器经粗平后,由于补偿器的作用,无需精平即可通过中丝获得视线水平时的读数。这样简化了操作,提高了观测速度;同时还补偿了如温度、风力、震动等对测量成果一定限度的影响,从而提高了观测精度。国产自动安平水准仪的型号是在 DS 后加字母 Z,即为 DSZ05、DSZ1、DSZ3 和 DSZ10,其中 Z 代表"自动安平"汉语拼音的第一个字母。

1. 自动安平原理

如图 2 - 29 所示,视线水平时的"十"字丝交点在 A 处,读数为 a。若仪器倾斜了一个小角 α,"十"字丝交点由 A 移至 A',"十"字丝通过视准轴的读数为 α',不是水平视线的读数。显然 $AA' = f\alpha$。为了使水平视线能通过 A' 而获得读数 a,在光路上安置一个补偿器,让视线水平的读数 a 经过补偿器后偏转一个 β 角,最后落在"十"字丝交点 A'。这样,即使视准轴倾斜一定角度(一般为 $\pm 10'$),仍可读得水平视线的读数 a,因此达到了自动安平的目的。可见,补偿器必须满足

$$f\alpha = s\beta \tag{2-39}$$

式中:f 为物镜等效焦距;s 为补偿器到"十"字丝交点的距离。

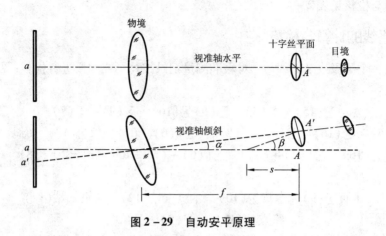

图 2 – 29   自动安平原理

2. 自动安平补偿器

自动安平水准仪的核心部分是补偿器。补偿器的种类很多，常见的有吊丝式、轴承式、簧片式和液体式等形式。

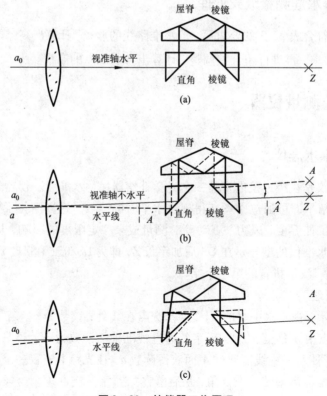

图 2 – 30   补偿器工作原理

图 2 – 30 所示的 DSZ3 自动安平水准仪采用了吊丝式补偿器，该补偿器被安装在调焦透镜与"十"字丝分划板之间，借助重力的作用达到视线自动补偿的目的。该补偿器的构造是：

将屋脊棱镜固定在望远镜筒内,在屋脊棱镜的下方,用交叉的金属丝吊挂两个直角棱镜,该直角棱镜在重力作用下,能与望远镜做相对的偏转。为了使吊挂的棱镜尽快地停止摆动,还设置了阻尼器。

如图 2 - 30(a)所示,当望远镜视准轴处于水平状态时,补偿装置的直角棱镜处于原始的悬垂状态。尺上读数 a_0 随着水平光线进入望远镜,通过补偿器到达"十"字丝中心 Z,则读得视线水平时的读数 a_0。

如图 2 - 30(b)所示,当望远镜倾斜了微小角度 α 时,如果补偿装置没有作用,即直角棱镜没有回到悬垂位置,实际水平视线在补偿装置内反射后落在了 A 处,此时"十"字丝中心 Z 的读数不是视线水平时的正确读数 a_0。

如图 2 - 30(c)所示,当望远镜倾斜了微小角度 α 时,如果补偿装置的直角棱镜在重力作用下,相对于望远镜的倾斜方向作反向偏转,回到悬垂位置,这时,原水平光线通过偏转后的直角棱镜(起补偿作用的棱镜)的反射,到达"十"字丝的中心 Z,所以在"十"字丝的中心 Z 仍能读出视线水平时的正确读数 a_0,从而达到补偿的目的。

3. 自动安平水准仪的使用

仪器经过认真粗平、照准后,即可进行读数。由于补偿器有一定的工作范围,才能起到补偿作用。所以,使用自动安平水准仪时,要防止补偿器贴靠周围的部件,不处于自由悬挂状态。为了检验补偿器是否处于正常工作范围内,有的仪器设置有检验钮或在目镜视场内设置补偿器状态窗,在读数之前,可利用这些装置进行检查,如果补偿器未处于正常工作状态,必须重新整平仪器,再行观测。补偿器由于外力作用(如剧烈震动、碰撞等)和机械故障,会出现"卡死"失灵,甚至损坏,所以应务必当心。

2.7.2　精密水准仪

我国水准仪系列中 DS05、DS1 均属于精密水准仪,精密水准仪有水准管式的,也有自动安平式的,主要用于国家一、二等水准测量,以及地震测量、大型建筑工程高程控制与沉降观测、精密机械设备安装等精密工程测量。

1. 精密水准仪的构造特点与测微原理

精密水准仪的构造与 DS$_3$ 型水准仪基本相同。主要区别在于:一是为了提高安平精度,水准管采用符合水准器,且 $\tau = (8'' \sim 10'')/2 \text{ mm}$,安平精度不大于 $\pm 0.2''$。望远镜和水准器均套装在隔热壳罩内,结构坚固,$LL // CC$ 稳定,受外界影响因素小。精密水准仪除了有较高的置平精度外,构造上的另一个特点是都附有一个供读数用的光学测微装置。如图 2 - 31 所示,望远镜前装有一块平行玻璃板,转动测微螺旋,齿轮带动齿条推动传导杆使平行玻璃板以视准轴水平垂直线为旋转轴前后倾斜,固定在齿条上方的测微尺也随之移动。标尺影像的光线通过倾斜平行玻璃板后,在垂直面上移动一个量,该移动量的大小可由测微尺量测,并显示在测微目镜视场中。测微尺全长有 100 个分划,标尺影像移动 5 mm 或 10 mm,测微尺移动全长 100 个分划,测微螺旋恰好转动一周。因此,测微尺的分划值为 0.05 mm 或 0.1 mm,测微周值为 5 mm 或 10 mm。

2. 精密水准尺与读数方法

精密水准尺又称因瓦水准尺，与精密水准仪配套使用。因瓦水准尺是在木质尺身的凹槽内引入一根因瓦合金钢带，长度分划在因瓦合金钢带上，数字注记在木质尺上，精密水准尺的分划值有 10 mm 和 5 mm 两种，如图 2-32(a) 和图 2-32(b) 所示。

精密水准仪的操作方法与 DS₃ 型仪器相同，仅读数方法有差异。读数时，先转动微倾螺旋使符合水准器气泡居中(气泡影像在望远镜视场的左侧，符合程度有格线度量)；再转动测微螺旋，调整视线上、下移动，用"十"字丝楔形丝精确夹住就近的标尺分划(图 2-33)，而后读数。现以分划值为 5 mm 分划、注记为 1 cm 的尺为例说明读数方法。先直接读出楔形丝夹住的分划注记读数(如 1.94 m)，再在望远镜旁测微读数显微镜中读出不足 1 cm 的微小读数(如 1.54 mm)，如图 2-33(a) 所示。水准尺的全读数为 1.94 m + 0.00154 m = 1.94154 m，实际读数应为 1.94154 m/2 = 0.97077 m。对于 1 cm 分划的精密水准尺，读数即为实际读数，无须除 2，如图 2-33(b) 所示读数为 1.49632 m。

图 2-32 精密水准尺

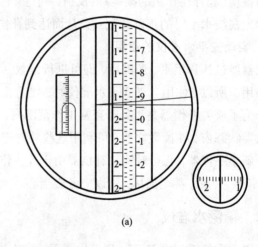

(a)

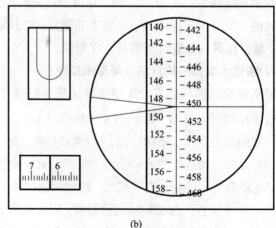

(b)

图 2-33 精密水准尺读数

2.7.3　数字水准仪

数字水准仪又称电子水准仪,在仪器望远镜光路中增加了分光镜和光电探测器等部件,光学系统采用了自动安平水准仪的基本形式,是一种集电子、光学、图像处理、计算机技术于一体的自动化智能水准仪。如图 2 – 34 所示,它由基座、水准器、望远镜、操作面板和数据处理系统组成。数字水准仪的特点是:①采用条纹编码的标尺注记方式,多条码(等效于多分划)测量,削弱标尺分划误差,精度高。②采用摄影测量技术在测量式对标尺进行摄影测量。③自动实现图像的数字化处理以及观测数据的测站显示、记录、检核、处理和存储。可实现水准测量从外业数据采集到最后成果计算的一体化。④数字水准仪一般是设置有补偿器的自动安平水准仪,当采用普通水准尺时,数字水准仪又可当作普通自动安平水准仪使用。

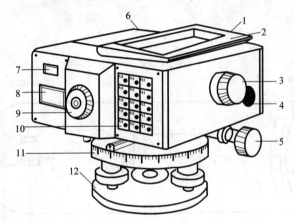

图 2 – 34　数字水准仪

1—物镜;2—提环;3—物镜调焦螺旋;4—测量按钮;5—微动螺旋;6—RS 接口;7—圆水准器观察窗;
8—显示器;9—目镜;10—操作面板;11—带度盘的轴座;12—连接板

1. 条码水准尺

条码水准尺是与数字水准仪配套使用的专用水准尺,如图 2 –35(a)所示,一般为因瓦带尺、玻璃钢或铝合金制成的单面或双面尺,形式有直尺和折叠尺两种,规格有 1 m、2 m、3 m、4 m、5 m 几种,尺子的分划一面为二进制伪随机码分划线(配徕卡仪器)或规则分划线(配蔡司仪器),其外形类似于一般商品外包装上印刷的条形码,条码尺在望远镜视场中情形如图 2 –35(b)所示。

2. 电子水准仪测量与读数原理

数字水准仪的关键技术是自动电子读数及数据处理,目前各厂家采用了原理上相差较大的三种数据处理算法,如瑞士徕卡 NA 系列采用相关法;德国蔡司 DiNi 系列采用几何法;日本拓扑康 DL 系列采用相位法,三种方法各有优劣。图 2 –36 为采用相关法的徕卡 NA30003 数字水准仪的机械光学结构图。进行测量时,光电二极管阵列摄取的数码水准尺条码信息(图像),通过分光器将其分为两组,一组转射到 CCD 探测器上,并传输给微处理器进行数据处理,得到视距和视线高;另一组成像于"十"字丝分划板上,便于目镜观测。

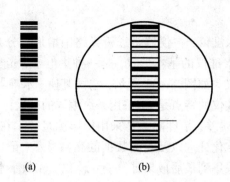

图 2-35　条码水准尺与望远镜视场示意图

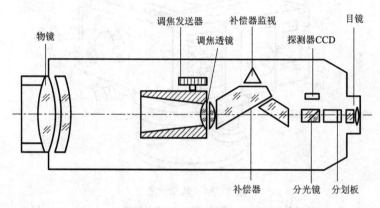

图 2-36　电子水准仪原理

思 考 题

1. 名词解释：视线高程、望远镜视准轴、水准管轴、水准管分划值、水准路线、水准点、视差、高差闭合差。

2. 水准仪有哪几条几何轴线？各轴线间应满足什么条件？其主要条件是什么？

3. 水准测量的基本原理是什么？

4. 试述普通水准测量的施测方法。

5. 在同一测站上，前、后视读数之间，为什么不允许仪器发生任何位移？

6. 水准器的 τ 值反映其灵敏度，τ 越小灵敏度越高，水准仪是否应选择 τ 值小的水准器？为什么？

7. 水准测量中产生误差的因素有哪些？应如何进行消除或减弱？

8. 水准测量时，通常采用"中间法"，为什么？

9. 仪器距水准尺 150 m，水准管分划值 $\tau = 20''/2$ mm，若精平后水准管有 0.2 格的误差，那么水准尺的读数误差为多少？

10. 简述三、四等水准测量的测站观测程序和检核方法。双面尺在各测站进行红黑高差检核时,为什么 ±100 mm 交替出现?不交替出现行不行?为什么?

11. 精密水准仪的读数方法和普通水准仪有什么不同?最小读数的单位是什么?

12. 简述自动安平水准仪的安平原理和数字水准仪的基本测量方法。

习　题

1. 在水准点 A 和 B 之间进行了往返水准测量,施测过程和读数如图 2-37 所示,已知水准点 A 的高程为 37.354 m,两水准点间的距离为 160 m,容许高程闭合差按 $\pm 30\sqrt{L}$ (mm) 计算,试填写手簿(表 2-5)并计算水准点 B 的高程。

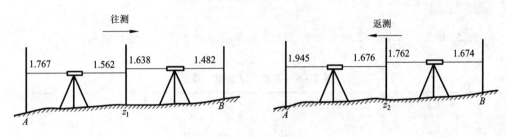

图 2-37　往返水准测量

表 2-5　水准测量手簿

测点	后视读数	前视读数	高差/m		高　程	调整后高程	备注
			+	-			
A					37.354		已知 A 点高程 =37.354 A、B 两水准点间的距离为 160 m
Z_1							
B							
Z_2							
A							
Σ							
辅助计算							

2. 如图 2-38 所示,为一闭合水准路线的图根水准测量观测成果,试计算各水准点的高程。

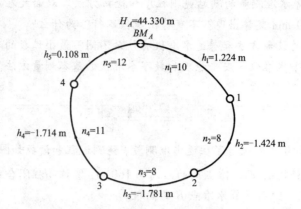

图2-38　闭合水准测量计算简图

3. 表2-6为一三等水准测量记录,试计算各测站的高差,并进行测站检核。

表2-6　三等水准测量记录表

测站编号	后尺 下丝 上丝	前尺 下丝 上丝	方向及尺号	中丝读数/m		K+黑-红/mm	高差中数/m	备注
				黑面	红面			
	后视距/m	前视距/m						
	视距差 Δd/m	$\sum \Delta d$/m						
1	1.571	0.739	后-05	1.384	6.171			
	1.197	0.363	前-06	0.551	5.239			
			后-前					
								$K_5 = 4.787$ $K_6 = 4.687$
2	2.121	2.196	后-06	1.934	6.621			
	1.747	1.821	前-05	2.008	6.796			
			后-前					

4. 设地面上 A、B 两点,用中间法测得其高差 $\alpha = 0.288$ m,将仪器安置于近 A 点,读得 A 点水准尺上读数为1.526 m,B 点水准尺上读数为1.249 m。试问:

(1)该水准仪水准管轴是否平行于视准轴?为什么?

(2)若水准管轴不平行于视准轴,那么视线偏于水平线的上方还是下方?是否需要校正?

(3)若需要校正,简述其校正方法和步骤。

第 3 章

角 度 测 量

3.1 角度测量原理

为确定一点的空间位置，角度是需要测量的基本要素之一。角度测量是测量工作的基本内容，包括水平角测量和竖直角测量。测量角度的仪器主要是光学经纬仪及电子经纬仪。

3.1.1 水平角测量原理

测站点至两目标的方向线在水平面上投影的夹二面角，称为水平角，通常用 β 表示。如图 3 - 1 所示，地面上有任意三个高度不同的点，分别为 A、O 和 B，过 OA、OB 直线的竖直面 V_1、V_2，在水平面上的交线分别为 Oa、Ob，所构成的夹角 $\angle aOb$ 就是空间夹角 $\angle AOB$ 的水平投影，即水平角。

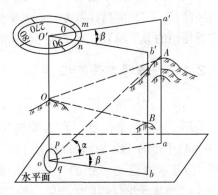

图 3 - 1 角度测量原理

为了测出水平角的大小，假设在 O 点（称为测站点）的铅垂线上，水平地安置一个有一定刻划的圆形度盘，并使圆盘的中心位于 O 点的铅垂线上。如果用一个既能在竖直面内上下转动以瞄准不同高度的目标，又能沿水平方向旋转的望远镜，依次从 O 点瞄准目标 A 和 B，设通过 OA 和 OB 的两竖直面在圆盘上截得的读数分别为 m、n（称为方向观测值，简称方向值），一般水平度盘是顺时针刻划和注记，则所测得的水平角为

$$\beta = n - m \qquad (3-1)$$

由式 (3 - 1) 可知，水平角值为两方向值之差。水平角取值范围为 $0° \sim 360°$，且无负值。

3.1.2 竖直角测量原理

在同一竖直面内，地面某点至目标的方向线与水平线的夹角，称为竖直角或倾斜角。如图 3 - 1 所示，Aa 垂直于水平面并交于 a 点，$\angle AOa$ 就是直线 OA 的竖直角，常用 α 表示。若目标方向线在水平线之上，该竖直角称为仰角，取值为 " + "；若目标方向线在水平线之下，该竖直角称为俯角，取值为 " - "。竖直角的取值范围为 $0° \sim \pm90°$。

欲测定竖直角，若在过 OA 的铅垂面上，安置一个垂直刻度盘（称为竖直度盘，简称竖盘），并使其刻划中心过 O 点，就可以在此度盘上分别读出倾斜视线 OA 的读数 p 和水平视线

oa 的读数 q，则 OA 的竖直角 α 就等于 q 减去 p，即

$$\alpha = q - p \qquad\qquad (3-2)$$

由此可见，竖直角 α 为两方向值之差。p 为水平方向线的读数，当竖盘制作完成后即为定值，又称为始读数或零读数。经纬仪的 p 设置为 $90°$ 的整倍数，即 $90°$、$180°$、$270°$、$360°$。因此测量竖直角时，只要读到目标方向线的竖盘读数，就可计算出竖直角。

根据上述角度测量原理，用于测量水平角和竖直角的经纬仪，必须具备对中和整平装置；一个水平度盘和一个竖直度盘，并设有能在水平度盘和竖直度盘上进行读数的指标；为了瞄准不同高度的目标，经纬仪的望远镜不仅能在水平面内转动，而且能在竖直面内旋转。

经纬仪就是满足上述条件的测角仪器。

3.2　光学经纬仪及其技术操作

我国的经纬仪系列按测角精度分为 DJ_{07}、DJ_1、DJ_2、DJ_6、DJ_{10} 等几个等级，"D"和"J"为大地测量和经纬仪的汉语拼音第一个字母。后面的数字代表该仪测量精度。如 DJ_6 表示一测回方向观测中误差不超过 $\pm 6''$。DJ_{07}、DJ_1、DJ_2 型经纬仪为精密经纬仪，DJ_6、DJ_{10} 型等属于普通经纬仪。按其度盘计数方式有光学经纬仪和电子经纬仪两类。本节将主要介绍工程测量中广泛使用的 DJ_2 和 DJ_6 型光学经纬仪的构造和操作方法。

3.2.1　光学经纬仪的构造

由于生产厂家不同，DJ_6 级光学经纬仪有多种，有国产的和进口的，常见的有：北京光学仪器厂、苏州光学仪器厂和西安光学仪器厂等生产的 DJ_6 级光学经纬仪，瑞士威尔特厂（Wind）生产的 T1，德国蔡司厂生产的 Thoe 020 系列。尽管仪器的具体结构和部件不完全相同，但基本构造是一致的，主要由基座、照准部、度盘三部分和光学读数系统等组成。图 3-2 为某光学仪器厂生产的一种 DJ_6 型光学经纬仪。图 3-3 为我国苏州第一光学仪器厂生产的 DJ_2 级光学经纬仪。

1. 照准部

照准部由望远镜、横轴、竖轴、竖直度盘、照准部水准管和读数显微镜等部分组成，它是基座和水平度盘上方能转动部分的总称。

①望远镜。望远镜由目镜、物镜、"十"字丝环和调焦透镜等组成，用于照准目标，它固定在横轴上，并可绕横轴在竖直面内作俯仰转动，这种转动由望远镜的制动螺旋和微动螺旋控制。

②横轴。横轴也称水平轴，由左右两个支架支承，是望远镜作俯仰转动的旋转轴。

③竖轴。竖轴也称垂直轴，它插入水平度盘的轴套中，可使照准部在水平方向转动，这种转动由水平制动螺旋和水平微动螺旋控制。

④竖直度盘。竖直度盘由光学玻璃制成，装在望远镜的一侧，其中心与横轴中心一致，随着望远镜的转动而转动，用于测量竖直角。

⑤照准部水准管。它用于整平仪器，使水平度盘处于水平状态。

⑥读数显微镜。它用于读取水平度盘和垂直度盘的读数。

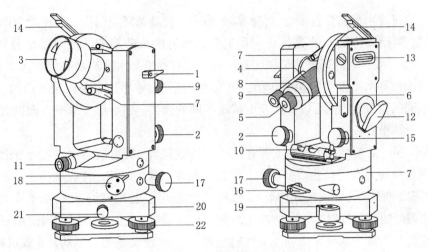

图 3 - 2　DJ₆ 型光学经纬仪

1—望远镜制动螺旋；2—望远镜微动螺旋；3—物镜；4—物镜调焦螺旋；5—目镜；6—目镜调焦螺旋；
7—光学瞄准器；8—度盘读数显微镜；9—度盘读数显微镜调焦螺旋；10—照准部管水准器；
11—光学对中器；12—度盘照明反光镜；13—竖盘指标管水准器；14—竖盘指标管水准器观察反射镜；
15—竖盘指标管水准器微动螺旋；16—水平方向制动螺旋；17—水平方向微动螺旋；
18—水平度盘变换螺旋与保护卡；19—基座圆水准器；20—基座；21—轴套固定螺旋；22—脚螺旋

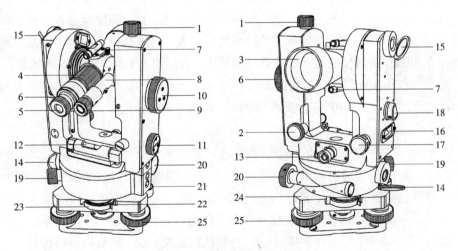

图 3 - 3　DJ₂ 型光学经纬仪

1—望远镜制动螺旋；2—望远镜微动螺旋；3—物镜；4—物镜调焦螺旋；5—目镜；6—目镜调焦螺旋；
7—光学瞄准器；8—度盘读数显微镜；9—度盘读数显微镜调焦螺旋；10—测微轮；
11—水平度盘与竖直度盘换像手轮；12—照准部管水准器；13—光学对中器；14—水平度盘照明镜；
15—垂直度盘照明镜；16—竖盘指标管水准器进光窗口；17—竖盘指标管水准器微动螺旋；
18—竖盘指标管水准气泡观察窗；19—水平制动螺旋；20—水平微动螺旋；21—基座圆水准器；
22—水平度盘位置变换手轮；23—水平度盘位置变换手轮护盖；24—基座；25—脚螺旋

2. 度盘

光学经纬仪有水平和竖直度盘,它们都是由光学玻璃圆环刻制而成。度盘全圆 0°~360° 等弧长刻划,两相邻分划间的弧长所对圆心角,称为度盘分划值。目前度盘分划值有 1°、30′、20′ 三种,一般顺时针每度注记。度盘的外壳附有照准部水平制动螺旋和水平微动螺旋,用以控制照准部和水平度盘的相对转动。事实上,测角时水平度盘是固定不动的,这样当照准部处于不同的位置时,就可以在度盘上读出不同的读数,照准部在水平方向的微小转动由水平微动螺旋调节。

测量中,有时需要将水平度盘安置在某一个读数位置,因此就需要转动水平度盘,常见的水平度盘变换装置有度盘变换手轮和复测扳手两种形式。当使用度盘变换手轮转动水平度盘时,要先拨下保险手柄(或拨开护盖),再将手轮推压进去并转动,此时水平度盘也随着转动,待转到需要的读数位置时,将手松开,手轮退出,再拨上保险手柄。当使用复测扳手转动水平度盘时,先将复测扳手拨向上,此时照准部转动而水平度盘不动,读数也随之改变,待转到需要的读数位置时,再将复测扳手拨向下,此时度盘和照准部扣在一起同时转动,度盘的读数不变。

竖直度盘的构造与水平度盘一样,固定在望远镜旋转轴(横轴)的一端,随望远镜的转动而转动。

3. 基座

基座是支撑整个仪器的底座,用中心螺旋与三脚架相连接。基座侧面有一个中心锁紧螺旋,当仪器插入竖轴轴孔后,该中心锁紧螺旋必须处于锁紧状态,否则在测角时仪器可能产生微动。基座上有一个光学对点器,即一个小型外对光望远镜,当照准部水平时,对点器的视线经折射后成铅垂方向,且与竖轴重合,利用该对点器可进行仪器的对中。基座底部有三个脚螺旋,转动脚螺旋可使照准部水准管气泡居中,从而使水平度盘处于水平状态。

DJ$_2$ 型经纬仪用于较高精度的角度测量,与 DJ$_6$ 型比较具有照准部水准器灵敏度高、度盘分划值小、双光路对径 180° 符合读数可消除度盘偏心差的特点。

4. 光学读数系统

图 3-4(a) 为 DJ$_6$ 型经纬仪的读数设备的光路图。调节进光反光镜朝着光源,使光线经反光镜进入仪器内部,同时照明水平和竖直度盘。此时带有度盘分划线的光线经过棱镜折射和透镜组(显微物镜组)的调节,消除行差(度盘分划线的间隔经成像透镜组放大倍数与透镜组的放大率不一致产生的透镜组放大倍率误差,称为行差)与视差,将度盘分划线影像成像于测微装置的像平面上;而后和测微尺(盘)分划线的影像一起,经横轴棱镜折射和显微物镜组放大并成像,进入读数显微镜视场。这种读数系统称为单光路读数系统,在读数视场内可同时观察到水平和竖直度盘的像。

图 3-4(b) 为 DJ$_2$ 型经纬仪的读数设备的光路图,与 DJ$_6$ 型经纬仪(图 3-2)不同的是采用双光路,水平度盘与竖直度盘分别进光。光线照明度盘后,带有分划线影像的光线经 1:1 成像透镜组(度盘平面的上方或左方)调节像的行差与视差,落在同一度盘对径 180° 的分划线附近,如图 3-5 所示,形成两组相差 180° 的影像。再通过分像器将两组影像切去重叠部分变成平直相切的分划线,而后经显微物镜组成像于测微装置的像平面上,经横轴棱镜折射

进入读数视场，即可观察到正字注记（主像）、倒字注记（副像）分划线和测微尺影像。

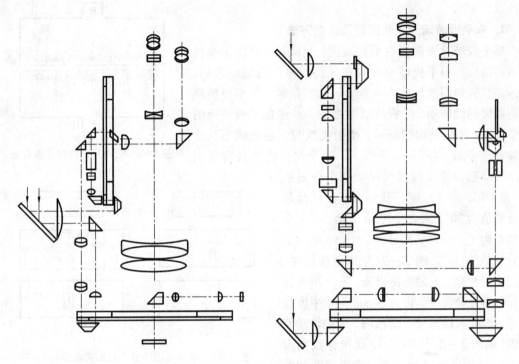

图 3 - 4　光学经纬仪的读数设备的光路图

水平度盘和竖直度盘的光路在换像棱镜处会合，改变换像棱镜的方向可使它们分别进入测微装置的像平面。在读数视场内只能观察到一种度盘的像，这种双光路读数系统为对径 180°符合读数。

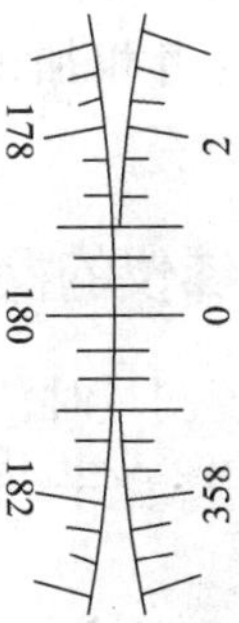

3.2.2　光学测微装置与读数

光学经纬仪的度盘分划线，由于度盘尺寸限制，最小分划值难以直接刻划到秒，为了实现精密测角，要借助光学测微技术制作成测微器来测量不足度盘分划值的微小角值。DJ₆ 型光学经纬仪常用分微尺测微器和单平板玻璃测微器两种方法，DJ₂ 型光学经纬仪常用双光楔测微器。

图 3 - 5　主、副像对径符合示意图

1. 分微尺测微器及读数方法

分微尺为一平板玻璃，上面刻有 60 格分划线，并每 10 格注有注记，安装在光路上的读数窗（测微装置像平面）之前。经过折射和透镜组放大后的度盘分划线成像在上面，度盘分划线经放大后的间隔弧长恰好等于分微尺的全长。由于度盘分划间隔是 1°，所以分微尺一格代表 1′；每 10 格注记表示整 10′数。不足度盘分划值的微小角值就是分微尺 0 分划和度盘分划线间所夹角的值。图 3 - 6 为这类经纬仪的读数视场，其中"H""V"分别表示水平和竖直度盘的像。读数时，先读出落在分微尺间的度盘线注记（整度数，如 134°），又以度盘分划线为指标线，读取微小角值的整 10′数（即分微尺注记数，如 50′），再读出分数，并估读至 0.′1（如

5. ′2）；最后相加即得全读数（如134°55. ′2）。图 3 - 6 中竖
盘读数为 85°23. ′7。

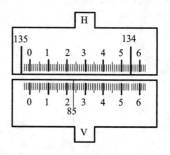

图 3 - 6　分微尺测微器读数视场

2. 单平板玻璃测微器装置及读数方法

单平板玻璃测微器由平板玻璃、测微尺、测微轮及传
动装置组成。单平板玻璃安装在光路的显微透镜组之后，
与传动装置和测微尺连在一起，转动测微轮，单平板玻璃
与测微尺同轴转动，平板玻璃随之倾斜。根据平板玻璃的
光学特性，平板玻璃倾斜时，出射光线与入射光线不共线
而偏移一个量，如图 3 - 7 所示，这个量由测微尺度量出
来。转动测微轮使度盘线移动一个分划值
（一格）30′，测微尺刚好移动全长。度盘最
小分划值为 30′，测微尺共 30 大格，一大格
分划值为 1′，一大格又分为 3 小格，则一小
格分划值为 20″。图 3 - 7 为其读数视场，
有三个读数窗，上面为测微窗，有一单指标
线；中间为竖直度盘影像，下面为水平度盘
影像，均有双指标线。读数前，应先转动测
微轮（如图 3 - 3 中 10），使双指标线夹准
（平分）某一度盘分划线像，读出度数和整

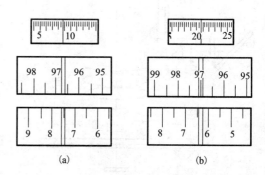

图 3 - 7　单平板玻璃分微尺测微器读数视场

30′数[图 3 - 7(a)的 7°30′]，再读出测微窗中单指标线所指出的测微尺上的读数[图 3 - 7(a)
为 8′47″]，两者相加即为水平度盘读数 7°38′47″。同理，图 3 - 7(b)中竖直度盘读数
为 97°20′40″。

3.2.3　经纬仪的操作

进行角度测量时，首先要在测站点（角顶点）上安置经纬仪，然后进行观测。经纬仪的技
术操作有对中、整平、瞄准、读数等步骤。

1. 对中

对中的目的是使水平度盘的中心与测站点（标志中心）位于同一铅垂线上。对中时，先将
三脚架张开，并安放在测站上，调节架腿上的螺丝使架腿伸长，即架头升高到与观测者相适
应的高度，同时要目测架头大致水平，架头中心大致对准测站点中心，然后安上仪器，旋紧
中心连接螺旋。

利用垂球进行对中时，挂上垂球，若垂球偏离测站点较远，可平移三脚架使垂球对准测
站点；若垂球偏离测站点很近，可稍微旋转仪器的三个脚螺旋，使垂球尖对准测站点，然后
均匀地将架腿踩紧，使之稳固地插入土中。

现在的光学经纬仪大都有光学对中设备，即光学对点器。利用光学对点器进行对中时，
将架腿置于测站点上，并调节到适当高度，安上仪器，旋紧中心连接螺旋。转动目镜调焦螺
旋，看清分划板分划圈，再拉出对点器（或转动物镜调焦螺旋）看清地面标志。而后转动脚螺
旋，使标志中心影像位于分划圈（或"十"字分划线）中心，此时仪器圆水准气泡偏离；再根据
气泡偏移方向，旋松架腿伸缩固定螺丝伸缩脚架使圆气泡居中（脚架尖位置不得移动）。最后

还要检查一下标志中心是否仍位于分划圈中心,若有很小偏差可稍松中心连接螺旋,在架头上移动仪器,使其精确对中。此法对中的误差小且不受风力等影响。

2. 整平

整平就是使仪器的竖轴处于铅垂位置,并使水平度盘处于水平。整平包括粗略整平和精确整平,整平的次序是先粗平后精平。粗平方法:保持架腿位置不变,稍微旋松架腿上的螺丝,使架腿伸长或缩短(有时需要伸缩一个架腿,有时可能需要伸缩三个架腿),同时观察圆水准气泡,每次伸缩架腿都应当使气泡逐渐趋向中间,最后使气泡位于圆水准器的小圆圈内。精平方法:放松照准部水平制动螺旋,使照准部水准管与任意两个脚螺旋的连线平行[如图3-8(a)],两手相对旋转这两个脚螺旋使水准管气泡居中(气泡移动的方向与左手大拇指的方向一致),然后将照准部旋转90°[如图3-8(b)],转动第三个脚螺旋,再一次使水准管气泡居中。如此反复几次,直至仪器处于任何位置时气泡都居中为止。一般要求水准管气泡偏离中心的误差不超过一格。

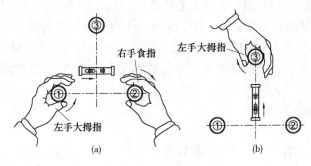

图 3-8 经纬仪整平

注意:整平与对中是相互影响的,操作时应交替、反复进行,直至既对中又整平为止。

3. 瞄准

测角时的照准标志,一般是竖立于测点的标杆、测钎、花杆、觇牌等。测量水平角时,以望远镜的"十"字丝纵丝瞄准照准标志。瞄准时,先松开水平和竖直制动螺旋,目镜调焦,使"十"字丝清晰;接着通过照门、准星或光学瞄准器粗略对准目标,拧紧两制动螺旋;再物镜调焦,在望远镜内能最清晰地看清目标,消除视差;最后转动水平和竖直微动螺旋,使"十"字丝分划板的纵丝精确地瞄准(纵丝平分或夹准)目标,如图3-9所示,并尽量对准目标底部。

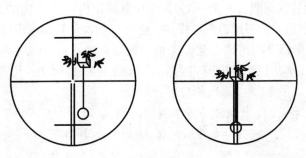

图 3-9 经纬仪瞄准

4. 读数

读数前，先打开度盘照明反光镜，调整反光镜的开度和方向，使读数窗明亮而亮度均匀；旋转显微镜调焦螺旋，使分划和注记清晰，然后读数。

测量水平角时，为了减少度盘分划不均匀误差和方便测设，需要将水平度盘的读数调整到 $0°00'00''$ 或某指定读数（如 $168°38'48''$），这一操作称为水平度盘配置。由于仪器的构造不同，配置度盘的操作方法也不同。装有复测器的仪器（称为复测经纬仪），采用"先配盘后瞄准"的方法，即先转动测微轮，使测微尺读数为 $0'00''$（或为小于度盘分划值的微小角值，如 $8'48''$）；然后将复测扳手扳上，转动照准部，用水平微动螺旋将度盘 $0°$（或指定读数的度数和整 $30'$ 数，如 $168°30'$）分划线准确夹在双指标线中央，再将复测扳手扳下，接着转动照准部准确瞄准目标后，再将复测扳手扳上。此时，照准目标方向的水平度盘读数为 $0°00'00''$（或 $168°38'48''$）。装有拨盘手轮的仪器（称为方向经纬仪），采用"先瞄准后配盘"的方法。即先转动照准部准确瞄准目标，制动仪器；再打开拨盘手轮护盖（或安全杆），转动拨盘手轮使水平度盘读数为 $0°00'00''$（或欲配置数），然后盖上护盖（或放松安全杆）。对于 DJ_2 型仪器，瞄准目标后，先调节测微轮使测微窗读数为 $0'00.''0$（或小于度盘分划值的微小角值，如 $6'24.4''$），再转动拨盘手轮使度盘读数为 $0°00'$（或指定数的整度数和整 $10'$ 数，如 $251°40'$），并使主、副像分划线对齐。这样照准目标方向的水平度盘读数为 $0°00'00.0''$（或 $251°46'24.4''$）。

3.3 水平角测量

水平角的测量方法有多种，一般根据目标的多少和精度要求而定，常用的水平角测量方法有测回法和方向观测法（全圆测回法）。测回法常用于测量两个方向间的水平角，是测角的基本方法。方向观测法用于在一个测站上观测两个以上方向的多角测量。

3.3.1 测回法

如图 3 – 10 所示，欲测 OA、OB 两方向之间的水平角 $\angle AOB$，观测步骤如下：

1. 仪器安置

在 O 点上安置经纬仪，并进行对中、整平。在 A、B 处设立观测标志（如竖立测钎或花杆）。

2. 盘左观测

将经纬仪竖盘放置在观测者左侧（称为盘左位置或正镜）。转动照准部，先精确瞄准左目标 A，制动仪器；调节目镜和望远镜调焦螺旋，使"十"字丝和目标成像清晰，消除视差；读取水平度盘读数 a_L（如 $0°18'24''$，（估读至 $0.''1$ 的可换算为秒数），记入手簿相应栏，见表 3 – 1。接着松开制动动螺，顺时针旋转照准部，精确照准右目标 B，读取水平度盘读数 b_L（如 $116°36'38''$），记入手簿（表 3 – 1）相应栏。

以上观测称为上半测回，其盘左位置半测回角值 β_L 为

$$\beta_L = b_L - a_L \quad (\beta_L = 116°18'14'') \tag{3 – 3}$$

3. 盘右观测

纵转望远镜，使竖盘位于观测者右侧（称为盘右位置或倒镜），按上述方法先照准目标 B 进行读数，读取水平度盘读数 b_R（如 $296°36'54''$）；再逆时针旋转照准部照准目标 A，读取水

平度盘读数 a_R（如 $180°18'36''$），记入手簿（表 3 – 1）相应栏。

以上观测称为下半测回，其盘右位置半测回角值 β_R 为

$$\beta_R = b_R - a_R \quad (\beta_R = 116°18'18'') \tag{3-4}$$

上述的上、下半测回合起来称为一测回。

理论上 β_L 和 β_R 应相等，由于各种误差的存在，使其相差一个 $\Delta\beta$，称为较差，当 $\Delta\beta$ 小于容许值 $\Delta\beta_容$ 时，观测结果合格，取盘左、盘右观测的两个半测回值的平均值作为一测回值 β，即

$$\beta = \frac{1}{2}(\beta_L + \beta_R) \quad (\beta = 116°18'16'') \tag{3-5}$$

图 3 – 10　测回法观测水平角

$\Delta\beta_容$ 称为容许较差，对于 DJ_6 型仪器为 $\pm 40''$。当 $\Delta\beta$ 超过 $\Delta\beta_容$ 时应重新观测。

表 3 – 1　测回法观测水平角记录手簿

仪器型号：DJ_6　　　　观测日期：＿＿＿＿　　　　观测者：＿＿＿＿
仪器编号：＿＿＿＿　　　天　　气：＿＿＿＿　　　　记录者：＿＿＿＿

测站点	测回序数	盘位	目标	水平度盘读数（° ′ ″）	水平角 半测回值（° ′ ″）	水平角 一测回值（° ′ ″）	备注
O	1	左	A	0 18 24	116 18 14	116 18 17	
			B	116 36 38			
		右	A	180 18 36	116 18 18		
			B	296 36 54			

由于水平度盘是顺时针注记，水平角计算时，总是以右目标的读数减去左目标的读数，如遇到不够减的情况，则将右目标的读数加上 360° 再减去左目标的读数。

实际作业中，为了减弱度盘分划误差的影响，提高测角的精度，往往对一个角度观测多个测回。各测回的起始读数应根据规定用度盘变换手轮或复测扳手加以变换，按测回数 n 将水平度盘位置依次变换 $180°/n$。如某角要求观测四个测回，第一测回起始方向（左目标）的水平度盘位置应配置在略大于 0°处；第二、三、四测回起始方向的水平度盘位置应分别配置在 45°、90°、135°处。

测回法采用盘左、盘右两个位置观测水平角取平均值，可以消除仪器误差(如视准轴误差、横轴误差等)对测角的影响，提高了测角精度，同时也可作为观测中有无错误的检核。

3.3.2 方向观测法

方向观测法又称全圆测回法。

1. 建立测站

如图 3 – 11 所示，观测时，选取远近合适、目标清晰的方向作为起始方向(称为零方向，如 A)，每半个测回都从选定的起始方向开始观测。将经纬仪安置于测站点 O，对中、整平，在 A、B、C、D 等观测目标处设置标志。

2. 正镜观测(盘左观测)

置望远镜于盘左位置，顺时针旋转照准部使望远镜大致照准所选定的起始方向(又称零方向) A，拧紧照准部制动螺旋，用水平微动螺旋使望远镜"十"字丝的纵丝精确照准目标 A，将水平度盘读数配置在略大于 $0°00'00''$ 处，读取水平度盘读数 a_L(称为方向观测值，简称方向值)；松开照准部水平制动螺旋，顺时针旋转照准部依次瞄准 B、C、D 等目标，读取水平度盘读数 b_L、c_L、d_L 等；为了检查

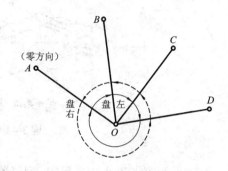

图 3 – 11 方向观测法观测水平角

观测过程中度盘位置有无变动，继续顺时针旋转照准部，二次瞄准零方向 A (称为归零)，读取水平度盘读数 a_L'(称为归零方向值)。观测的方向值依次记入手簿(表 3 – 2)第 4 栏。两次瞄准 A 的读数差(称为归零差)不超过容许值，完成上半测回观测。

3. 倒镜观测(盘右观测)

纵转望远镜换为盘右位置，先瞄准零方向 A，读取水平度盘读数 a_R'；逆时针旋转照准部依次瞄准 D、C、B，读取水平度盘读数 d_R、c_R、b_R；同样最后再瞄准零方向 A，读取水平度盘读数 a_R。观测的方向值依次记入手簿(表 3 – 2)第 5 栏，若归零差满足要求，完成下半测回观测。

上、下半测回合称一测回。为提高精度需要观测 n 个测回时，各测回间仍然要变换瞄准零方向的水平度盘读数 $180°/n$。

4. 方向观测法的计算

现依表 3 – 2 说明方向观测法的计算步骤及其限差。

(1)半测回归零差

半测回归零差等于两次瞄准零方向的读数差，如 $a_L - a_L'$。一般 DJ_6 型仪器为 $±18''$，DJ_2 型仪器为 $±12''$。若超限，则应重新观测。本例第一测回上、下半测回归零差分别为 $-6''$ 和 $8''$，均满足限差要求。

表 3 − 2　方向观测法观测水平角观测记录手簿

仪器型号： DJ$_6$	观测日期：_____	观测者：_____
仪器编号：_____	天　　气：_____	记录者：_____

测站号	测回序数	目标	水平度盘读数		2C/ (″)	平均读数/ (° ′ ″)	归零后方向值/ (° ′ ″)	各测回归零后方向值/ (° ′ ″)	
			盘左/ (° ′ ″)	盘右/ (° ′ ″)					
1	2	3	4	5	6	7	8	9	10
O	1	A	00 02 12	180 02 00	+ 12	(0 02 10) 0 02 06	00 00 00	00 00 00	
		B	37 44 15	217 44 05	+ 10	37 44 10	37 42 00	37 42 04	
		C	110 29 04	290 28 52	+ 12	110 28 58	110 26 48	110 26 52	
		D	150 14 51	330 14 43	+ 8	150 14 47	150 12 37	150 12 33	
		A	00 02 18	180 02 08	+ 10	0 02 13			
	2	A	90 03 30	270 03 22	+ 8	(90 03 24) 90 03 26	00 00 00		
		B	127 45 34	307 45 28	+ 6	127 45 31	37 42 07		
		C	200 30 24	20 30 18	+ 6	200 30 21	110 26 57		
		D	240 15 57	60 15 49	+ 8	240 15 53	150 12 29		
		A	90 03 25	270 03 18	+ 7	90 03 22			

（2）两倍视准轴误差 $2c$ 值

c 是视准轴不垂直横轴的差值，也称照准差。通常同一台仪器观测的各等高目标的 $2c$ 值应为常数，观测不同高度目标时各测回 $2c$ 值变化范围（同测回各方向的 $2c$ 最大值与最小值之差）亦不能过大，因此 $2c$ 的大小可作为衡量观测质量的标准之一。

$$2c = 盘左读数 − (盘右读数 \pm 180°) \tag{3−6}$$

当盘右读数大于 180° 时取"−"号，反之取"+"号。如第 1 测回 B 方向 $2c$ = 37°44′15″ − (217°44′05″ − 180°) = + 10″、第 2 测回 C 方向 $2c$ = 200°30′24″ − (20°30′18″ + 180°) = + 6″等，计算结果填入第 6 栏。由此可以计算各测回内各方向 $2c$ 值的变化范围，如第 1 测回 $2c$ 值的变化范围为（12″ − 8″） = 4″，第 2 测回 $2c$ 值的变化范围为（8″ − 6″） = 2″。对于 DJ$_2$ 型经纬仪，$2c$ 值的变化范围不应超过 ±18″，对于 DJ$_6$ 型经纬仪没有限差规定。

（3）各方向的平均读数

$$各方向平均读数 = \frac{1}{2}\left[盘左读数 + (盘右读数 \pm 180°)\right] \tag{3−7}$$

各方向的平均读数填入第 7 栏。由于零方向上有两个平均读数，故应再取平均值，填入第 7 栏上方小括号内，如第 1 测回括号内数值（0°02′10″） = （0°02′06″ + 0°02′13″）/2。

（4）归零后的方向值

将各方向的平均读数减去括号内的起始方向平均值，填入第 8 栏。同一方向各测回归零后方向值间的互差，对于 DJ$_6$ 型经纬仪不应大于 24″，DJ$_2$ 型经纬仪不应大于 12″。表 3 – 2 两测回互差均满足限差要求。

（5）各测回归零后方向值的平均值

将各测回归零后的方向值取平均值即得各方向归零后方向值的平均值。表 3 – 2 记录了两个测回的测角数据，故取两个测回归零后方向值的平均值作为各方向最后的成果，填入第 9 栏。

（6）各目标间的水平角

水平角 = 后一方向归零后方向值的平均值 – 前一归零后方向值的平均值

为了查用角值方便，在表 3 – 2 的第 10 栏中绘出方向观测简图及点号，并注出两方向间的角度值。

为避免错误及保证测角的精度，对各项操作都规定了限差。例如在《新建铁路工程测量规范》中，规定的各项限差如表 3 – 3 所示。

表 3 – 3　方向观测法限差要求

仪器型号	光学测微器两次 重合读数之差	半测回归零差	各测回同 方向值 2c 互差	各测回同一 方向值互差
DJ$_1$	1″	6″	9″	6″
DJ$_2$	3″	8″	13″	10″
DJ$_6$		18″		24″

3.4　竖直角测量

本节介绍竖直度盘的基本构造、竖直角的观测与计算方法。

3.4.1　竖盘构造

经纬仪竖盘包括竖直度盘、竖盘指标水准管和竖盘指标水准管微动螺旋。竖直度盘固定在望远镜横轴的一端，可随望远镜在竖直面内转动。因此要读取倾斜视线及其水平视线在竖直度盘上的读数就必须有一个固定的读数指标。竖直度盘以读数窗内的零分划线作为读数指标线，竖直度盘上的读数指标线和指标水准管以及一系列棱镜透镜组成的光具组连成一体，并固定在竖盘指标水准管微动框架上。在正常情况下，当指标水准管气泡居中时，指标就处于正确位置；所以每次竖盘读数前，均应先调节竖盘水准管气泡居中。

当望远镜视线水平且指标水准管气泡居中时，竖盘读数应为零读数。当望远镜瞄准不同高度的目标时，竖盘随着转动，而读数指标不动，因而可读得不同位置的竖盘读数，可按式（3 – 2）计算竖直角。

近年来，国内外已经生产了一种更便于操作的经纬仪，这种经纬仪带有竖盘指标自动补偿装置，而舍去了竖盘指标水准管，这种自动补偿装置的作用类似于自动安平水准仪，即当经纬仪有微小倾斜时，该装置能自动调节内部的光路，使竖盘读数仍相当于指标水准管气泡居中时的读数。因此用这种经纬仪观测水平角时，只要将照准部水准管气泡居中，就可以照准目标进行竖盘的读数了，如图 3 - 12 所示。

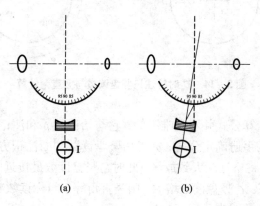

(a)　　　　　　　　(b)

图 3 - 12

3.4.2　竖直角计算公式

竖盘注记种类繁多，就注记方向而言有顺时针和逆时针两种，就始读数 p 来讲有 $0°(360°)$、$90°$、$180°$、$270°$，不同注记方式其竖直角计算公式亦不同。如图 3 - 13(a) 所示为顺时针注记，盘左零读数 $p = 90°$。当望远镜物镜抬高时，竖盘读数减小，当瞄准目标的竖盘读数为 $L(< 90°)$ 时，则竖直角为

$$\alpha_L = 90° - L(仰角)$$

当望远镜处于盘右位置时，如图 3 - 13(b) 所示，$p = 270°$。当望远镜物镜抬高时，竖盘读数增大，当瞄准目标的竖盘读数为 $R(> 270°)$ 时，则竖直角为

$$\alpha_R = R - 270°(仰角)$$

综上所述，顺时针注记 $p = 90°$ 的竖直角计算公式为

$$\left.\begin{array}{l} \alpha_L = 90° - L \\ \alpha_R = R - 270° \end{array}\right\} \tag{3 - 8}$$

如图 3 - 14 为逆时针注记、$p = 90°$ 的竖盘，同理可得竖直角计算公式

$$\left.\begin{array}{l} \alpha_L = L - 90° \\ \alpha_R = 270° - R \end{array}\right\} \tag{3 - 9}$$

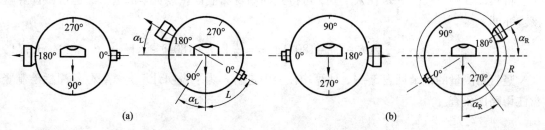

(a)　　　　　　　　　　　　　　　(b)

图 3 - 13　顺时针注记竖盘读数与竖直角计算

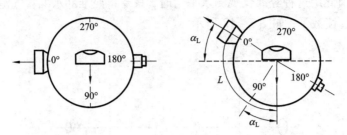

图 3 – 14　逆时针注记竖盘读数与竖直角计算

由此可见，竖直角计算公式并不是唯一的，它与始读数 p 和注记方向有关。在实际操作中，可仔细阅读仪器使用手册确定公式；亦可由竖盘读数判断注记方向和始读数 p 来确定公式。为此，在观测之前，将望远镜大致放平，此时与竖盘读数最接近的 90°的整倍数即为始读数 p。然后将望远镜抬高：若竖盘读数增大，则竖直角等于目标读数减去始读数；若竖盘读数减小，则竖直角等于始读数减去目标读数。

3.4.3　竖直角测量和计算

由竖直角的定义可知，它是地面某点至目标的方向线与水平线所夹的角度。由于水平视线的读数是固定的，所以只要读出倾斜视线的竖盘读数，即可求出竖直角。为了消除仪器误差的影响，同样需要用盘左、盘右观测。竖直角测量一般采用中丝法观测，其具体观测步骤为：

①在测站上安置仪器，对中，整平。

②以盘左照准目标，使"十"字丝中横丝精确切于目标顶端，如图 3 – 9 所示；如果是指标带水准器的仪器，必须调节竖盘指标水准管微动螺旋，使竖盘指标水准管气泡居中，然后读取竖盘读数 L，记入手簿相应栏，这称为上半测回。

③将望远镜倒转，以盘右用同样方法照准同一目标，调节竖盘指标水准管，使气泡居中，读取竖盘读数 R，记入手簿，这称为下半测回。

④上、下两各半测回组成一个测回。根据竖盘注记形式，确定竖直角计算公式。然后计算半测回值。若较差满足要求（如《工程测量规范》规定五等光电测距三角高程测量，DJ_2 型仪器观测竖直角的较差不应大于 $\pm10''$），取其平均值作为一测回值。即

$$\alpha = \frac{1}{2}(\alpha_L + \alpha_R) \tag{3 – 10}$$

将式(3 – 8)、式(3 – 9)代入上式，可得到利用观测值计算竖直角的公式，也可做计算检核。亦即

$$\alpha = \frac{1}{2}[(R - L) - 180°] \text{ 或 } \alpha = \frac{1}{2}[(L + 180°) - R] \tag{3 – 11}$$

竖直角测量的记录见表 3 – 4，计算均在表中进行。为了说明计算公式，在备注栏绘制竖盘注记略图备查。

表 3 - 4　竖直角观测记录手簿

仪器型号：DJ₆	观测日期：＿＿＿＿＿	观测者：＿＿＿＿＿
仪器编号：＿＿＿	天　　气：＿＿＿＿＿	记录者：＿＿＿＿＿

测站点	目标	盘位	竖直度盘读数/(°′″)	竖直角 半测回值/(°′″)	竖直角 指标差/(″)	竖直角 一测回值/(°′″)	备注
P	A	L	85 42 45	4 17 15	+10	4 17 26	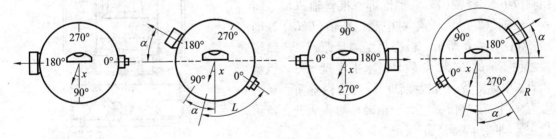
		R	274 17 36	4 17 36			
	B	L	95 48 24	− 5 48 24	+12	− 5 48 12	
		R	264 12 00	− 5 48 00			

3.4.4　竖盘指标差与竖盘自动归零装置

　　上述竖直角的计算，是认为指标处于正确位置上，此时盘左始读数为90°，盘右始读数为270°。事实上，此条件常常不满足，指标不恰好指在90°或270°上，而与正确位置相差一个小角度 x，x 称为竖盘指标差。x 是竖盘指标偏离正确位置引起的，它具有正负号，一般规定当读数指标偏移方向与竖盘注记方向一致时，x 取正号；反之，取负号。如图 3 - 15 所示的竖盘注记与指标偏移方向一致，竖盘指标差 x 取正号。如果仪器存在竖盘指标差，竖直角就会受到影响，需要采用一定的观测方法予以消除。

图 3 - 15　竖盘指标差

　　由于 x 的存在，使得竖盘实际读数比应读数偏大或偏小。图 3 - 15(a)盘左读数偏小 x，图 3 - 15(b)盘右读数偏大 x，由图可知

$$\left.\begin{array}{l} \alpha_L = 90° - L + x \\ \alpha_R = R - 270° - x \end{array}\right\} \tag{3-12}$$

　　将式(3 - 12)中 α_L、α_R 取平均值即得式(3 - 11)，逆时针注记也有类似公式。说明采用盘左、盘右读数计算的竖直角，其角值不受竖盘指标差的影响。将上式 α_L、α_R 相减，即得用竖盘读数计算 x 的公式

$$x = \frac{1}{2}[(L+R) - 360°] \qquad (3-13)$$

其他注记形式的公式由读者推导。同一台仪器在某一段时间内连续观测时,竖盘指标差 x 值变化应该很小,可以视为定值。由于仪器误差、观测误差及外界条件的影响,使计算出的竖盘指标差发生变化。通常规范规定指标差变化的容许范围,如《工程测量规范》规定五等光电测距三角高程测量,DJ$_6$、DJ$_2$ 型仪器指标差变化范围分别应小于 $25''$ 和 $10''$。若超限,则应对仪器进行校正。

目前的光学经纬仪多采用自动归零装置(补偿器)取代指标水准管的功能。自动归零装置为悬挂式(摆式)透镜,安装在竖盘光路的成像透镜组之后。当仪器稍有倾斜,读数指标处于不正确位置时,归零装置靠重力作用使悬挂透镜的主平面倾斜,通过悬挂透镜的边缘部分折射,让竖盘成像透镜组的光轴到达读数指标的正确位置,实现读数指标自动归零或称自动补偿。其补偿原理与自动安平水准仪类似。使用自动归零经纬仪时,竖直角测量无须调整指标水准管的操作,提高了工作效率。但由于补偿范围有限(一般为 $\pm 2'$),所以作业时应注意仪器整平;同时,使用前应检查补偿器的有效性,避免失灵造成读数错误。带有补偿器锁紧钮的仪器,使用前应打开锁紧钮让其处于悬挂的工作状态,用后再将其锁紧,以防搬站、运输时损坏补偿器。

3.5 经纬仪的检验与校正

和水准仪一样,经纬仪也是由多个不同的部件组合而成,因此利用经纬仪进行角度测量时,为保证观测值的精度,经纬仪在结构上也必须满足一定的条件。如第 3.2 节所述,经纬仪有视准轴(CC)、横轴(HH)、竖轴(VV)、照准部水准管轴(LL)、圆水准器轴($L'L'$)、光学对中器视准轴($C'C'$)等轴线,如图 3-16 所示。根据角度测量原理,经纬仪要测得正确的角度,必须具备水平度盘水平、竖盘铅直、望远镜转动时视准轴的轨迹为铅垂面。观测竖直角时,读数指标应处于正确位置。为此,经纬仪主要轴线间应满足下列条件:

①水准管轴垂直于竖轴($LL \perp VV$)。

②"十"字丝纵丝垂直于横轴。

③望远镜视准轴垂直于横轴($CC \perp HH$)。

④横轴垂直于竖轴($HH \perp VV$)。

⑤竖盘读数指标处于正确位置($x = 0$)。

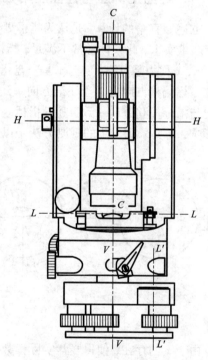

图 3-16　经纬仪的轴线

⑥光学对中器视准轴与仪器竖轴重合($C'C'$ 与 VV 共轴)。

由于经纬仪本身的结构变化和外界因素的影响,这些轴线关系也经常不能得到充分满足,从而影响角度测量的精度。经纬仪检验的目的,就是检查上述各种关系是否满足。如果不能满足,且偏差超过允许的范围时,则需进行校正。检验和校正应按一定的顺序进行,确定这些顺序的原则是：

①如果某一项不校正好，会影响其他项目的检验时，则这一项先做。

②如果不同项目要校正同一部位，则会互相影响，在这种情况下，应将重要项目在后边检验，以保证其条件不被破坏。

③有的项目与其他条件无关，则先后均可。

现分别说明各项检验与校正的具体方法。以下介绍 DJ$_6$ 型经纬仪的检验与校正。

3.5.1　照准部水准管轴的检验校正

1. 检验目的

满足 $LL \perp VV$ 条件。当水准管气泡居中时，竖轴铅垂，水平度盘大致水平。

2. 检验方法

先将仪器大致整平。转动照准部使水准管平行于任意两个脚螺旋，并相对转动这两个脚螺旋使水准管气泡居中，这时水准管轴 LL 已居于水平位置。如果两者不相垂直 [图 3 – 17(a)]，则竖轴 VV 不在铅垂位置。然后将照准部平转 180°，由于它是绕竖轴旋转的，竖轴位置不动，则水准管轴偏移水平位置，气泡也不再居中，如图 3 – 17(b)所示。如果两者不相垂直的偏差为 α，则平转后水准管轴与水平位置的偏移量 2α。

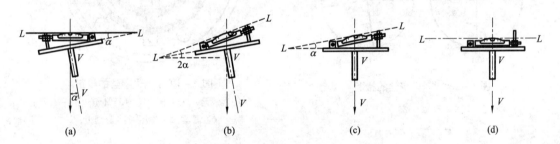

图 3 – 17　照准部水准管的检验与校正

3. 校正方法

照准部管水准轴不垂直于竖轴的原因，主要是因为支承水准管的校正螺旋有了变动。校正时，相对转动两个脚螺旋使水准管气泡向相反方向移动到偏离量一半的位置，此时竖轴已处于铅垂位置，如图 3 – 17(c)所示。再用校正针拨动水准管支架一端的上、下两个校正螺旋，使水准管气泡居中，如图 3 – 19(d)所示。将照准部转到原来位置，观察气泡是否居中，如果不居中，可用脚螺旋使气泡再次居中，将照准部旋转 180°后再次校正。此项校正有时需要重复几次方能完成。需要注意一点：用校正针拨动水准管上、下两个校正螺旋时，应一松一紧，使其始终处于顶紧状态。

3.5.2　"十"字丝的检验校正

1. 检验目的

满足"十"字丝纵丝垂直于横轴的条件。仪器整平后，"十"字丝纵丝在竖直面内，保证精确瞄准目标。

2. 检验方法

精确整平仪器，在仪器前方适当距离处悬挂一垂球线，旋转照准部用望远镜照准该垂球线，如果"十"字丝的纵丝与垂球线完全重合，则此条件满足，否则应校正。或者用"十"字丝纵丝瞄准前方一清晰小点（如图 3-18），固定照准部和望远镜，用望远镜微动螺旋使望远镜上、下微动，如果小点始终在"十"字丝纵丝上移动，说明条件满足，否则应予校正。

3. 校正方法

造成"十"字丝的纵丝不垂直于水平轴的原因，可能是"十"字丝校正螺丝松动，使"十"字丝分划板产生平面旋转。如图 3-19 所示，校正时，打开目镜端"十"字丝分划板护盖，用螺丝刀拧松 4 个"十"字座压环螺丝 2，转动目镜筒（"十"字丝环一起转动），直至"十"字丝纵丝与垂球线完全重合。然后拧紧压环螺钉，盖好护盖。

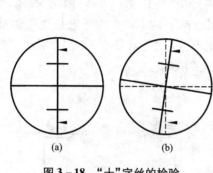

图 3-18　"十"字丝的检验

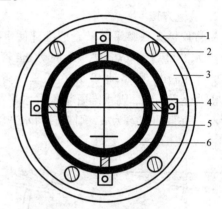

图 3-19　"十"字丝的校正

1—望远镜筒；2—"十"字丝座压环螺丝；3—压环；
4—"十"字丝校正螺丝；5—"十"字丝分划板；6—"十"字丝环

3.5.3　视准轴的检验校正

1. 检验目的

满足 $CC \perp HH$ 条件，使望远镜旋转时视准轴的轨迹为一平面而不是圆锥面。

2. 检验方法

CC 不垂直于 HH 是由于"十"字丝交点的位置改变，导致视准轴与横轴的相交角不为 $90°$，而偏差一个角度 c，称为视准轴误差。c 使得在观测同一铅垂面内不同高度的目标时，水平度盘读数不一致，产生对测量成果影响较大的测角误差。该项检验通常采用四分之一法和对称法。

四分之一法，选一长约 60 m 的平坦地面，将仪器架于中间 O 点处，并将其整平。如图 3-20所示，先用盘左位置瞄准设于离仪器约 30 m 的 A 点。再固定照准部，将望远镜倒转 $180°$，改为盘右，并在离仪器约 30 m 处的视线上标出一点 B_1。然后，转动照准部，用盘右位置照准 A 点，再倒转望远镜 $180°$，在离仪器约 30 m 处的视线上标出一点 B_2。若 B_1 与 B_2 重合，表示视准轴垂直于横轴。否则，条件不满足。从图 3-20 看出，视准轴不垂直于横轴，与垂直位置相差一个角度 c，且盘左、盘右读数产生的视准差符号相反，称其为视准误差或视

准差。B_1、B_2 之间的距离 $|B_1B_2|$ 反映了盘左、盘右的四倍视准差 $4c$，即 $\angle B_1OB_2 = 4c$，由此算得

$$c'' = \frac{|B_1B_2|}{4D}\rho'' \tag{3-14}$$

式中：D 为仪器 O、B 之间的水平距离，$\rho'' = 206265''$。对于 DJ$_6$ 型和 DJ$_2$ 型经纬仪，一般要求 c 的绝对值分别小于 $30''$ 和 $15''$，否则应予校正。

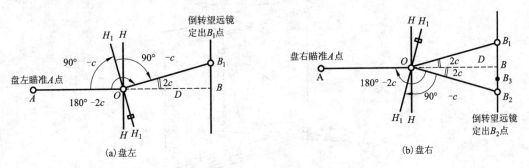

图 3 – 20 四分之一法检校视准轴

对称法：当水平度盘偏心差影响小于估读误差时，可在较小的场地内用对称法检验。检验时，将仪器严格整平，选择一与仪器等高的点状目标 P，以盘左、盘右位置观测 P，读取水平度盘读数 P_L、P_R。若 $P_L = P_R \pm 180°$，条件满足；若按式(3-6)计算 c 值超过规定值，则应校正。

3. 校正方法

将 B_1、B_2 之间的距离 $|B_1B_2|$ 四等分，取靠近 B_2 点的等分点 B，则可近似认为 $\angle BOB_2 = c$。用拨针拨动图 3-19 中的左右两个"十"字丝校正螺丝，一松一紧，平移"十"字丝分划板，直至"十"字丝交点与 B 点重合。

对称法，计算盘右位置时正确水平度盘读数 $P_R' = \frac{1}{2}(P_L + P_R \pm 180°)$，转动照准部微动螺旋，使水平度盘读数为 P_R'。此时"十"字丝交点必定偏离目标 P，拨动左、右两校正螺丝，使"十"字丝交点重新对准目标 P 点。每校一次后，变动度盘位置重复检验，直至视准轴误差 c 满足规定要求为止。

校正结束后应将上、下校正螺丝拧紧。

3.5.4 横轴的检验校正

1. 检验目的

满足 $HH \perp VV$ 条件，当望远镜绕横轴旋转时，视准轴的轨迹为一铅垂面，是一个斜面。

2. 检验方法

当竖轴铅垂时，横轴不垂直于竖轴，而与水平面有一夹角 i，这个 i 角称为横轴倾斜误差。一般规定横轴在竖直度盘一侧下倾时，i 为正值，反之，i 为负值。横轴倾斜误差主要是由于仪器左右两端的支架不等高或水平轴两端轴径不相等而引起的。

如图 3-21 所示，在墙面高处选择一点 P，离墙面 20~30 m 地面上选择一点，整平仪器，仪器横轴中心为 O。在盘左位置精确照准 P 点后，转动望远镜至水平位置，依"十"字丝交点

在墙面上作标志 P_1。倒转望远镜成盘右位置，再精确照准 P 点后，并依同样方法在墙面上作标志 P_2。如果 P_1、P_2 两点重合，则条件满足，否则存在水平轴误差 i。量取 P_1、P_2 之间的距离，取其中点 P_M，则 i 角计算公式为 $i = \dfrac{P_1 P_2}{2 \cdot PP_M \cdot \tan\alpha} \cdot \rho$。对 DJ$_6$ 型仪器，当 i 值大于 $30''$ 时，应予校正。

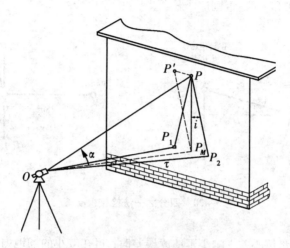

图 3 – 21　横轴的检验校正

3. 校正方法

由于 i 的存在，竖轴铅垂而横轴不水平。盘左、盘右瞄准 P 点放平望远镜时，视准面 PP_1、PP_2 均为倾斜面。为了使视准面成为过 P 点的铅垂面，校正时，转动水平微动螺旋，用"十"字丝交点瞄准 P_1P_2 的中点 P_M，固定照准部。然后抬高望远镜使"十"字丝交点移到 P 点附近。此时，"十"字丝交点偏离 P 位于 P'，调整左支架内的横轴偏心轴瓦，使横轴一端升高或降低，直到"十"字丝交点再次对准 P 点。必须指出，由于经纬仪横轴密封在支架内，校正时还须拆除部分零部件；有的经纬仪此条件由机加工保证，无校正机构。因此，该项校正应由专业仪修人员或生产厂家进行。

3.5.5　竖盘指标差的检验校正

1. 检验目的

满足 $x = 0$ 的条件，当指标水准管气泡居中时，使竖盘读数指标处于正确位置。

2. 检验方法

如 3.4.4 节所述，整平仪器，采用盘左、盘右观测某目标，读取竖盘读数 L、R，按式（3 – 13）计算竖盘指标差 x。《光学经纬仪检定规程》规定，DJ$_6$、DJ$_2$ 型经纬仪指标差分别不得超过 $\pm 10''$ 和 $\pm 8''$；当 DJ$_6$、DJ$_2$ 型仪器指标差变化范围分别超过 $25''$ 和 $10''$ 时，应对仪器进行校正。工程测量中，DJ$_6$ 型经纬仪 x 不超过 $\pm 60''$ 无须校正。

3. 校正方法

由图 3 – 15 及图 3 – 22 可知，盘右位置消除 x 后竖盘的正确读数为

$$R' = R - x$$

校正时，仪器盘右位置照准原目标。转动竖盘指标水准管微动螺旋，使竖盘读数为正确读数 R'，此时竖盘指标水准管的气泡将不居中。旋下指标水准管校正螺丝的护盖，再用校正针拨动指标水准管校正螺丝使气泡再次居中。此项工作须反复进行，直至竖盘指标差 x 为零或在限差要求以内。

竖盘自动归零经纬仪，竖盘指标差的检验方法与上述相同，但校正宜送仪器检修部门进行。

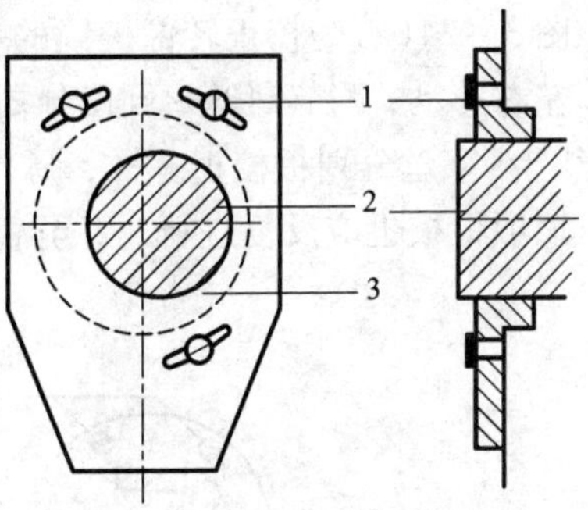

图 3 – 22　横轴的校正机构

3.5.6　光学对点器的检验校正

1. 检验目的

满足光学对点器视准轴与仪器竖轴线重合的条件。安置好仪器后，水平度盘刻划中心、仪器竖轴和测站点位于同一铅垂线上。

2. 检验方法

光学对中器由物镜、分划板和目镜等组成，为放大倍率较小的外对光望远镜，安装在照准部或基座上。

安装在照准部上的对点器检验时，安置好仪器，整平后在仪器正下方地面上安置一块白色纸板。将对点器分划圈中心 A（或"十"字丝中心）投绘到纸板上，如图 3 – 23（a）所示；然后将照准部旋转 180°，如果 A 点仍在分划圈内，表示条件满足；否则原绘制的 A 点偏离，如图 3 – 23（b）所示，此时应进行校正。

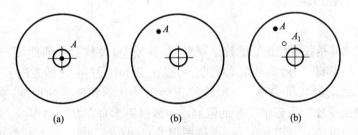

(a)　　　　　　　　(b)　　　　　　　　(b)

图 3 – 23　光学对中器的检验校正

检验安装在基座上的对点器时，将仪器整平后，把基座轮廓边用铅笔画在架头顶面，并把对点器分划圈中心（或"十"字丝中心）投绘在地面的纸板上，设为 A；拧松中心连接螺丝，将仪器（连同基座）在基座轮廓线内转 120°，整平仪器后又投绘分划圈中心（或"十"字丝中心），设为 B；同样再转 120°投绘分划圈中心 C。若 A、B、C 三点重合，则表明条件满足；否则应校正。

3. 校正方法

光学对中器的校正，有的仪器校正转像棱镜，有的是校正分划板，有的二者均可校正。

照准部上的对点器校正时，在纸板上画出分划圈中心与 A 点之间连线的中点 A_1。调节光学对点器校正螺丝，使 A 点移至 A_1 点即可。基座上的对点器校正时，调节光学对点器校正螺丝，使分划圈中心与 A、B、C 三点构成的误差三角形中心一致即可。

　　图 3 – 24(a)为校正转像棱镜的示意图,松开支架间校正孔圆形护盖,调节螺丝 1 可使分划圈左右移动,调节螺丝 2 可使分划圈前后移动。图 3 – 24(b)为校正分划板的示意图,同望远镜"十"字丝分划板校正一样,调节校正螺丝 3 可使分划圈移动。

　　该项检校也应反复进行,直至满足要求为止。

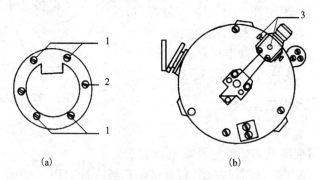

图 3 – 24　光学对中器的校正机构

3.6　角度测量的误差及注意事项

　　角度测量不可避免地存在误差,仪器误差和作业各环节产生的观测误差及外界影响都会对角度测量的精度带来影响,因此为了获得符合精度要求的角度测量成果,必须分析这些误差的影响,测量中采取相应的措施,将其消除或控制在容许的范围以内。

3.6.1　角度测量的误差

1. 仪器误差

　　仪器误差主要是指仪器校正后的残余误差(简称残差)及仪器零部件加工不够完善引起的误差。仪器误差的影响,一般都是系统性的,可以在工作中通过一定的方法予以消除和减小。

　　经纬仪各轴线间的几何关系,经检验校正后仍然达不到理想的程度,难免存在残余误差;仪器生产加工受加工设备精度等的限制,使得仪器本身存在制造误差。但只要严格地检校仪器,同时采用正确的观测方法,那么仪器误差对测角的影响,大部分都可以消除。如 $CC \perp HH$、$HH \perp VV$ 的残差、$x = 0$ 的残差都可以采用盘左、盘右观测值取平均的方法消除。"十"字丝纵丝的残差可采取用交点瞄准目标的观测方法加以消除。

　　照准部偏心差、度盘分划误差为仪器制造误差。照准部偏心差是由于仪器旋转中心与度盘刻划中心不重合,致使观测读数指标读数时产生误差,如果盘左观测读大一个微小角值,则盘右必读小一个与盘左相等的角值。所以照准部偏心差对测角的影响也采用盘左、盘右观测值取平均的方法消除。度盘分划误差是指度盘刻划不均匀所造成的误差,现代光学经纬仪一般都很小,在水平角观测时,采用在各测回之间变化度盘位置,全圆使用度盘的方法来削弱其影响。

　　竖轴倾斜误差或照准部水准管轴不垂直于竖轴是不能消除的,要削弱其影响,除观测前严格检校仪器外,观测时应特别注意水准管气泡居中,在山区测量尤其如此。

2. 观测误差

　　造成观测误差的原因有二:一是工作时不够细心;二是受人的器官及仪器性能的限制。

主要的观测误差有对中误差、目标偏心差、整平误差、照准误差和读数误差。对于竖直角观测,则有指标水准器的整平误差。

(1)对中误差

在测角时,仪器中心与测站点不在同一铅垂线上,造成的测角误差称为对中误差。如图 3 - 25 所示,O 为测站点,A、B 为目标点,O_1 为仪器中心(实际对中点)。e 为对中误差或偏心距。β 为欲测的角,β_1 为含有误差的实测角;δ_1、δ_2 为在 O 和 O_1 分别观测 A、B 目标时方向线的夹角,为对中误差产生的测角影响;θ 为偏心角,D_1、D_2 为测站至目标点 A、B 的距离。由图可知

$$\beta = \beta_1 + (\delta_1 + \delta_2) \tag{3-15}$$

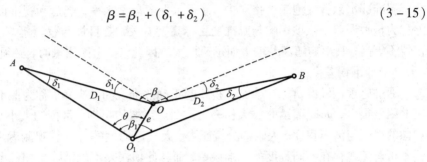

图 3 - 25　对中误差的影响

因为 δ_1、δ_2 很小,所对的边按弧长计算,则有

$$\delta_1 = \frac{e\sin\theta}{D_1}\rho'' \qquad \delta_2 = \frac{e\sin(\beta'-\theta)}{D_2}\rho''$$

于是

$$\Delta\beta = \delta_1 + \delta_2 = \left[\frac{\sin\theta}{D_1} + \frac{\sin(\beta'-\theta)}{D_2}\right]e\rho'' \tag{3-16}$$

式(3 - 16)表明,当 β_1 和 θ 一定时,$\Delta\beta$ 与 e 成正比,e 越大,$\Delta\beta$ 越大;当 e 和 θ 一定时,$\Delta\beta$ 与 D_1、D_2 成反比,D_1、D_2 越小,$\Delta\beta$ 越大。例如,$e = 3$ mm,$\beta_1 = 180°$,$\theta = 90°$,当 $D_1 = D_2 = 200$ m、100 m、50 m 时,$\Delta\beta$ 分别为 6.″2、12.″4、24.″8。因此,观测水平角时,对短边、钝角要特别注意对中;在控制测量测角时,尽量采用三联架法。

对中误差对竖直角测量影响很小,可以忽略不计。

(2)目标偏心差

测角时,通常在目标点竖立标杆、测钎等作为照准标志。由于照准标志倾斜,瞄准偏离了目标点位所引起的测角误差,称为目标偏心差。如图 3 - 26 所示,仪器安置于 O 点,仪器中心至目标中心的距离为 D,目标 A 偏斜至 A' 的水平距离为 d,设角度观测值为 β',正确值为 β,则 β 与 β' 之差 $\Delta\beta$ 就为目标偏心所带来的角度误差,即

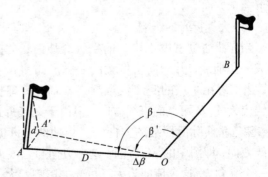

图 3 - 26　目标偏心差的影响

$$\Delta\beta = \beta - \beta' = \frac{d}{D}\rho'' \qquad\qquad (3-17)$$

由式(3-17)可知,目标偏心误差与偏心距成正比,与仪器中心至目标中心的距离成反比,所以为了减少其对水平角观测的影响,测角时照准目标应竖直,并尽可能瞄准目标的底部,必要时可悬挂垂球为标志。目标偏心差对竖直角的影响与目标倾斜的角度、方向以及距离、竖直角的大小等因素都有关,观测竖直角时瞄准目标顶部,当目标倾斜的角度较大时,该项影响不容忽视。

(3)整平误差

照准部水准管气泡未严格居中,使得水平度盘不水平,竖盘和视准面倾斜导致的测角误差称为整平误差。该项影响与瞄准的目标高度有关,若目标与仪器等高,影响较小;目标与仪器不等高,其影响随高差增大而迅速增大。因此,在山区测量时,必须精平仪器。

(4)照准误差

通过望远镜瞄准目标时的实际视线与正确照准线间的夹角,称为照准误差。影响照准精度的因素很多,如望远镜的放大倍率 V、"十"字丝的粗细、目标的大小与形状和颜色、目标影像的亮度与清晰程度、人眼的分辨能力、大气透明度等。尽管观测者尽力去照准目标,但仍不可避免地存在不同程度的照准误差,而且此项误差不能消除。如仅考虑望远镜放大倍率 V,因人眼的分辨力一般来说为 $60''$,故可以认为照准误差对测角的影响为 $m_V = \pm 60''/V$。DJ_6 型经纬仪一般 $V = 28''$,$m_V = 2.''1$。因此,测量时只能选择形状、大小、颜色、亮度等合适的目标,改进照准方式,仔细认真地去瞄准,将其影响降低到最小程度。

(5)读数误差

读数误差的大小与仪器的读数设备、照明状况以及观测者的技术熟练程度等有关,对于分微尺读法,主要是指对小于测微器分划值 t 的微小读数的估读误差。对于对径符合读法,主要是对径符合的误差所带来的影响,所以在读数时宜特别注意。测微估读误差一般不超过 $t/10$,综合其他因素,读数误差为 $\pm 0.05t$。要减小读数误差,不仅需要选择合适的仪器,更要观测者具有熟练高超的技术。

3. 外界条件的影响

外界条件对角度测量的影响是多方面的,也是很复杂的,如天气的变化、地面土质松紧的差异、地形的起伏以及周围建(构)筑物的状况等,都会影响测角的精度,概括起来主要有以下几个方面:

(1)大气折光的影响

当光线通过密度不均匀的空气介质时,会折射而形成一条曲线,并弯向密度大的一方。如图 3-27 所示,当安置在 A 点的经纬仪观测 B 点时,其理想的方向线应为 A、B 两点的直线方向,但由于大气折光的影响,望远镜实际所照准的方向是一条曲线在 A 点处的切线方向,即图中的 AC 方向,这个方向与弦线 B 之间有一个夹角 δ,这个值即为大气折光的影响。大气折光可以分解成水平和垂直两个分量,通常称为旁折光和

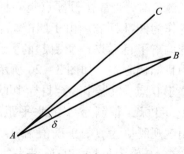

图 3-27　大气折光的影响

垂直折光,也分别对水平角和垂直角的观测产生影响。要减弱旁折光对水平角观测的影响,

选择点位时应使其视线离开障碍物 1 m 以外，同时选择较有利的观测时间。要减弱垂直折光对垂直角观测的影响，应使视线高于地面 1 m 以上，同时选择较有利的观测时间，并尽可能避免长边。

（2）大气层密度和大气透明度对目标成像的影响

角度观测时，要求目标成像要稳定和清晰，否则将降低照准的精度。目标成像的稳定与否取决于视线通过大气层密度的变化情况，而大气层密度的变化程度又取决于太阳对地面的热辐射程度以及地形的特征，如果大气层密度均匀，目标成像就稳定，否则目标成像就会上下左右跳动，减弱其影响的方法是选择较好的观测时段。目标成像的清晰与否取决于大气的透明程度，而大气透明度又取决于空气中尘埃和水蒸气的多少以及太阳辐射的程度，减弱其影响的方法仍然是选择有利的观测时间。

（3）温度变化对视准轴的影响

观测时，如果仪器遭受太阳的直接照射，各轴线之间的正确关系可能发生变化，从而降低观测精度。一般要求在野外观测时，使用遮阳伞以免仪器受太阳的直接照射。

3.6.2　水平角观测注意事项

水平角观测注意事项有以下几点：

①观测前应对仪器进行检验，如不符合要求应进行校正；观测时采用盘左、盘右观测取平均值，用"十"字丝交点瞄准目标等方法，减小或削弱仪器误差的影响。

②仪器安置的高度应合适，脚架应踩实，中心螺旋拧紧，观测时手不扶脚架，转动照准部及使用各种螺旋时，用力要轻。严格对中和整平，测角精度要求越高，或边长越短，则对中要求越严格；若观测目标的高度相差较大，则特别要注意仪器整平。一测回内不得变动对中、整平。

③目标应竖直，根据距离选择粗细合适的标杆，并仔细地立在目标点标志中心；瞄准时注意消除视差，尽可能照准目标底部或地面标志中心。高精度测角，最好悬挂垂球作标志或用三联架法。

④观测时严格遵守操作规程。观测水平角时切莫误动度盘，并用单丝平分或双丝夹准目标；观测竖直角时，要用横丝截取目标，读数前指标水准管气泡务必居中或自动归零补偿有效。

⑤读数要准确无误，观测结果应及时记录和计算。发现错误或超过限差时，应立即重测。

⑥高精度多测回测角时，各测回间应变换度盘起始位置，全圆使用度盘。

⑦选择有利观测时机，避开不利外界因素。

3.7　电子经纬仪介绍

随着电子技术、计算机技术、光电技术、自动控制等现代科学技术的发展，1968 年电子经纬仪问世。电子经纬仪与光电测距仪、计算机、自动绘图仪相结合，使地面测量工作实现了自动化和内、外业一体化，这是测绘工作的一次历史性变化。

电子经纬仪具有与光学经纬仪相似的外形结构，仪器操作上也具有相同之处，主要差别在读数系统，其他如照准、对中、整平等装置是相同的。光学经纬仪采用的是玻璃度盘刻划并注记，配以光学测微器读取角值；电子经纬仪采用了光电度盘，利用光电扫描度盘获取照准方向的电信号，通过电路对信号的识别、转换、计数，拟合成相应的角值显示在显示屏上。电子经纬仪具有以下的特点：

①实现了测量的读数、记录、计算、显示自动一体化，避免了人为的影响。

②仪器的中央处理器配有专用软件，可自动对仪器几何条件进行检校和各种计算改正。

③储存的数据可通过 I/O 接口输入计算机作相应的数据处理。

④与光电测距仪联机可组成组合式全站仪，进行各种测量工作。

电子经纬仪的关键部件是光电度盘，仪器获取电信号与光电度盘形式有关。目前，有光栅式、格区式和编码式三种测角形式的光电度盘。本节着重介绍光电度盘测角原理。

3.7.1　光电度盘测角原理

1. 光栅度盘测角原理

如图 3 - 28 所示，在玻璃圆盘刻度圈上，全圆式地刻划出密集型的径向细刻线，如图 3 - 28(c)所示，光线透过时呈现明暗条纹——光栅，这种度盘称为光栅度盘。通常光栅的刻线宽度 a 与缝隙宽度 b 相等，两宽度之和 d，称为栅距，如图 3 - 28(a)所示。栅距所对的圆心角，即为光栅度盘的分划值。在光栅度盘上下方对应安装照明器(发光管)和光电接收管，光栅的刻线不透光，缝隙透光，即可把光信号转换为电信号。当照明器和接收管随照准部相对于光栅度盘转动时，由计数器计取转动所累计的栅距数，就可得到转动的角度值。测角时当仪器照准零(起始)方向后，使计数器处于"0"状态，当仪器转动照准另一目标时，计数器计取两方向间所夹的栅距数，由于两相邻光栅间的夹角已知，计数器所计取的栅距数经过处理就可得到相应的角值。光栅度盘的计数是累计计数的，故通常称这类读数系统为增量式测角系统。

由上述可知，光栅度盘的栅距就相当于光学度盘的分划，栅距越小，则分划值越小，测角精度越高。

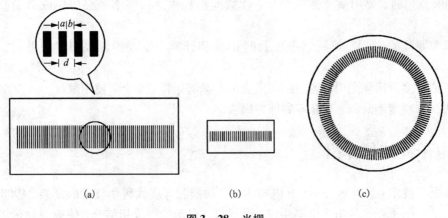

(a)　　　　　　　　　　(b)　　　　　　　　　　(c)

图 3 - 28　光栅

由于栅距不可能很小，一般在直径为 80 cm 的度盘上刻划 50 线/mm 的刻线，栅距分划值为 1′43.8″，仍然不能满足精度要求。为了提高测角精度，必须采用电子方法对栅距进行细分，分成几"十"甚至几千等份，这种电子法细分就是莫尔（Moire）技术。方法是在度盘上下方的对称位置，分别安装发光器和光信号接收器。在接收器与底盘之间，设置一块与度盘刻线密度相同的光栅（称为指示光栅），如图 3 – 28（b）所示与光栅度盘相叠。并使它们的刻线相互倾斜成一个微小角度 θ。指示光栅、发光

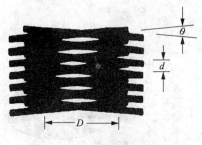

图 3 – 29　莫尔条纹

器和接收器三者位置固定，唯光栅度盘随照准部旋转。当发光器发出红外光穿透光栅时，指示光栅上就呈现出放大的明暗条纹，纹距宽为 D。这种条纹称为莫尔条纹，如图 3 – 29 所示。

根据光学原理，莫尔条纹具有以下特征：

①两光栅之间的倾角越小，条纹间距 D 越宽，则相邻明条纹或暗条纹之间的距离越大。

②在垂直于光栅构成的平面方向上，条纹亮度按正弦规律周期性变化。

③当光栅在垂直于刻线的方向上移动时，条纹顺着刻线方向移动。光栅在水平方向上相对移动一条刻线，莫尔条纹则上下移动一周期，如图 3 – 29 所示，即移动一个纹距 D。

④纹距 D 与栅距 d 之间满足如下关系

$$D = \frac{d}{\theta}\rho' \quad (\rho' = 3438')\tag{3 – 18}$$

例如，当 $\theta = 20'$ 时，纹距 $D = 172d$，即纹距比栅距放大了 172 倍。这样，就可以对纹距进一步细分，达到测微和提高测角精度的目的。

光栅度盘电子经纬仪，其指示光栅、发光管（光源）、光电转换器和接收二极管位置固定，而光栅度盘与经纬仪照准部一起转动。发光管发出的光信号通过莫尔条纹落到光电接收管上，度盘每转动一栅距（d），莫尔条纹就移动一个周期（D）。所以，当望远镜从一个方向转动到另一个方向时，通过光电管的光信号周期数，就是两方向间的光栅数。为了提高测角精度和角度分辨率，仪器工作时，在每个周期内再均匀地填充 n 个脉冲信号，计数器对脉冲计数，则相当于光栅刻划线的条数又增加了 n 倍，即角度分辨率就提高了 n 倍。

仪器在操作中会顺时针和逆时针转动。所以计数器在累计栅距时必须相应增减。例如在照准目标时，若转动超过该目标及反转回到目标时，计数器就会自动地增减相应的多转栅距数。为了判别测角时照准部旋转的方向，采用光栅度盘的电子经纬仪，其电子线路中还必须有判向电路和可逆计数器。判向电路用于判别照准时旋转的方向，若顺时针旋转时，则计数器累加；若逆时针旋转时，则计数器累减；由顺时针转动的栅距增量即可得到所测角值。

2. 区格式度盘测角原理

在玻璃度盘上分划出若干等距的径向区格。每一区格由一对黑白光区组成，白的透光、黑的不透光。区格相应的角值，即格距为 φ_0（图 3 – 30）。例如将度盘分划为 1024 区格，格距 $\varphi_0 = 360°/1024 = 21'05.''625$。

测角时，为了消除度盘刻划误差，按全圆刻划误差总和等于零的原理，用微型马达带动

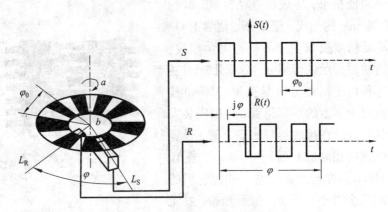

图 3 – 30   区格式度盘测角原理

度盘等速旋转，利用光栏上安装的电子元件对度盘进行全圆式扫描，从而获得目标的观测方向值。

如图 3 – 30 所示，在度盘的外缘安装固定光栏 L_S 与基座相连，充当 0 位线；在度盘的内缘安装活动光栏 L_R，随照准部转动，充当方向指标线。在每支光栏上装有发光器和光信号接收器，分别置于度盘上下方的对称位置。通过光栏上的光孔，发光器发出旋转度盘透光、不透光区格明暗变化的光信号。接收器将光信号转换为正弦波经整形为方波的电流各自由 S、R 输出，以便计数和相位测量。L_S 与 L_R 之间的夹角 φ 为 $n\varphi_0$ 与不足一个格距 $\Delta\varphi$ 之和，即

$$\varphi = n\varphi_0 + \Delta\varphi \tag{3 – 19}$$

式中：n 与 $\Delta\varphi$ 分别由粗测和精测求得。

（1）粗测

在度盘同一径向上，对应 L_S、L_R 光孔位置，各设置一个标志。度盘旋转时，标志通过 L_S，计数器对脉冲方波开始计数。当同一径向的另一标志通过 L_R 时，计数器停止计数。计数器计得的方波数即为 φ_0 的个数 n。

（2）精测

设 φ_0 对应的时间为 T_0，$\Delta\varphi$ 对应的时间为 ΔT，因度盘是等速旋转，它们的比值应相等，即

$$\Delta\varphi = \frac{\varphi_0}{T_0}\Delta T \tag{3 – 20}$$

式中：φ_0、T_0 均为已知数。ΔT 为任意区格通过 L_S，紧接着另一区格通过 L_R 所需要的时间。它可通过在相位差 $\Delta\varphi$ 中填充脉冲，并计其数，根据已知的脉冲频率和脉冲数计算出来。度盘转一周可测出 1024 个 $\Delta\varphi$，取其平均值求得 $\Delta\varphi$。

粗测和精测的数据经过微处理器，最后的观测角值由液晶屏显出来。这种以旋转度盘的测角方法，称为动态式测角。

3. 编码盘测角原理

图 3 – 31（a）为一编码度盘。整个度盘被均匀地划分为 16 个扇形区间，每个区间的角值相应为 $360°/16 = 22°30'$；以同心圆由里向外划分为 4 个环带（每个环带称为 1 条码道）。黑

色为透光区，白色为不透光区，透光表示二进制代码"1"，不透光表示"0"。这样通过各区间的 4 个码道的透光和不透光，即可每区由里向外读出一组 4 位二进制数来。每组数代表度盘的一个位置，从而达到对度盘区间编码的目的，见表 3 − 5。

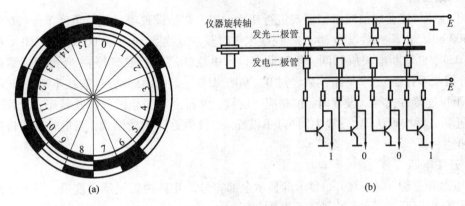

图 3 − 31　编码度盘与读数结构原理

表 3 − 5　编码度盘二进制编码表

区间	二进制编码	角值/(° ′)	区间	二进制编码	角值/(° ′)	区间	二进制编码	角值/(° ′)
0	0000	0　00	6	0110	135　00	11	1011	247　30
1	0001	22　30	7	0111	157　30	12	1100	270　00
2	0010	45　00	8	1000	180　00	13	1101	292　30
3	0011	67　30	9	1001	202　30	14	1110	315　00
4	0100	90　00	10	1010	225　00	15	1111	337　30
5	0101	112　30						

　　如图 3 − 31(b)所示，为了识别照准方向落在度盘区间的编码，在度盘上方沿径向每个码道安装一个发光二极管组成光源列，在度盘下方对应位置安装一组光电二极管，组成通过码道编码的光信号转化为电信号输出后的接收检测系列，从而识别度盘区间的编码。通过对两个方向的编码识别，即可求得测角值。这种测角方式称为绝对测角系统。

　　编码度盘分划区间的角值大小(分辨率)取决于码道数 n，按 $360°/2^n$ 计算，如需分辨率为 10′，则需要 2048 个区间，11 个码道，即 $360°/2^{11} = 36°/2048 = 10′$。显然，这对有限尺寸的度盘是难以解决的，也就是说单利用编码度盘进行测角不容易达到高精度。因而在实际中，采用码道数和细分法加测微技术来提高分辨率。

3.7.2　电子经纬仪的使用

　　电子经纬仪同光学经纬仪一样，可用于水平角、竖直角和视距的测量，配备有 RS 通信接口，与光电测距仪、电子记录手簿和成套附件相结合，可进行平距、高差、斜距和点位坐标等的测量和测量数据自动记录，广泛应用于地形、地籍、控制测量和多种工程测量。其操作力法与光学经纬仪相同，分为对中、整平、照准和读数四步，读数时为显示器直接读数。下面介绍电子经纬仪的几个基本操作。

1. 初始设置

电子经纬仪作业之前应根据需要进行初始设置。初始设置项目包括角度单位（360°、400 gon、6400 min，出厂一般设为360°）、视线水平时竖盘零读数（水平为0°或天顶为0°，出厂设天顶为0°）、自动断电关机时间、角度最小显示单位（0.″2、1″或5″等）、竖盘指标零点补偿（自动补偿或不补偿）、水平角读数经过0°、90°、180°、270°时蜂鸣声（鸣或不鸣）、与不同类型的测距仪连接方式等。设置时，按相应功能键，仪器进入初始设置模式状态，而后逐一设置；设置完成后按确认键（一般为回车）予以确认，仪器返回测量模式，测量时仪器将按设置显示数据。

2. 开关电源

按电源开关键，电源打开，显示屏显示全部符号。几秒钟后显示角度值，即可进行测量工作。按住电源开关不动，数秒钟后电源关闭。

3. 水平度盘配置

瞄准目标后，制动仪器，按水平度盘归零键（一般为0 SET）两次，即可使水平角度盘读数为0°00′00″。若需要将瞄准某一方向时的水平度盘读数设置为指定的角度值，瞄准目标后，制动仪器，按水平角设置键（一般为HANG），此时光标在水平角位置闪烁，用数字键输入指定角值（注意度应输足3位，分、秒输足2位，不够补0）后，再按确认键予以确认。

4. 水平角锁定与解除

在观测水平角过程中，若需保持所测（或对某方向值预置）水平角时，按水平角锁定键（一般为HOLD）两次即可，此时水平角值符号闪烁，再转动仪器水平角不发生变化。当照准至所需方向后，再按锁定键一次，可解除锁定功能，此时仪器照准方向的水平角就是原锁定的水平角。该功能可用于复测法观测水平角。

电子经纬仪在实施测角时，应该注意，开机后仪器进行自检，在确认自检合格、电池电压满足仪器供电需求时，方可进行测量；测量工作开始前，有的仪器需平转一周设置水平度盘读数指标，纵转望远镜一周设置竖直度盘读数指标；仪器具有自动倾斜校正装置，当倾斜超过传感器工作范围时，应重新整平再行工作；当遇到不稳定的环境或大风天气时，应关闭自动倾斜校正功能；竖直角指标差在检校时不能发生错误操作，否则不能检校或损坏仪器内藏程序。此外，光学经纬仪使用和保管的注意事项也均适用于电子经纬仪。

思考题

1. 名词解释：水平角、竖直角、天顶距、视准面、竖盘指标差、竖盘零读数、对中、目标偏心差、水平度盘配置、测回法。

2. 根据测角的要求，经纬仪应具有哪些功能？其相应的构造是什么？

3. 在同一竖直面内瞄准不同高度的点在水平度盘和竖直度盘上的读数是否相同？为什么？

4. 经纬仪的制动和微动螺旋各有什么作用？怎样使用微动螺旋？

5. 经纬仪对中和整平的目的是什么? 怎样进行对中和整平?

6. 在观测竖直角时, 为什么指标水准管的气泡必须居中?

7. 对于 DJ_6 型光学经纬仪, 如何利用分微尺进行读数?

8. DJ_2 型经纬仪如何进行读数? 观测水平角时, 如何进行水平度盘归零设置和指定角值配置?

9. 角度测量时通常用盘左和盘右两个位置进行观测, 再取平均值作为结果, 为什么?

10. 什么是竖盘指标差? 怎样测定它的大小? 怎样决定其符号?

11. 经纬仪应满足哪些理想关系? 如何进行检验? 各校正什么部位? 检校次序根据什么原则决定?

12. 简述电子经纬仪的特点和水平角设置、水平度盘读数的锁定与解除方法。

习　题

1. 试绘出 DJ_6 型经纬仪的水平度盘读数图: 95°38.8′、125°08.4′ 和 DJ_2 型经纬仪符合读数图(半数字化): 265°32′24.5″, 3°22′12.6″。

2. 整理表 3-6 测回法观测水平角记录。

表 3-6　测加法观测水平记录

测站点	测回序数	盘位	目标	水平度盘读数 (° ′ ″)	水平角			备注
					半测回值 (° ′ ″)	一测回值 (° ′ ″)	平均值 (° ′ ″)	
O	1	左	M	00 12 00				
			N	91 45 00				
		右	M	180 11 30				
			N	271 45 10				
	2	左	M	90 05 48				
			N	181 38 54				
		右	M	270 06 12				
			N	01 39 12				

3. 野外检验经纬仪时, 选择了一平坦场地, 于 O 点安置仪器, 在距 O 点 100 m 处与视线近似等高的 A 点作目标点, 用盘左、盘右瞄准 A 点, 水平度盘读数分别为 $a_L = 180°30′20″$, $a_R = 0°32′10″$。那么, 该仪器视准轴是否垂直横轴? 若不垂直, 其照准差为多少? 如何进行二者不垂直的校正?

4. 某水平角为 $\angle AOB = 90°$, 设两边长 $D_{OA} = D_{OB} = 100$ m, 由于对中误差, 使得仪器旋转中心位于 OB 延长线上距 O 点 10 mm, 问此时观测的水平角比 90° 大还是小? 其差值为多少?

5. 整理表 3-7 竖直角观测记录。

表 3-7　竖直角观测记录

测站点	目标	盘位	竖直度盘读数/(° ′ ″)	竖直角 半测回值/(° ′ ″)	竖直角 指标差/(″)	竖直角 一测回值/(° ′ ″)	备注
O	1	左	81 18 42				
		右	278 41 30				
	2	左	124 03 30				
		右	235 56 54				

6. 用 DJ_6 经纬仪观测某一目标的竖直角，盘左时竖盘读数为 75°40′26″，竖盘注记形式如第 5 题，已知该仪器的竖盘指标差 $x = -1′30″$，试求该目标正确的竖直角。

第 4 章

距离测量与直线定向

　　确定地面点的位置是测量的基本问题。为了确定地面点的平面位置，除了测量水平角和高程外，还必须求得两地面点间距离和两点间直线与子午线（南北方向线）间的关系，有了距离和方向，地面上两点间的相互关系就确定了。因而距离测量也是测量工作的基本内容之一。距离是指地面两点间的水平的直线长度。按照所用仪器、工具和测量方法的不同，距离测量的常用方法有钢尺量距、光学测距和电磁波测距等。

4.1　钢尺量距

　　顾名思义，钢尺量距就是利用经检定合格的钢尺直接测量地面两点之间的距离，又称为距离丈量。它使用的工具简单，又能满足工程建设必需的精度，是工程测量中最常用的距离测量方法。按丈量方法的不同它分为一般量距和精密量距。一般量距读数至厘米，精度可达1/3000 左右；精密量距读数至毫米，精度可达 1/30000（钢卷带尺）及 1/100 万（因瓦线尺）。其基本步骤有定线、尺段丈量和成果计算。

4.1.1　量距工具

　　钢尺由薄钢带制成，常用钢尺的宽度 10 ~ 15 mm，厚度约为 0.4 mm，尺长有 20 m、30 m、50 m 等。钢尺卷放在圆盘形的尺盒内或卷放在金属尺架上，如图 4 - 1 所示。有三种划分刻度的钢尺：一种钢尺基本划分为厘米；第二种基本划分虽为厘米，但在尺端 10 cm 内为毫米划分；第三种基本划分为毫米。钢尺上分米及米处都刻有数字注记，便于量距时读数。钢尺性脆易折，使用中防止打结、扭拉和车轧，用后应及时擦净、上油，以防生锈。

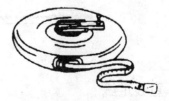

图 4 - 1　钢尺

由于尺的零点位置不同，钢尺可分为端点尺和刻线尺两种。端点尺是以尺环外缘作为尺子的零点，如图4-2(a)所示，刻划尺是以尺前端的一刻线(通常有指向箭头)作为尺的零点，如图4-2(b)所示。当从建(构)筑物墙边开始丈量时，使用端点尺比较方便。钢尺一般用于较高精度的距离测量，如控制测量和施工放样的距离丈量等。

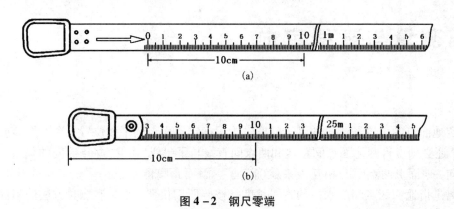

图4-2　钢尺零端

丈量距离的其他辅助工具有标杆、测钎、垂球，精密量距时，还需要有弹簧秤、温度计和尺夹。标杆[图4-3(a)]长为2~3 m，杆上涂以20 cm间隔的红、白漆，以便远处清晰可见，用于直线定线；测钎[图4-3(b)]用来标志所量尺段的起、讫点和计算已量过的整尺段数；垂球[图4-3(c)]用于在不平坦地面丈量时将钢尺的端点垂直投影到地面；弹簧秤用于对钢尺施加规定的拉力；温度计用于测定钢尺量距时的温度，以便对钢尺丈量的距离施加温度改正；尺夹用于安装在钢尺末端，以方便持尺员稳定钢尺，如图4-4所示。

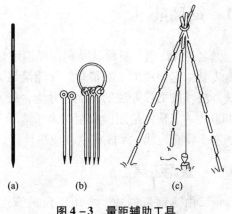

(a)　　　(b)　　　(c)

图4-3　量距辅助工具

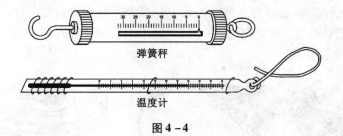

弹簧秤

温度计

图4-4

4.1.2　直线定线

如果地面两点之间距离较长或地面起伏较大，就需要在直线方向上标定若干分段点，以便于用钢尺分段丈量。这种将多个分段点标定在待量直线上的工作称为直线定线，简称定线。直线定线的目的是使这些分段点在待量直线端点的连线上。定线方法有目视定线和经纬仪定线,一般量距时用目视定线,精密量距时用经纬仪定线。

1. 目视定线

目视定线(又称标杆定线)适用于钢尺量距的一般方法。如图 4-5 所示,A、B 为地面上待测距离的两个端点,要在 A、B 两点的直线上标出分段点 1、2 等点。先在 A、B 两点上竖立标杆。甲站在 A 点标杆后约 1 m 处,自 A 点标杆的一侧目测瞄准 B 点标杆,指挥乙左右移动标杆,直到甲在 A 点沿标杆的同一侧看到 A、2、B 三支标杆成一条线为止。同法可以定出直线上的其他点。定线时,乙所持标杆应竖直,利用食指和拇指夹住标杆的上部,稍微提起,利用重心使标杆自然竖直。此外,为了不挡住甲的视线,乙应持标杆站立在直线方向的左侧或右侧。

两点间定线,一般应由远到近,即先定 1 点,再定 2 点。

图 4-5　目视定线

2. 经纬仪定线

经纬仪定线适用于钢尺量距的精密情况。如图 4-6 所示,经纬仪定线工作包括清障、定线、概量、钉桩、标线等。定线时,先清除沿线障碍物,甲将经纬仪安置在直线端点 A,对中、整平后,用望远镜纵丝瞄准直线另一端 B 点上标志,制动照准部。然后,上下转动望远镜,指挥乙左右移动标杆,直至标杆像被纵丝所平分,完成概定向;又指挥自 A 点开始朝标杆方向概量,定出相距略小于整尺长度的尺段点 1,并钉上木桩(桩顶高出地面 10~20 cm),且使木桩在"十"字丝纵丝上,该桩称为尺段桩。最后沿纵丝在桩顶前后各标一点,通过两点绘出方向线,再加一横线,使之构成"十"字,作为尺段丈量的标志。同法钉出 2、3 等尺段桩。高精度量距时,为了减小视准轴误差的影响,可采用盘左盘右分中法定线,也可以用直径更细的测钎或垂球线代替标杆。

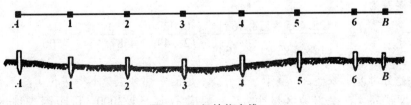

图 4-6　经纬仪定线

4.1.3 一般方法量距

1. 平坦地段距离丈量

丈量工作一般由两人进行。如图4-7
所示，若丈量两点间的水平距离 D_{AB}，在清
除 AB 直线上的障碍物后，在直线两端点 A、
B 竖立标杆，后司尺员持钢尺的零端位于起
点 A，前司尺员持钢尺的末端、测钎和标杆
沿 AB 方向前进，至一整尺段时，竖立标杆；
由后尺手指挥定线，将标杆插在 AB 直线上；
将尺平放在 AB 直线上，两人拉直、拉平尺

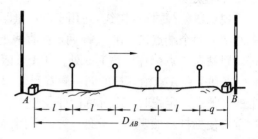

图4-7　平坦地段钢尺一般量距

子，前司尺员发出"预备"信号，后司尺员将尺零刻划对准 A 点标志后，发出丈量信号"好"，
此时前司尺员把测钎对准尺子终点刻划垂直插入地面，这样就完成了第一尺段的丈量。前、
后司尺员抬尺前进，当后司尺员到达插测钎或划记号处时停住，再重复上述操作，量完第二
尺段。后司尺员拔起地上的测钎，依次前进，直到量完 AB 直线的最后一段为止。

最后一段距离一般不会刚好是整尺段的长度，称为余尺段。丈量余尺段时，后司尺员将
零端对准最后一只测钎，前司尺员以 B 点标志读出余长 q，读至 mm。则最后 A、B 两点间的
水平距离 D_{AB} 为

$$D_{AB} = nl + q \qquad (4-1)$$

式中：n 为整尺段数；l 为尺长。

以上称为往测。为了防止丈量中发生错误和提高量距的精度，需要往返丈量，即调转尺
头自 B 点再丈量至 A 点，称为返测。往返各丈量一次称为一个测回。往返丈量长度之差称为
较差，用 ΔD 表示

$$\Delta D = D_{往} - D_{返} \qquad (4-2)$$

较差 ΔD 的绝对值与往返丈量平均长度 D_0 之比，称为相对误差，用 K 表示，为衡量距离
丈量的精度指标。K 通常以分子为1的分数形式表示，即

$$K = \frac{|\Delta D|}{D_0} = \frac{1}{D_0/\Delta D} \qquad (4-3)$$

若 K 满足精度要求，取往返丈量的平均值 D_0 作为结果，即

$$D_0 = \frac{1}{2}(D_{往} + D_{返}) \qquad (4-4)$$

在平坦地面，钢尺沿地面丈量的结果就是水平距离。

例4.1　C、D 两点间距离丈量的结果为 $D_{CD} = 128.435$ m，$D_{DC} = 128.463$ m，则 CD 直线
丈量的相对误差为：

$$K = \frac{|128.435 - 128.463|}{\frac{1}{2}(128.435 + 128.463)} = \frac{0.028}{128.499} = \frac{1}{4587.464} \approx \frac{1}{4500}$$

相对误差分母通常取整百、整千、整万，不足的一律舍去，不得进位。相对误差分母越
大，量距精度越高。在平坦地区量距，K 一般应不小于1/3000，量距困难地区也应取1/
1000。若超限，则应分析原因，重新丈量。

2. 倾斜地区的距离丈量

在倾斜地面上丈量距离，视地形情况可用水平量距法或倾斜量距法。

（1）水平量距法

沿倾斜地面丈量距离，当地势起伏不大时，可将钢尺拉平丈量，称为水平量距法。如图 4-8(a)所示，丈量由 A 点向 B 点进行，甲立于 A 点，指挥乙将尺拉在 AB 方向线上。甲将尺的零端对准 A 点，乙将钢尺抬高，并且目估使钢尺水平，然后用垂球尖将尺段的末端投影到地面上，插上测钎。若地面倾斜较大，将钢尺抬平有困难时，可将一个尺段分成分几个小段来平量，如图 9-8 中的 ij 段。

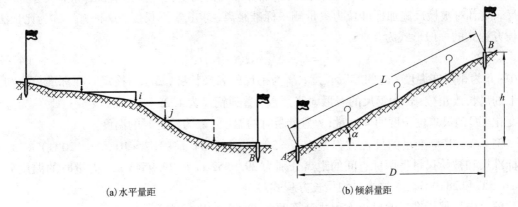

(a)水平量距　　　　　　　　　　　　(b)倾斜量距

图 4-8　水平与倾斜地面量距

（2）倾斜量距法

当倾斜地面的坡度比较均匀时，可以沿着斜坡丈量出 AB 的斜距 L，测出地面倾斜角 α 或两端点的高差 h，然后计算 AB 的水平距离 D。如图 4-8(b)所示，称为倾斜量距法。显然

$$D = L\cos\alpha = \sqrt{L^2 - h^2} \tag{4-5}$$

将上式按幂级数展开

$$\Delta L = D - L = \sqrt{L^2 - h^2} - L = L\left[\left(1 - \frac{h^2}{L^2}\right)^{\frac{1}{2}} - 1\right]$$

$$\Delta L = L\left[\left(1 - \frac{h^2}{2L^2} - \frac{h^4}{8L^4} - \cdots\right) - 1\right]$$

略去高次项有

$$\Delta L = -\frac{h^2}{2L}$$

于是

$$D = L + \Delta L = L - \frac{h^2}{2L} \tag{4-6}$$

4.1.4　精密方法量距

用一般方法量距，量距精度只能达到 1/1000 ～ 1/5000。当精度要求提高时，例如，1/10000 ～ 1/40000，这就要求采用精密量距的方法。精密方法量距与一般方法量距基本步骤

相同，不过精密量距在丈量时采用较为精密的方法，并对一些影响因素进行了相应的计算改正。

精密方法量距的主要工具为钢尺、弹簧秤、温度计等。

1. 钢尺检定与尺长方程式

钢尺因制造误差、使用中的变形、丈量时温度变化和拉力等的影响，其实际长度与尺上标注的长度（即名义长度，用 l_0 表示）会不一致。因此，量距前应对钢尺进行检定，求出在标准温度 t_0 和标准拉力 p_0 下的实际长度，建立被检钢尺在施加标准拉力和温度下尺长随温度变化的函数式，这一函数式称为尺长方程式，以便对丈量结果加以相应改正。钢尺检定时，在恒温室（标准温度为 20℃）内，将被检尺施加标准拉力固定在检验台上，用标准尺去量测被检尺，或者对被检尺施加标准拉力去量测一标准距离，求其实际长度，这种方法称为比长法。尺长方程式的一般形式为

$$l_t = l_0 + \Delta l_d + \alpha(t - t_0)l_0 \qquad (4-7)$$

式中：l_t 为钢尺在温度 t 时的实际长度；l_0 为钢尺的名义长度；Δl_d 为检定时在标准拉力和温度下的尺长改正数；α 为钢尺的线形膨胀系数，普通钢尺为 1.25×10^{-5} m/(m·℃)，为温度每变化 1℃ 钢尺单位长度的伸缩量；t 为量距时的温度，t_0 为检定时的温度。

例 4.2　某标准尺的尺长方程式为 $l_t = 30$ m $+ 0.0034$ m $+ 1.2 \times 10^{-5}(t - 20℃) \times 30$ m，用标准尺和被检尺量得两标志间的距离分别为 29.9552 m 和 29.9543 m，丈量时的温度分别为 26.5℃ 和 28.0℃。求被检尺的尺长方程式。

解　先根据标准尺的尺长方程式计算两标志间的标准长度 D_0

$$D_0 = 29.9552 \text{ m} + \frac{0.0034 \text{ m}}{30 \text{ m}} \times 29.9552 \text{ m} + 1.2 \times 10^{-5} \times (26.5℃ - 20℃) \times 29.9552$$

$$= 29.9609 \text{ m}$$

由此可求得被检尺检定时在标准拉力和温度下的尺长改正数

$$29.9543 \text{ m} + \Delta l_d + 1.2 \times 10^{-5}(28.0 - 20) \times 29.954 = 29.9609 \text{ m}^2$$

$$\Delta l_d = +0.007 \text{ m}$$

被检钢尺的尺长方程式为

$$l_d = 30 \text{ m} + 0.007 \text{ m} + 1.2 \times 10^{-5}(t - 20℃) \times 30 \text{ m}$$

2. 测量桩顶高程

经过经纬仪定线钉下尺段桩后，用水准仪采用视线高法测定各尺段桩顶间高差，以便计算尺段倾斜改正。高差宜在量距前后往返观测一次，以资检核。两次高差之差，不超过 10 mm，取其平均值作为观测的成果，记入记录手簿（表 4-1）。

3. 距离丈量

用检定过的钢尺丈量相邻木桩之间的距离，称为尺段丈量。丈量由 5 人进行，2 人司尺，2 人读数，1 人记录兼测温度。丈量时司尺员持尺零端，将弹簧秤挂在尺环上，与一读数员位于后点；前司尺员与另一读数员位于前点，记录员位于中间。两司尺员钢尺首尾两端紧贴桩顶，把尺摆顺直，同贴方向线的一侧。准备好后，读数员发出一长声"预备"口令，前司尺员抓稳尺，将一整厘米分划对准前点横向标志线；后司尺员用力拉尺，使弹簧秤至检定时相同的拉力（30 m 尺为 100 N，50 m 尺为 150 N），当读数员做好准备后，回答一长声表示同意读数的口令，两尺手保持尺子稳定，两读数员以桩顶横线标记为准，同时读取尺子前后读数，

估读至 0.5 mm，报告记录员记入手簿。依此每尺段移动钢尺 2~3 cm 丈量 3 次，3 次量得结果的最大值与最小值之差不超过 3 mm，取 3 次结果的平均值作为该尺段的丈量结果；否则应重量。每丈量完一个尺段记录员读记一次温度，精确至 0.5℃，以便计算温度改正数。由直线起点依次逐段丈量至终点为往测，往测完毕后应立即调转尺头，人不换位进行返测。往返各依次取平均值为一个测回。

4. 成果整理

精密量距中的量距结果需进行尺长改正、温度改正及倾斜改正，求出改正后尺段的水平距离。计算时精确至 0.1 mm。往测、返测结果按式（4-3）进行精度检核，若 K 满足精度要求，按式（4-4）计算最后结果。在若 K 超限，应查明原因返工重测。各项改正数的计算方法如下。

（1）尺长改正

钢尺在标准拉力 p_0 和标准温度 t_0 下的实际长 l_{t_0} 与其名义长 l_0 一般不相等，其差数 Δl_d 称为整尺段的尺长改正数，即 $\Delta l_d = l_{t_0} - l_0$，为尺长方程式的第二项。任意尺段长 l_i 的尺长改正数 Δl_i 为

$$\Delta l_i = \frac{\Delta l_d}{l_0} \times l_i \tag{4-8}$$

（2）温度改正

由于受温度的影响，钢尺的长度会发生伸缩。当钢尺在丈量时的温度 t 与检定时标准温度 t_0 不同时，引起的尺长变化值，称为温度改正数，用 Δl_t 表示。为尺长方程式的第三项。任意尺段长 l_i 的温度改正数 Δl_{t_i} 为

$$\Delta l_{t_i} = \alpha(t - t_0)l_i \tag{4-9}$$

（3）倾斜改正

尺段丈量时，所测量的是相邻两桩顶间的斜距，由斜距化算为平距所施加的改正数，称为倾斜改正数或高差改正数，用 Δl_h 表示。任意尺段长 l_i 的倾斜改正数 Δl_{hi} 按式（4-6）有

$$\Delta l_{hi} = -\frac{h_i^2}{2l_i} \tag{4-10}$$

倾斜改正数永远为负值。

（4）尺段水平距离

综上所述，每一尺段改正后的水平距离为

$$D_i = l_i + \Delta l_{di} + \Delta l_{t_i} + \Delta l_{hi} \tag{4-11}$$

（5）计算全长

将改正后的各个尺段长和余长加起来，便得到距离的全长。如果往返测相对误差在限差以内，则取平均距离为观测结果。如果相对误差超限，应重测。

4.1.5　钢尺量距的误差及注意事项

1. 钢尺量距的误差分析

影响钢尺量距精度的因素很多，主要的误差来源有下列几种。

（1）定线误差

丈量时，钢尺没有准确地放在所量距离的直线方向上，使所量距离不是直线，而是一组

折线，造成丈量结果偏大，这种误差称为定线误差。设定线误差为 ε，则一尺段的量距误差为

$$\Delta \varepsilon = 2 \sqrt{\left(\frac{l}{2}\right)^2 - \varepsilon^2} - l = -\frac{2\varepsilon^2}{l} \tag{4-12}$$

当 l 为 30 m 时，若 $\dfrac{\Delta \varepsilon}{l} \leqslant \dfrac{1}{10000}$，则 $\varepsilon \leqslant 0.21$ m，所以用目视定线即可达到此精度。

（2）尺长误差

如果钢尺的名义长度和实际长度不符，则会产生尺长误差。尺长误差具有系统积累性，丈量的距离越长，误差越大。因此，新购置的钢尺必须经过检定，测出其尺长改正值。

（3）温度误差

钢尺的长度随温度而变化，当丈量时的温度与钢尺检定时的标准温度不一致时，将产生温度误差。按照钢的膨胀系数计算，温度每变化 1℃，丈量距离为 30 m 时，对距离影响为 0.4 mm。由于用温度计测量温度时，测定的是空气的温度，而不是尺子本身的温度，在夏季阳光曝晒下，此两者温差可大于 5℃。因此，量距宜在阴天进行，最好用半导体温度计测量钢尺的自身温度。

（4）拉力误差

钢尺在丈量时所受拉力应与检定时的拉力相同。若拉力变化 ±2.6 kg，尺长将改变 ±1 mm。

（5）钢尺倾斜和垂曲误差

在高低不平的地面上采用钢尺水平法量距时，钢尺不水平或中间下垂而成曲线时，都会使量得的长度比实际要大。因此，丈量时必须注意钢尺水平，整尺段悬空时，中间应有人托住钢尺，否则会产生不容忽视的垂曲误差。

（6）丈量误差

丈量时，在地面上标志尺端点位置处插测钎不准，前、后尺手配合不佳，余长读数不准等，都会引起丈量误差，这种误差对丈量结果的影响可正可负，大小不定。所以在丈量中要尽量做到对点准确，配合协调，并采用多次丈量取平均值的方法，以提高量距精度。

2. 钢尺的维护

钢尺的维护要注意以下几点：

①钢尺易生锈，丈量结束后应用软布擦去尺上的泥和水，涂上机油，以防生锈。

②钢尺易折断，如果钢尺出现卷曲，切不可用力硬拉。

③丈量时，钢尺末端的持尺员应该用布或者纱手套包住钢尺，切不可手握尺盘或尺架用力，以免将钢尺拖出。

④在行人和车辆较多的地区量距时，中间要有专人保护、以防止钢尺被车辆碾压而折断。

⑤不准将钢尺沿地面拖拉，以免磨损尺面分划。

⑥收卷钢尺时，应按顺时针方向转动钢尺摇柄，切不可逆转，以免折断钢尺。

4.2 视距测量

视距测量是一种根据几何光学原理，同时测定点位间距离和高差的方法。它利用望远镜

"十"字丝分划板上的视距丝和标尺进行观测，方法简便、快速、不受地面起伏影响，但精度较低，普通视距测量的相对精度为 1/200 ~ 1/300，只能满足地形测量的要求。因此被广泛用于地形碎部测量中，也可用于检核其他方法量距可能发生的粗差。精密视距测量可达 1/2000，可用于山地的图根控制点加密。

4.2.1　视距测量原理

1. 视线水平时的视距测量公式

欲测定 A、B 两点间的水平距离，如图 4 – 9 所示，在 A 点安置经纬仪，在 B 点竖立视距尺，当望远镜视线水平时，视准轴与尺子垂直，经对光后，通过上、下两条视距丝 m、n 就可读得尺上 M、N 两点处的读数，两读数的差值 l 称为视距间隔或视距。f 为物镜焦距，p 为视距丝间隔，δ 为物镜至仪器中心的距离，由图可知，A、B 点之间的平距为

$$D = d + f + \delta \qquad (4-14)$$

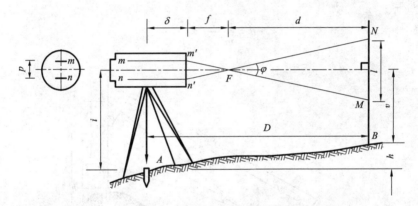

图 4 – 9　视线水平时的视距测量

其中 d 由相似三角形 MNF 和 $m'n'$ 下求得

$$\frac{d}{f} = \frac{l}{p}$$

$$d = \frac{f}{p}l$$

因此

$$D = \frac{f}{p}l + (f + \delta)$$

令 $\frac{f}{p} = K$，称为视距乘常数；$f + \delta = c$，称为视距加常数，则

$$D = Kl + c \qquad (4-15)$$

在设计望远镜时，适当选择有关参数后，可使 $K = 100$，$c = 0$。于是，视线水平时的视距公式为

$$D = 100l \qquad (4-16)$$

两点间的高差为

$$h = i - v \tag{4-17}$$

式中：i 为仪器高，v 为望远镜的中丝在尺上的读数。

2. 视线倾斜时的视距测量公式

如图 4-10 所示，欲测定 A、B 两点间的水平距离 D 和高差 h，可在 A 点安置经纬仪，仪器高为 i，待测点 B 竖立标尺。当视线倾斜 α 角照准在 B 点标尺时，视线 JQ 的长度为 D'，则

$$D = D'\cos\alpha \tag{4-18}$$

由图 4-10 可知

$$D' = d + f + \delta \tag{4-19}$$

式中：d 为望远镜前焦点至 Q 的距离；f 为望远镜物镜组的组合焦距；δ 为物镜到仪器中心的距离。f、δ 对某种仪器而言均为已知值，只要求得 d，即可确定 D。

假如有一辅尺过 Q 点且垂直视线 JQ，和标尺成 α 角，则 $\triangle M'FN' \backsim \triangle m'Fn'$，$\overline{m'n'}$ 为视距丝的上、下丝通过调焦透镜后在物镜平面的影像间隔，其长度等于上、下丝的间距 p。再令 $\overline{M'N'} = l'$，于是

$$d = \frac{\overline{M'N'}}{\overline{m'n'}}f = \frac{f}{p}l' \tag{4-20}$$

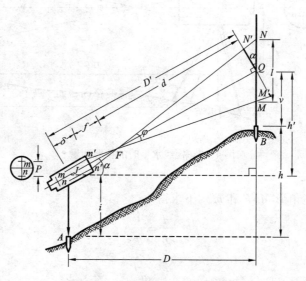

图 4-10　视线倾斜时的视距测量

将式(4-20)代入式(4-19)得

$$D' = \frac{f}{p}l' + f + \delta = \frac{f}{p}l' + (f+\delta) = kl' + c \tag{4-21}$$

式中：$k = \dfrac{f}{p}$ 称为乘常数，为了便于应用，仪器制造选择适当的 f、p 值，将该比值 k 设计为 100；c 称为加常数，当前的内对光望远镜 c 接近于 0。由于视场角很小（约为 $35'$），将 $\angle NN'Q$、$\angle MM'Q$ 视为直角，则有

$$l' = \overline{QM'} + \overline{QN'} = \overline{QM}\cos\alpha + \overline{QN}\cos\alpha = (\overline{QM} + \overline{QN})\cos\alpha = l\cos\alpha \tag{4-22}$$

将式(4-21)、式(4-22)依次代入式(4-18)，整理即得视线倾斜时计算水平距离的

公式

$$D = kl \cos^2\alpha \tag{4-23}$$

再由图 4-10 来考察高差计算公式，可知

$$h = h' + i - v = D\tan\alpha + i - v = D'\sin\alpha + i - v$$

将式(4-23)或依次将式(4-22)、式(4-21)、式(4-20)、式(4-19)代入上式，整理后即得视线倾斜时的高差公式

$$h = \frac{1}{2}kl\sin2\alpha + i - v \tag{4-24}$$

式中：$h' = \frac{1}{2}kl\sin2\alpha$ 称为初算高差；v 称为中丝读数。

4.2.2　视距测量的观测与计算

由式(4-15)、式(4-17)、式(4-23)、式(4-24)可知，欲计算地面上两点间的距离和高差，在测站上应观测 i、l、v、α 四个量。所以，视距测量通常按下列基本步骤进行观测和计算：

①安置仪器于测站点上，对中、整平后，量取仪器高 i 至厘米。

②在待测点上竖立视距尺。

③转动仪器照准部照准视距尺，在望远镜中分别用上、下、中丝读得读数 M、N、v；再使竖盘指标水准管气泡居中，在读数显微镜中读取竖盘读数。

④根据读数 M、N 算得视距间隔 l；根据竖盘读数算得竖直角 α；利用视距公式，式(4-23)和式(4-24)计算平距 D 和高差 h。

值得提出的是，为了计算方便，通常转动竖直微动螺旋，使中丝对准标尺上等于仪器高 i 的读数，此时 $i-v$（称为高差改正数）为 0。有时为了便于计算 l，可转动竖直微动螺旋将上丝对准一整数分划（如 1 m、1.5 m），从上丝向下丝数读出尺间隔 l。在地形测量中，通常上述两点配合，既可保证必需的精度，又可加快观测速度。其方法为：瞄准时，用中丝对准 i 附近（或 i + 整数），转动竖直微动螺旋，使下丝对准整分划，数读 l（或 i + 整数），再转动竖直微动螺旋使中丝对准 i，竖盘指标水准管气泡居中后读取竖盘读数。

4.2.3　视距常数的测定

在进行视距测量前必须把视距公式中的视距乘常数 K 加以精确的测定，其方法如下：

在平坦地区选择一段直线 AB，在 A 点打一木桩，从这一木桩起沿直线依次在 25 m、50 m、100 m、150 m、200 m 的距离分别打下木桩 B_1、B_2、B_3、B_4、B_5。各桩距 A 点的长度为 S_i。将仪器安置于 A 点，在各 B_i 点上依次竖立标尺，按盘左和盘右两个位置使望远镜大致水平瞄准各点所立标尺，用上、下丝读数，每次测定视距间隔各两次。再由 B_5 点测向 B_1 点通法返测一次。这样往返各测得每立尺点的视距间隔两次，所以每桩所得的视距间隔 l_1、l_2、l_3、l_4、l_5 各 4 次。各取其平均值后分别代入公式 $K = S_i/l_i$，计算出不同距离所测定的 K 值，取其平均值即为所求的 K 值。

4.2.4　视距测量误差分析及注意事项

视距测量精度受有以下几方面因素影响。

1. 视距丝读数误差

视距丝读数误差是影响视距测量精度的重要因素，它与尺子最小分划的宽度、距离的远近、望远镜的放大率及成像清晰情况有关。因此读数误差的大小，视具体使用的仪器及作业条件而定。由于距离越远误差越大，所以视距测量中要根据精度的要求限制最远视距。

2. 视距尺分划的误差

如果视距尺的分划误差是系统性的增大或减小，对视距测量将产生系统性的误差。这个误差在仪器常数检测时将反映在乘常数 K 上，即是否仍能使 $K = 100$，只要对 K 加以测定即可得到改正。

如果视距尺的分划误差是偶然性误差，即有的分划间隔大，有的分划间隔小，那么它对视距测量也将产生偶然性的误差影响。如果用水准尺进行普通视距测量，因通常规定水准尺的分划线偶然中误差为 ±0.5 mm，所以按此值计算的距离误差为

$$m_d = K(\sqrt{2} \times 0.5) = 0.071 \text{ m} \qquad (4-25)$$

3. 乘常数 K 不准确的误差

一般视距乘常数 $K = 100$，但由于视距丝间隔有误差，标尺有系统性误差，仪器检定有误差，会使 K 值不为 100。K 值误差会使视距测量产生系统性误差。K 值应在 100 ± 0.1 之内，否则应加以改正。

4. 竖直角观测的误差

由距离公式 $D = Kl\cos^2\alpha$ 可知，α 有误差必然影响距离，即

$$m_d = Kl\sin 2\alpha \frac{m_\alpha}{\rho} \qquad (4-26)$$

设 $Kl = 100$ m，$\alpha = 45°$，$m_\alpha = \pm 10''$，$m_d \approx \pm 5$ mm。可见竖直角观测误差对视距测量影响不大。

5. 视距尺竖立不直的误差

如果标尺不能严格竖直，将对视距值产生误差。标尺倾斜误差的影响与竖直角有关，影响不可忽视。观测时可借助标尺上水准器保证标尺竖直。

6. 外界条件的影响

外界环境的影响主要是大气垂直折光的影响和空气对流的影响。大气垂直折光的影响较小，可用控制视线高度削弱，测量时应尽量使上丝读数大于 1 m。同时选择适宜的天气进行观测，可削弱空气对流造成的成像不稳甚至跳动现象。

4.3 光电测距

4.3.1 光电测距概述

与钢尺量距的繁琐和视距测量的低精度相比，电磁波测距具有测程长、精度高、操作简便、自动化程度高的特点。用光电方式测距的仪器称为测距仪，用无线电微波作载波称为微波测距仪，用光波作载波称为光电测距仪。无线电波和光波都从属于电磁波，所以统称为电磁波测距仪。光电测距仪按其光源分为普通光测距仪、激光测距仪和红外测距仪。按测定载波传播时间的方式分为脉冲式测距仪和相位式测距仪；按测程又可分为短程、中程和远程测

距仪三种(表 4 – 1);按其精度分为Ⅰ、Ⅱ、Ⅲ三个级别(表 4 – 1)。

表 4 – 1　光电测距仪测程分类与技术等级

	仪器种类	短程光电测距仪	中程光电测距仪	远程光电测距仪
测程分类	测程/km	<3	3 ~ 15	> 15
	精度	±(5 mm +5ppmD)	±(5 mm +2ppmD)	±(5 mm +1ppmD)
	光源	红外光源 (GaAs 发光二极管)	红外光源(GaAs 发光二极管) 激光光源(激光管)	He – Ne 激光器
	测距原理	相位式	相位式	相位式
	使用范围	地形测量,工程测量	大地测量,精密工程测量	大地测量,航空、航天、 制导等空间距离测量
技术等级	技术等级	Ⅰ	Ⅱ	Ⅲ
	精度	<5 mm	5 ~ 10 mm	11 ~ 20 mm

注:ppm 是百万率,5ppm 表示测距比例误差为 5mm/1km。

红外测距仪采用的是 GaAs(砷化镓)发光二极管作光源。由于 GaAs 发光管具有结构简单、体积小、耗电省、效率高、寿命长、抗震性好、能连续发光并能直接调制等优点,在中、短程测距仪中得到了广泛应用,也是工程建设采用的主要机型。

4.3.2　光电测距基本原理

光电测距仪是通过测量光波在待测距离 D 上往返传播一次所需要的时间 t_{2D},从而来计算待测距离 D。如图 4 – 11 所示,在 A 点架设测距仪,B 点架设光波反射镜。A 点测距仪利用光源发射器向 B 点发射光波,B 点上反射镜又把光波反射回到测距仪的接收器上。设光速 c 已知,如果光束在待测距离 D 上往返传播的时间 t_{2D} 已知,所测距离 D 可由下式求出

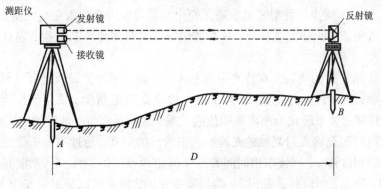

图 4 – 11　光电测距基本原理

$$D = \frac{1}{2}ct_{2D} \tag{4 – 27}$$

式中：$c = \dfrac{c_0}{n}$ 为光在大气中的传播速度；c_0 为真空中的光传播速度，迄今为止，人类所测得的精确值为 $c_0 = 299792458$ m/s ± 1.2 m/s；n 为大气折射率（$n \geqslant 1$），它与测距仪所用光源的波长 λ、大气温度 t、气压 p 和湿度 e 有关，即

$$n = f(\lambda,\ t,\ p) \tag{4-28}$$

由于 $n \geqslant 1$，所以，$c \leqslant c_0$，也即光在大气中的传播速度要小于其在真空中的传播速度。

红外测距仪一般采用 GaAs（砷化镓）发光二极管发出的红外光作为光源，其波长 $\lambda = 0.85 \sim 0.93$ μm。对一台红外测距仪来说，λ 是一个常数，则由式（4-28）可知，影响光速的大气折射率 n 只随大气的温度 t、气压 p 而变化，这就要求我们在光电测距作业中，必须实时测定现场的大气温度和气压，并对所测距离施加气象改正。

从式（4-27）可以看出，t_{2D} 的精度决定 D 的精度。如果要求所测距离 D 的精度 $m_D = 1$ cm，在 c 为常量的情况下，令 $c = 3 \times 10^8$ m/s，则 $m_{t_{2D}} = \dfrac{2}{3} \times 10^{-10}$ s。天文法的测时精度经多年观测可达 10^{-9}，有关精密的实验室依赖于精密仪器及其物理方法可达 $10^{-13} \sim 10^{-10}$。而在实用上要实现 $2/3 \times 10^{-10}$ s 的测时精度，是难以做到的。因此，大多采用间接方法来测定 t_{2D}。

根据测量光波在待测距离 D 上往返一次传播时间 t_{2D} 的不同。光电测距仪可分为脉冲式和相位式两种，即：间接测定 t_{2D} 的方法有脉冲法测距和相位法测距两种。直接测定光脉冲发射和接收的时间差来确定距离的方法，称为脉冲法测距。脉冲法测距具有脉冲发射的瞬时功率很大、测程远、被测地点无需安置合作目标的优点。但受到脉冲宽度和电子计数器时间分辨率的限制，绝对精度较低，一般为 $\pm(1 \sim 5)$ m。利用测相电路直接测定调制光波在待测距离上往返传播所产生的相位差，计算出距离，称为相位法测距。相位法测距的最大优点是测距精度高，一般精度均可达到 $\pm(5 \sim 20)$ mm。目前红外测距仪均采用相位法测距。工程测量中常用的是短程的 I 级相位式红外测距仪。

4.3.3 相位法测距原理

在 GaAs 发光二极管上注入一定的恒定电流，它发出的红外光强度恒定不变；若改变注入电流的大小，GaAs 发光管发射光强也随之变化。若对发光管注入交变电流，使发光管发射的光强随着注入电流的大小发生变化，这种传输特征按照某种特定信号出现有规律变化的光称为调制光。

测距仪在 A 站发射的调制光在待测距离上传播，被 B 点反光镜反射后又回到 A 点，被测距仪接收器接收，所经过的时间为 t。为了进一步提高测距精度，采用间接测时方法，即测相，把距离和时间的关系转化为距离和相位的关系，这就是相位法测距的实质。

相位法光电测距是将发射光波的光调制成正弦波的形式，通过测量正弦光波在待测距离 D 上往返传播的相位移 φ，间接求出时间 t_{2D}，来确定两点间的距离。将调制光波传播的距离展开如图 4-12 所示，相位移 φ 是以 2π 为周期变化的，则 φ 可以分解为 N 个 2π 整数周期和不足一个整数周期相位移 $\Delta\varphi$，也即有

$$\varphi = 2\pi N + \Delta\varphi \tag{4-29}$$

另一方面，设调制光的角频率为 ω，波长为 λ_S，光强变化一周期 T 的相位差为 2π，调制光在两倍距离上传播时间为 t，每秒钟光强变化的周期数为频率 f，依据光学原理 f 可表示为

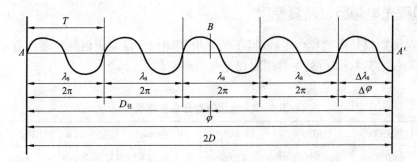

图 4 - 12　相位法测距原理

$$f = \frac{c}{\lambda_S}$$

由图 4 - 12 可以看出，将接收时的相位与发射时的相位比较，延迟了 φ 角，则

$$\varphi = \omega t = 2\pi f t$$

于是

$$t = \frac{\varphi}{2\pi f}$$

将其代入式(4 - 27)有

$$D = \frac{c}{2f}\frac{\varphi}{2\pi} \tag{4 - 30}$$

由式(4 - 29)、式(4 - 30)并顾及 $f = \dfrac{c}{\lambda_S}$ 得

$$D = \frac{c}{2f}\left(N + \frac{\Delta\varphi}{2\pi}\right) = \frac{\lambda_S}{2}(N + \Delta N) \tag{4 - 31}$$

式中：$\lambda_S = \dfrac{c}{f}$ 为调制波波长；$\dfrac{\lambda_S}{2}$ 为测尺长度，又称光尺；N 为相位移的整周期数；ΔN 为不足一个周期的比例值，$\Delta N = \dfrac{\Delta\varphi}{2\pi}$。

上式就是相位法测距的基本公式。

用式(4 - 31)求距离的方法，与用钢尺丈量距离是相似的，只是在钢尺量距中，可以用测针记录丈量过的整尺段。在相位法测距中，仪器的相位计只能记录相位尾数 $\Delta\varphi$，而不能记录距离大于调制波长时的相位移整周期数 n。为了能得到距离的单值解，可将调制波频率降低，使调制波长 λ 大于待测距离的 2 倍，这时待测距离的相位移即变为 $\Delta\varphi$。将相位计记录的 $\Delta\varphi$ 通过距离转换，在测距仪的显示窗中显示出来。

由于仪器的测相精度只有 1/1000，故当距离越长时，距离测量误差的绝对值越大。例如，$f_1 = 15$ MHz 时，测尺长度 $\lambda/2 = 10$ m，距离误差为 ± 0.01 m；当 $f_2 = 150$ kHz 时，$\lambda/2 = 1000$ m，距离误差则为 ± 1 m。为了解决扩大测程与提高精度的矛盾，可以采用一组测尺配合测距，以短测尺(又称粗测尺)保证测距的精度；以长测尺(又称粗测尺)保证测程，两者组合在一起就得到一个完整的距离。这如同我们使用的手表，通过时针、分针、秒针三者的组合，读出准确的时间。

4.3.4 短程光电测距仪及其使用

短程光电测距仪是指测程在 3 km 以下的光电测距仪，目前国内外仪器厂有多种型号的短程光电测距仪，表 4 - 2 所列为常用短程光电测距仪。

表 4 - 2 常用短程光电测距仪

仪器型号	ND300S	D3030	DCH2	REDmini2	ND - 21B	DI1001	DI4L
生产厂商	南方测绘	常州大地	南京测绘	日本 SOKKIA	日本 Nikon	瑞士 Leica	瑞士 Wild
测程 km	3.0	3.2	2.0	1.5	1.5	1.3	3.0
测距精度	$\pm(5 \text{ mm} + 5\text{ppmD}) \sim \pm(5 \text{ mm} + 3\text{ppmD})$						

1. 短程光电测距仪的类型

短程光电测距仪的体型较小、重量轻，可安装在经纬仪望远镜（镜载型）或支架上（架载型），直接安装在基座上仅用于测距的为专用型，但仅用于测距。与经纬仪组合可以同时测定角度与距离；同时也是为了借助经纬仪的高倍率望远镜来寻找和瞄准远处的目标，并根据经纬仪的竖盘读数来计算视线的竖直角，以便将倾斜距离转化为水平距离，或进行三角高程测量。与光学经纬仪组合，则称为半站型测距仪；与电子经纬仪组合（或二者结合为一体）则称为全站型测距仪，也称为全站型电子速测仪，简称全站仪。

2. 光电测距主要设备

（1）测距仪主机

图 4 - 13 为 ND 系列短程光电测距仪示意图。它由测距头、装载支架和制微动机构组成，测距头有物镜、目镜、操作键盘、显示窗、RS 接口等，为架载式测距仪。使用时安装在经纬仪的支架上，用座架固定螺丝与经纬仪形成整体，随经纬仪水平旋转，测距仪和经纬仪望远镜绕各自的横轴纵向转动。物镜内为载波发射和接受装置，发射光轴与返回信号接收光轴一般为同轴设计，非同轴设计，发射、接收光轴应平行。载波光轴与望远镜视准轴在同一竖直面内，并保持一定的高差。目镜用于瞄准目标，瞄准视线通过物镜与载波光轴同轴。操作键盘用于输入数据和控制仪器工作，显示屏微数据输出窗口，RS 接口用电缆与电子经纬仪进行数据通信或连接记录设备。整个仪器由蓄电池供电。对于镜载测距仪固定在望远镜上由横轴支承，二者一起绕经纬仪横轴纵向转动，且光轴平行。

（2）反射器

光电测距仪用的是直角反射棱镜，它为严格正立方体光学玻璃一角的三角锥体（图 4 - 14(a)），三条直角边相等，并且切割面垂直于立方体对角线，切割面为光的入射面和反射面。锥体经加工后装在镜盒内。直角反射棱镜有三个特点：①入射和反射光线方向相反且平行；②可根据测程长短增减棱镜个数。图 4 - 14(b) 为单棱镜组，用于短距离测量，图 4 - 14(c) 为三棱镜组，用于较长距离测量；③具有本身的规格参数，应与测距仪配合使用，不得任意更换。棱镜组与觇牌同时装在基座（有光学对中器）的对中杆上，棱镜组中心至觇牌标志中心的距离应等于测距仪与经纬仪横轴间的高差。

（3）电源

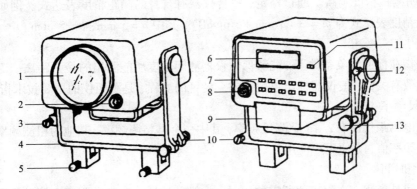

图 4 – 13　ND 系列短程光电测距仪

1—物镜；2—RS 接口；3—水平微动弹簧帽；4—支架；5—座架固定螺丝；6—显示屏；7—键盘；

8—目镜；9—电池；10—视准轴水平调节手轮；11—电源开关；12—竖直制动螺旋；13—竖直微动螺旋

电源为小型专用充电电池组，一般为直接卡连在仪器上的内接电池，如果作业时间长，可配备多块或容量较大的外接电池组。电池组由几节镍铬或锂电池并联组成，可由专门充电器补充电能，反复使用。但是，充电时应按说明书介绍的方法操作，防止过充或损坏电池。

（4）气象设备

气象设备主要有空盒气压计和通风干湿温度计，用于测距时现场的气压和温度的测定，以便进行气象改正。精密测距必须配备，并且精密度要满足要求。

除上述外，还需配备输出和连接电缆、充电器等，便于与经纬仪和记录装置联机和给电池组充电。

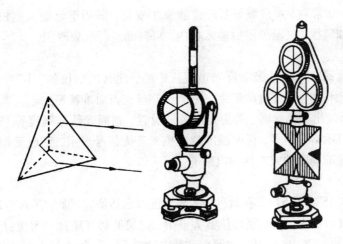

图 4 – 14　棱镜与棱镜组

3. 短程光电测距仪的技术指标

（1）测距精度

测距精度是指测距仪的标称精度，是最重要技术指标。通常用下述公式表示

$$m = \pm(a + bD) \tag{4-32}$$

式中：a 为与距离无关的固定误差；b 为与距离有关的比例误差；D 为所测的距离值，km。a、

b 越小就说明测距精度越高。通过检定，每台仪器有自身的测距精度表达式。例如 D3000 测距仪的测距精度表达式为 $m = \pm(5\ \text{mm} + 5\ \text{ppm}D)$，其中 $a = 5\ \text{mm}$，$b = 5\ \text{ppm}$。

（2）测程

测程是指在标准气象条件下，能够保证仪器测距精度所能测出的最大距离。测程与气象状况和棱镜数有关，一般仪器标出单棱镜或三棱镜的测程，是测距仪的主要技术指标之一。

（3）测尺频率

短程光电测距仪设有 2~3 个测尺频率，其中一个是精测频率，其他为粗测频率。说明书中须标明该频率值，方便用户使用。

（4）测距时间

测距时间是指测一次距离值所需的用时，一般以秒计。有正常测距和跟踪测距时间，该值越小测距速度越快。

除上述以外，还有功耗、工作适应温度、测距分辨率、光束发散角、光波长、测尺长、体积与重量等技术指标。

4. 光电测距仪的使用

（1）仪器安置

将经纬仪安置于测站点上，进行对中和整平；将电池组插入主机的电池槽（应有喀嚓声响）或连接上外接电池组，把主机通过连接座与经纬仪连接，并锁紧固定。在目标点安置反光棱镜三脚架并对中、整平，镜面朝向测站。按一下测距仪上的电源开关键（POWER）开机，仪器自检，显示屏在数秒内依次显示全屏符号、加常数、乘常数、电量、回光信号等，自检合格发出蜂鸣或显示相应符号信息，表示仪器正常，可以进行测量。

（2）参数设置

如棱镜常数、加常数、乘常数等若经检测发生变化，需用键盘输入到机内，便于仪器自动改正其影响。如气压、气温测定后输入机内，可自动进行气象改正。

（3）瞄准

用经纬仪望远镜"十"字丝瞄准反光镜觇板中心，此时测距仪的"十"字丝基本瞄准棱镜中心，调节测距仪水平与竖直微动螺旋，使"十"字丝交点对准棱镜中心。若仪器有回光信号警示装置，蜂鸣器发出响亮蜂鸣，若为光强信号设置，则回光信号强度符号显示出来。蜂鸣越响或强度符号显示格数越多，说明瞄准越准确。若无信号显示，则应重新瞄准。这种以光强信号来表示瞄准准确度的方式称为电瞄准。

（4）距离测量

按测距键（MEAS 或 DIST），在数秒内，显示屏显示所测定的距离（斜距）。同时，经纬仪竖盘指标水准管气泡居中，读取竖盘读数 L 或 R；记录员从气压计和温度计上读取即时气压 p、气温 t；再次按测距键，进行第二次测距和第二次读数。一般进行 4 次，称为一个测回。各次距离读数最大、最小相差不超过 5 mm 时取其平均值，作为一测回的观测值。如果需进行第二测回，则重复（1）~（4）步操作。在各次测距过程中，若显示窗中光强信号消失或显示"SIGNAL OUT"，并发出急促鸣声，表示红外光被遮，应查明原因予以消除，重新观测。

必须指出，距离测量与测距仪本身的功能有关，而且各种仪器操作键名称、符号也有差异，测距时应依其功能选择测距模式（如单次测量、平均测量、跟踪测量等）；如果具有倾斜改正功能，可先测竖直角并将其输入，由仪器自动完成倾斜改正，同时测定斜距、平距、初算高差(用 S/H/V 转换键)；若输入测站高和棱镜高、竖直角，仪器完成高程计算；甚至输入测线方位角测算坐标增量等，要详细阅读《用户手册》，切勿盲目操作，以免出错或损害仪器。

(5)关机收测

本测站观测结束确认无误后，按电源开关关闭电源，撤掉连接电缆，收机装箱迁站。

5. 光电测距成果处理

测距仪在自然环境条件下测定地面上两点之间的距离为斜距，为了保证测量成果的准确性和成果精度，必须对所测斜距进行相应的计算改正，以获得符合精度要求的结果。高精度测距尤其如此。由前所述，计算改正包括加常数及乘常数改正、气象改正、倾斜改正。

(1)加常数及乘常数改正

加常数主要有仪器本身的加常数和棱镜常数，由于发光管的发射面、接收面与仪器中心不一致，以及内光路产生相位延迟及电子元件的相位延迟，使得测距仪测出的距离值与实际距离值不一致，由此产生的差值称为测距仪加常数。反光镜的等效反射面与反光镜中心不一致的差值，称为棱镜常数。此常数一般在仪器出厂时预置在仪器中，但是由于仪器在搬运过程中的震动、电子元件老化，常数还会变化。因此，应定期对仪器进行检定，求出新的仪器常数，对所测距离加以改正。

仪器的测尺长度与仪器振荡频率有关，仪器使用日久，元器件老化，致使测距时的振荡频率与设计时的频率有偏移，因此产生与测试距离成正比的系统误差，其比例因子称为乘常数。此项误差也应通过检测求定，在所测距离中加以改正。

加常数以毫米为单位；而乘常数则以 10^{-6} 表示，将它乘以千米为单位的距离，则得到距离的乘常数改正值，以毫米为单位，例如 $R = +4 \times 10^{-6}$，测得距离为 2500 m，则改正值为 $4 \times 2.5 = +10$ mm。

由于公式中已考虑了它们的符号，故在观测成果处理中，直接将加常数、乘常数值的代数和相加即可。是否需要进行此项改正，应根据要求的测距精度而定。

(2)气象改正

由于距离值是由调制波长 λ_S 来推算的，而 $\lambda_S = \dfrac{c}{f} = \dfrac{c_0}{nf}$，从式中可以看出，$\lambda_S$ 数值随着大气折射率 n 的变化而不同；而 n 又因气象条件(气压、温度)的不同而改变，从而导致测尺长度 $\lambda_S/2$ 随之改变。测距仪的设计制造是在一个固定的气象条件下选择调制频率，而测距时的气象条件与设计的固定气象条件不同，使 $\lambda_S/2$ 值改变而影响测距结果，因此就要根据测距时的实际气象条件对成果进行改正，称为气象改正。所以在测距时，应同时测定环境温度(读至 1℃)、气压(读至 1 mmHg = 133.3 Pa)，利用厂商提供的气象改正公式计算改正数。

每种测距仪在使用手册中都给出了气象改正公式或图表，如 TC1610 的改正公式为

$$\Delta D_1 = 281.8 - \frac{0.29065 p}{1 + 0.00366 t} \qquad (4-33)$$

式中：ΔD_1 为气象改正值，10^{-6}；p 为气压，10^2 Pa；t 为温度，℃。

目前测距仪都具有设置气象参数的功能，在测距前设置气象参数，在测距过程中仪器自动进行气象改正。

(3)倾斜改正

仪器测得的斜距平均值加上气象改正、加常数和乘常数改正，得到的是改正后的斜距，

要改算为水平平距还应进行倾斜改正，其公式为

$$D = S \cdot \cos\alpha \ \text{或} \ D = S \cdot \sin Z \qquad (4-34)$$

式中：S 为改正后的斜距；α 为竖直角；Z 为天顶距。

4.3.5 光电测距的误差分析及其注意事项

1. 光电测距的误差分析

光电测距误差来源于仪器本身、观测条件和外界环境影响三个方面。仪器误差主要是光速测定误差、频率误差、测相误差、周期误差、仪器常数误差、照准误差；观测误差主要是仪器和棱镜对中误差；外界环境因素影响主要是大气温度、气压和湿度的变化引起的大气折射率误差。其中光速测定误差、大气折射率误差、频率误差与测量的距离成比例，属于比例误差；而对中误差、仪器常数误差、照准误差、测相误差与测量的距离无关，属于固定误差；周期误差既有固定误差的成分也有比例误差的成分。

光电测距的基本计算公式为

$$D = \frac{c_0}{2nf}(N + \Delta N) + K + A \qquad (4-35)$$

式中：c_0 为真空光速；f 为调制波频率；n 为大气折射率；N 为相位移整周数；K 为测距仪器的加常数；A 为测距仪的周期误差改正。

根据误差传播定律，并顾及测距仪反射器的对中误差 m_g、m_R，可求得相位式测距仪的测距误差表达式为

$$m_D^2 = \left[\left(\frac{1}{c_0}m_{c0}\right)^2 + \left(\frac{1}{n}m_n\right)^2 + \left(\frac{1}{f}m_f\right)^2 \right]D^2 + \left(\frac{\lambda}{2}m_\varphi\right)^2 + m_K^2 + m_A^2 + m_g^2 + m_R^2 \quad (4-36)$$

（1）比例误差

比例误差是随着待测距离的长短而变化，即与距离长短成正比。以 m_b 表示比例误差，则

$$m_b^2 = \left[\left(\frac{1}{c_0}m_{c0}\right)^2 + \left(\frac{1}{n}m_n\right)^2 + \left(\frac{1}{f}m_f\right)^2 \right]$$

（2）非比例误差（或称为固定误差）

非比例误差不随距离长短而变化。用 m_a 表示非比例误差，则

$$m_a^2 = \left(\frac{\lambda}{2}m_\varphi\right)^2 + m_K^2 + m_A^2 + m_g^2 + m_R^2$$

式(4-36)可以简写为

$$m_D^2 = m_a^2 + m_b^2 D^2 \qquad (4-37)$$

但目前测距仪测距误差表达式并不采用该式，而是采用经验公式(4-32)。

下面对式(4-36)中各项误差的来源及减弱方法进行分析。

①真空光速测定误差 m_{c0}。真空光速 c_0 的相对精度已达 1×10^9，按照测距仪的精度，其影响可略而不计。

②大气折射率误差 m_n。折射率 n 的误差，决定于气象参数测定的精度。参数测定的精度，一方面受气压计、温度计误差的影响，另一方面受气压、温度测定精度的影响。如果大气改正达到 10^{-6} 的精度，则空气温度须测量到 $1℃$，大气压力测量到 $300 \ \text{Pa}$。

③测相误差 m_φ。测距仪的测相误差是测距中较为复杂的误差,包括有幅相误差、测相原理性误差、测线环境干扰误差等。随着测距仪自动化程度的提高,幅相误差较小,为了尽可能削弱幅相误差的影响,测距仪应避免在规定测程以外的场合以及环境变化剧烈的情况下测距。测相原理性误差由测距仪内部测相信号传输误差及测相装置误差所引起,其来源主要取决于装置本身质量。测线环境干扰误差包括大气湍流、大气衰减、光噪声等。一般来说,选择以阴天或晴天有风天气观测,并避免测距仪受到强烈热辐射等可以减少环境干扰误差。

④仪器加常数误差 m_K。加常数 K 是在进行光路校准和预置常数后的残差,它是对测距仪检测而得到,故受检测精度的影响。

知道了测距误差来源,便可以采取相应的措施消除或减弱其影响。

2. 光电测距的注意事项

光电测距的注意事项如下所述:

①测线两侧和镜站背景应避免有反光物体,防止杂乱信号进入接收系统产生干扰;此外,主机和测线还应避开高压线、变压器等强电磁场干扰源。

②仪器用完后要注意关机;保存和运输中要注意防潮、防震、防高温;长久不用时要定期通电干燥。

③在晴天和雨天作业要撑伞遮阳、挡雨,防止阳光或其他强光直接射入接收物镜,损坏光敏二极管;防止雨水浇淋测距仪主机,发生短路。

④注意电源接线,不可接错,经检查无误后方可开机测量。测距完毕注意关机,不要带电迁站。

⑤气象条件对光电测距有较大的影响。不宜在阳光强烈、视线靠近地面或者高温(35℃以上)的环境条件下观测。

⑥测线应保证一定的净空高度,尽量避免通过发热体和较宽水面的上空。

⑦电池要及时充电;仪器不用时,电池要充电后存放。

4.4　直线定向

确定地面点的平面位置,仅知道待定点与已知点间的水平距离是不够的,还须测定该直线的方位,再推算待定点的平面坐标。确定直线方位的实质是测定直线与标准方向间的水平夹角,这一测量工作称为直线定向。

4.4.1　标准方向

1. 真子午线方向

如图 4-15 所示,地表任一点 P 与地球旋转轴所组成的平面与地球表面的交线称为 P 点的真子午线,P 点的真子午线的切线方向,称为 P 点的真子午线方向,其北端指示方向,所以又称真北方向。可以应用天文测量方法或者陀螺经纬仪来测定地表任一点的真子午线方向。

由于地球上各点的真子午线都向两极收敛而汇集于两极,所以,虽然各点的真子午线方向都指向真北和真南,但在经度不同的点上,真子午线方向互不平行。两点真子午线方向间的夹角称为子午线收敛角。

2. 磁子午线方向

地表任一点 P 与地球磁场南北极连线所组成的
平面与地球表面的交线称为 P 点的磁子午线，P 点
的磁子午线的切线方向，称为 P 点的磁子午线方向，
磁子午线方向都指向磁地轴，其北端指示方向，所
以又称磁北方向，可以应用罗盘仪测定，在 P 点安
置罗盘，磁针自由静止时其轴线所指的方向即为 P
点的磁子午线方向。

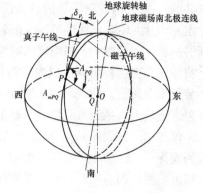

图 4 – 15　真子午线方向示意图

3. 坐标纵轴方向

高斯平面直角坐标系以每带的中央子午线作为
坐标纵轴，在每带内把坐标纵轴作为标准方向，称为坐标纵轴方向或中央子午线方向。坐标
纵轴北向为正，所以又称轴北方向。如采用假定坐标系，则用假定的坐标纵轴(x 轴)作为标
准方向。坐标纵轴方向是测量工作中常用的标准方向。

以上真北、磁北、轴北方向称为三北方向。

4.4.2　直线方向的表示方法

1. 方位角

测量工作中，常用方位角来表示直线的方向。
方位角是由标准方向的指北端起，按顺时针方向
量到某直线的夹角。方位角的取值范围为
$0° \sim 360°$，如图 4 – 16 所示。利用上述介绍的三
个标准方向，可以对地表任一直线 PQ 定义三种方
位角。

①真方位角(A)：由过 P 点的真子午线方向
的北端起，顺时针到 PQ 的水平角。

②磁方位角(A_m)：由过 P 点的磁子午线方向
的北端起，顺时针到 PQ 的水平角。

③坐标方位角(α)：由过 P 点的坐标纵轴方
向的北端起，顺时针到 PQ 的水平角。

2. 三种方位角间的关系

由于地球的南北极与地磁南北极并不重合，

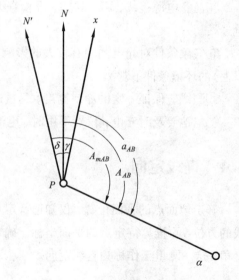

图 4 – 16　方位角表示直线方向

所以地面上同一点的真子午线方向与磁子午线方向常不重合，两者间的水平夹角称为磁偏
角，用 δ 表示。其正负的定义为：以真子午线方向北端为基准，磁子午线方向北端东偏为正，
西偏为负。过同一点的真子午线方向与坐标纵轴方向的水平夹角称为子午线收敛角，用 γ 表
示。其正负的定义为：以真子午线方向北端为基准，坐标纵轴方向北端东偏为正，西偏为负。
不同点的 δ、γ 值一般是不相同的。如图 4 – 16 所示，直线 AB 的三种方位角之间的关系如下

$$
\left.
\begin{array}{l}
A = A_{\mathrm{m}} + \delta \\
A = \alpha + \gamma \\
\alpha = A_{\mathrm{m}} + \delta - \gamma
\end{array}
\right\}
\qquad (4-38)
$$

3. 象限角

直线的方向还可以用象限角来表示。直线与标准方向构成的锐角称为直线的象限角，用 R 表示，取值范围为 $0° \sim 90°$。象限角由标准方向的指北端或指南端开始向东或向西计量。用象限角表示直线的方向，除了要说明象限角的大小外，还应在直线的 R 前冠以把 Ⅰ ~ Ⅳ 象限分别用北东、南东、南西和北西表示的方位。象限的顺序按顺时针方向排列。象限角的表示方法见图 4-17。同理，象限角亦有真象限角、磁象限角和坐标象限角。测量中采用的磁象限角 R 用方位罗盘仪测定。

象限角 R 和方位角的关系如下：

第 Ⅰ 象限：$R = A$

第 Ⅱ 象限：$R = 180° - A$

第 Ⅲ 象限：$R = A - 180°$

第 Ⅳ 象限：$R = 360° - A$

这些关系从图上是很容易得出的。

4. 正、反坐标方位角

测量工作中的直线都是具有一定方向的。如图 4-17 所示，直线 AB 的点 A 是起点，点 B 是终点，直线 AB 的坐标方位角 α_{AB}，称为直线 AB 的正坐标方位角；直线 BA 的坐标方位角 α_{BA}，称为直线 AB 的反坐标方位角，也是直线 BA 的正坐标方位角。α_{AB} 与 α_{BA} 相差 $180°$，互为正、反坐标方位角。即

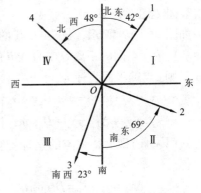

图 4-17 正、反方位角的关系

$$
\alpha_{AB} = \alpha_{BA} \pm 180° \qquad (4-39)
$$

4.4.3 坐标方位角的推算和点位坐标计算

为了整个测区坐标系统的统一，测量工作中并不直接测定每条边的坐标方位角，而是通过与已知点（已知坐标和方位角）的连测，观测相关的水平角和距离，以推算出各边的坐标方位角，计算直线边的坐标增量，而后再推算待定点的坐标。

1. 坐标方位角的推算

如图 4-18 所示，A、B 为已知点，AB 边的坐标方位角 α_{AB} 为已知，通过连测求得 AB 边与 AC 边的连接角为 β'，测出了各点的右（或左）角 β_A、β_C、β_D 和 β_E，现在要推算 AC、CD、DE 和 EA 边的坐标方位角。所谓右（或左）角是指位于以编号顺序为前进方向的右（或左）边的角度。

由图 4-18 可以看出

$$
\alpha_{AC} = \alpha_{AB} + \beta'
$$

$$
\alpha_{CD} = \alpha_{CA} - \beta_{C(右)} = \alpha_{AC} + 180° - \beta_{C(右)}
$$

$$
\alpha_{DE} = \alpha_{CD} + 180° - \beta_{D(右)}
$$

$$\alpha_{EA} = \alpha_{DE} + 180° - \beta_{E(右)}$$

$$\alpha_{AC} = \alpha_{EA} + 180° - \beta_{A(右)}$$

将算得的 α_{AC} 与原已知值进行比较，以检核计算中有无错误。计算中，如果 $\alpha + 180°$ 小于 $\beta_{(右)}$，应先加 $360°$ 再减 $\beta_{(右)}$。

如果用左角推算坐标方位角，由图 4 – 18 可以看出

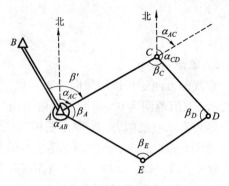

图 4 – 18　坐标方位角推算

$$\alpha_{CD} = \alpha_{AC} + 180° + \beta_{C(左)}$$

计算中如果 α 值大于 $360°$，则应减去 $360°$。

从而可以写出推算坐方位角的一般公式为

$$\alpha_{前} = \alpha_{后} + 180° \pm \beta \qquad (4-40)$$

式(4 – 40)中，β 为左角取正号，β 为右角取负号。

2. 坐标正、反算

如图 4 – 19 所示，已知 i 点的平面坐标 (x_i, y_i)，i、j 点间的距离 D_{ij}，直线 ij 的坐标方位角 α_{ij}，则 j 点的平面坐标为

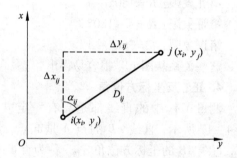

图 4 – 19　坐标增量计算

$$\left.\begin{aligned} x_j = x_i + \Delta x_{ij} = x_i + D_{ij}\cos\alpha_{ij} \\ y_j = y_i + \Delta y_{ij} = y_i + D_{ij}\sin\alpha_{ij} \end{aligned}\right\} \qquad (4-41)$$

式(4 – 41)即为待定点的坐标推算公式。由此可得

$$\left.\begin{aligned} \Delta x_{ij} = x_j - x_i = D_{ij}\cos\alpha_{ij} \\ \Delta y_{ij} = y_j - y_i = D_{ij}\sin\alpha_{ij} \end{aligned}\right\} \qquad (4-42)$$

式(4 – 42)即为 ij 直线边纵、横坐标增量 Δx_{ij}、Δy_{ij} 的计算公式。由于 α_{ij} 的正弦值和余弦值有正、负，因此 Δx_{ij}、Δy_{ij} 亦有正、负值。

以上由 D、α 计算，再求 Δx、Δy，最后推算得待定点坐标 x、y，称为坐标正算。

若已知点 i、j 的坐标 (x_i, y_i)、(x_j, y_j)，则 ij 的距离 D_{ij} 和坐标方位角 α_{ij} 为

$$\left.\begin{aligned} D_{ij} = \sqrt{\Delta x_{ij}^2 + \Delta y_{ij}^2} = \frac{\Delta x_{ij}}{\cos\alpha_{ij}} = \frac{\Delta y_{ij}}{\sin\alpha_{ij}} \\ \alpha_{ij} = \arctan\frac{y_j - y_i}{x_j - x_i} = \arctan\frac{\Delta y_{ij}}{\Delta x_{ij}} \end{aligned}\right\} \qquad (4-43)$$

以上由 Δx、Δy 计算 D、α 的过程，称为坐标反算。必须说明，上式计算的 α 为象限角值，值域为 $-90° \sim 90°$。而 α 的值域为 $0° \sim 360°$，二者不相符。因此应根据 Δx、Δy 的正、负号判定直线所在的象限，再把象限角转换为坐标方位角。

思　考　题

1. 名词解释：直线定线、直线定向、方位角、象限角、收敛角、磁偏角、坐标方位角、精尺与粗尺、棱镜常数、测程、粗定向。

2. 何谓钢尺的名义长和实际长？钢尺检定的目的是什么？

3. 在距离丈量之前，为什么要进行直线定线？如何进行定线？

4. 视距测量影响精度的因素有哪些？测量时应注意哪些事项？

5. 光电测距影响精度的因素有哪些？测量时应注意哪些事项？

6. 光电测距有何优点？相位式光电测距的基本原理是什么？

7. 红外测距仪在测得斜距后，一般还需进行哪几项改正？

8. 当钢尺的实际长小于钢尺的名义长时，使用这把尺量距会把距离量长了，尺长改正应为负号；反之，尺长改正为正号。为什么？

9. 为何往返丈量的精度很高，但不能消除尺长误差？

10. 直线定向的标准方向有哪几种？它们之间存在什么关系？α 与 R 之间如何换算？

11. 某直线 OP 的真方位角 A_{OP} 分别大于、等于、小于坐标方位角 α_{OP} 时，相对中央子午线 O 点在什么位置？

习　题

1. 已知 A 点的磁偏角为西偏 $24'$，子午线收敛角为 $3'$，若直线 AP 的磁方位角为 $88°45'$，试求直线 AP 的真方位角和坐标方位角，并绘图说明。

2. 用钢尺往返丈量了一段距离，其平均值为 184.260 m，要求量距的相对误差达到 1/5000，问往返丈量距离的较差不能超过多少？

3. 已知测距精度表达式 $m_D = \pm(5\ \text{mm} + 5\ \text{ppmD})$，问：$D = 1.5\ \text{km}$ 时，m_D 是多少？

4. 图 4-20 中，五边形的各内角为：$\beta_1 = 95°$，$\beta_2 = 130°$，$\beta_3 = 65°$，$\beta_4 = 128°$，$\beta_5 = 122°$，12 边的真方位角为 $30°$，试计算其他边的真方位角。

5. 如图 4-21 所示，已知 $\alpha_{AB} = 257°30'42''$，观测得水平角为：$\alpha = 95°24'36''$，$\beta = 156°48'06''$，$\gamma = 236°48'12''$。试求其他各边的坐标方位角。

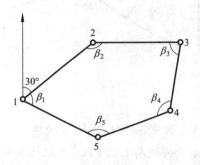

图 4-20

6. 如图 4-22 所示，试用 A、B、C、D 的连线边的坐标方位角（注明下标符号），来表示图示水平角 1、2、3、4、5。

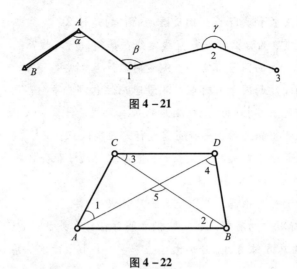

图 4-21

图 4-22

7. 不考虑收敛角的影响，计算表中空白部分。

直线名称	正方位角	反方位角	正象限角	反象限角
AB				南西 24°32′
AC			南东 52°56′	
AD		60°12′		
AE	338°14′			

8. 图 4-23 中，已知 $\alpha_{12} = 65°$，β_2 及 β_3 的角值均注于图上，试求 2-3 边的正坐标方位角及 3-4 边的反坐标方位角。

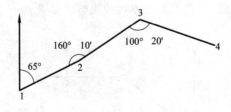

图 4-23

9. 用某测距仪在温度 12℃、大气压 780 mmHg① 的现场，于 A 点安置仪器，量得仪器高为 1.452 m；在 B 点安置棱镜，量得镜高 1.674 m。在经纬仪仰起望远镜瞄准棱镜时，竖盘读数为 97°48′28″.4，测距仪显示距离为 1268.458 m。试计算 A、B 间的水平距离和高差，该仪器常数为 0，气象改正数按 $\Delta D = [278.94 - 0.389p/(1 + 0.00366t)]D$ 计算。

———————

① 1 mmk/g = 1.04 Mpa。

第 5 章

全站仪及其使用

5.1　全站仪概述

全站仪(全站型电子速测仪)是集测角、测距等多功能于一体的电子测量仪器,能在一个测站上同时完成角度和距离测量,适时根据测量员的要求显示测点的平面坐标、高程等数据。

全站仪一次观测可获得水平角、竖直角和倾斜距离三种基本数据,全站仪具有较强的计算功能和较大容量的储存功能,可安装各种专业测量软件。在测量时,仪器可以自动完成平距、高差、坐标增量计算和其他专业需要的数据计算,并显示在显示屏上也可配合电子记录手簿,可以实现自动记录、存储、输出测量成果,使测量工作大为简化,实现全野外数字化测量。

5.1.1　全站仪的构造和功能

1. 全站仪的构造

全站仪基本构造框图如图 5 - 1 所示。全站仪主要由电子经纬仪、光电测距仪和内置微处理器组成。从结构上看,全站仪可分为组合式和整体式两类。组合式全站仪是将电子经纬仪、光电测距仪和微处理器通过一定的连接器构成一体,可分可合,也称半站仪,这是早期的过渡产品,目前市面上很难见到了。整体式全站仪则是在一个仪器外壳内包含了电子经纬

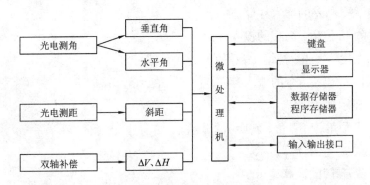

图 5 - 1　全站仪基本构造框图

仪、光电测距仪和微处理器，而且电子经纬仪与光电测距仪共用一个望远镜，仪器各部分构成一个整体，不能分离。随着信息产业技术的发展，全站仪已向智能化、自动化、功能集成化方向发展。

全站仪在外观上具有与电子经纬仪、光电测距仪相似的特征，还有各种通信接口，如USB 接口或六针圆形孔 RS –232 接口或掌上电脑接口等。全站仪在获得观测数据之后，可通过这些通信接口与电脑相连，在相应的专业软件支持下，如路博公司开发的"PDA 公路测量助理"软件，才能真正实现数字化测量。

全站仪主要构造如图 5 –2 所示，其种类和型号众多，原理、构造和功能基本相似。

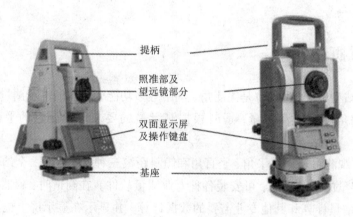

提柄
照准部及望远镜部分
双面显示屏及操作键盘
基座

图 5 –2　全站仪主要构造图

2. 全站仪的功能

（1）测量功能

①单测量：单次测角或单次测距。

②全测量：角度、距离的同时测量。

③跟踪测量：跟踪测距或测角。

④连续测量：角度、距离的连续测量。

（2）数据输入存储功能

①角度、距离、高差的输入存储。

②点位坐标、方位角、高程的输入存储。

③参数（如温度、气压、棱镜常数等）的输入存储。

④测量术语、代码、指令的输入存储。

（3）计算与显示功能

①观测值（水平角、竖直角、斜距）的显示。

②水平距离、高差的计算显示。

③点位坐标、高程的计算显示。

④存储参数的显示。

（4）测量的记录、通信传输功能。

①将测量成果以数据文件的形式记录存储于仪器内存或存储卡内。

②可以直接将内存中的数据文件传送到计算机，也可以从计算机将坐标数据文件和编码库数据直接装入仪器内存。

除了上述基本功能外，全站仪还具有自动进行温度、气压、地球曲率等改正功能。部分全站仪还具有下列特种功能。

（1）红色激光指示功能

①提示测量：当持棱镜者看到红色激光发射时，就表示全站仪正在进行测量，当红色激光关闭时，就表示测量已经结束，如此可以省去打手势或者使用对讲机通知持棱镜者移站，提高作业效率。

②激光指示持棱镜者的移动方向，提高了施工放样效率。

③对天顶或者高角度的目标进行观测时，不需要配弯管目镜，激光指向哪里就意味着"十"字丝照准到哪里，方便瞄准，如此在隧道测量时配合免棱镜测量功能将非常方便。

④新型激光指向系统，任何状态下都可以快速打开或关闭。

（2）免棱镜测量功能

①危险目标物测量：对于难于达到的或者危险的目标点，可以使用免棱镜测距功能获取数据。

②结构物目标测量：在不便放置棱镜或者贴片的地方，使用免棱镜测量功能获取数据，如钢架结构的定位等。

③碎部点测量：在碎部点测量中，如房角等的测量，使用免棱镜功能，效率高且非常方便。

④隧道测量中由于要快速测量，放置棱镜很不方便，使用免棱镜测量就变得非常容易及方便。

⑤变形监测：可以配合专用的变形监测软件，对建（构）筑物和隧道进行变形监测。

免棱镜测量机型将是今后全站仪的一个发展方向，截至 2005 年 3 月止，宾得的免棱镜测量机型增加到 4 种机型，分别是 R322N、R325N、R322M 免棱镜型、R325M 免棱镜型。

5.1.2　全站仪的发展历程

全站仪是在角度测量自动化的过程中产生的，各类电子经纬仪在各种测绘作业中起着巨大的作用。

全站仪的发展经历了从组合式即光电测距仪与光学经纬仪组合，或光电测距仪与电子经纬仪组合，到整体式即将光电测距仪的光波发射接收系统的光轴和经纬仪的视准轴组合为同轴的整体式全站仪等几个阶段。

最初速测仪的距离测量是通过光学方法来实现的，我们称这种速测仪为"光学速测仪"。实际上，"光学速测仪"就是指带有视距丝的经纬仪，被测点的平面位置由方向测量及光学视距来确定，而高程则是用三角测量方法来确定的。

带有"视距丝"的光学速测仪，由于在短距离（100 m 以内）、低精度（1/200（1/500））的测量中快速、商务，有其优势，得到了广泛的应用。

电子测距技术的出现，大大地推动了速测仪的发展。用电磁波测距仪代替光学视距经纬仪，使得测程更大、测量时间更短、精度更高。人们将距离由电磁波测距仪测定的速测仪笼统地称之为"电子速测仪"（Electronic Tachymeter）。

然而，随着电子测角技术的出现。这一"电子速测仪"的概念又相应地发生了变化，根据测角方法的不同分为半站型电子速测仪和全站型电子速测仪。半站型电子速测仪是指用光学方法测角的电子速测仪，也称为"测距经纬仪"。这种速测仪出现较早，并且得到了不断的改进，可将光学角度读数通过键盘输入到测距仪，对斜距进行换算，最后得出平距、高差、方向角和坐标差，这些结果都可自动地传输到外部存储器中。全站型电子速测仪则是由电子测角、电子测距、电子计算和数据存储单元等组成的三维坐标测量系统，测量结果能自动显示，并能与外围设备交换信息的多功能测量仪器。由于全站型电子速测仪较完善地实现了测量和处理过程的电子化和一体化，所以人们也通常称之为全站型电子速测仪或简称全站仪。

20 世纪 80 年代末，人们根据电子测角系统和电子测距系统的发展不平衡，将全站仪分成两大类，即积木式和整体式。

20 世纪 90 年代以来，基本上都发展为整体式全站仪。

5.2 全站仪的测距原理

5.2.1 电子测距的基本原理

1. 基本原理

电子测距即电磁波测距，它是以电磁波作为载波，传输光信号来测量距离的一种方法。它的基本原理是利用仪器发出的光波（光速 c 已知），通过测定出光波在测线两端点间往返传播的时间 t 来测量距离 S。

$$S = \frac{1}{2}ct \tag{5-1}$$

式中：乘以 1/2 是因为光波经历了两倍的路程。

按这种原理设计制成的仪器叫作电磁波测距仪。根据测定时间的方式不同，又分为脉冲式测距仪和相位式测距仪。脉冲式测距仪是直接测定光波传播的时间，由于这种方式受到脉冲的宽度和电子计数器时间分辨率限制，所以测距精度不高，一般为 1~5 m。相位式光电测距仪是利用测相电路直接测定光波从起点出发经终点反射回到起点时因往返时间差引起的相位差来计算距离，该法测距精度较高，一般可达 5~20 mm。目前短程测距仪大都采用相位法计时测距。

通常是开机后将观测时的温度和气压输入全站仪，仪器自动对距离进行温度和气压改正。

　　测定气温通常使用通风干湿温度计，测定气压通常使用空盒气压表。气压表所用单位有 mb(102 Pa) 和 mmHg(133.322 Pa) 两种，而 1 mb = 0.7500617 mmHg。气温读数至 1℃，气压读数至 1 mmHg。

2. 温度和气压对测距的影响

　　在一般的气象条件下，在 1 km 的距离上，温度变化 1℃ 所产生的测距误差为 0.95 mm，气压变化 1 mmHg 所产生的测距误差为 0.37 mm，湿度变化 1 mmHg 所产生的测距误差为 0.05 mm。湿度的影响很小，可以忽略不计，当在高温、高湿的夏季作业时，就应考虑湿度改正。

3. 注意事项

　　①只要温度精度达到 1℃，气压精度达到 27 mmHg，则可保证 1 km 的距离上，由此引起的距离误差在 1 mm 左右。

　　②当气温 $t = 35℃$，相对湿度为 94%，则在 1 km 距离上湿度影响的改正值约为 2 mm。由此可见，在高温、高湿的气象条件下作业，对于高精度要求的测量成果，这一因素不能不予以考虑。

　　③由于地铁轨道工程测量以"两站一区间"分段进行，从导线复测到控制基标测量，再到加密基标测量所涉及的距离测量都属短距离测量，上述改正值较小，只要正确设置温度值和气压值即可满足规范要求。

5.2.2　全站仪测距的精度问题

　　测距精度，一般是指经加常数 K、乘常数 R 改正后的观测值的精度。虽然加常数和乘常数分别属于固定误差和比例误差，但不是测距精度的表征，而是需要在观测值中加以改正的系统误差，故从某种意义上来说，与标称误差中的 A 和 B 是有区别的。因为测距的综合精度指标，一般以下式表示

$$M_D = \pm(A + B \times 10^{-6}D) \tag{5-2}$$

　　每台仪器出厂前就给了 A 和 B 之值，再行检验的目的，一方面是通过检验看某台仪器是否符合出厂的精度标准(标称精度)，另一方面是看仪器是否还有一定的潜在精度可挖。这与加常数 K、乘常数 R 的检验目的是不一样的。前者是为了检验仪器质量，后者是为了改正观测成果，决不能用检定精度的指标 A 与 B 去改正观测结果。

1. 标称精度

　　测距仪都有一个标称精度，它是仪器出厂的合格精度指标，仅一般地说明仪器的性能，而决不能理解为只能达到这样的测距精度，尤其是不能代表现场作业时的边长实测精度。

2. 注意事项

　　①加常数 K、乘常数 R 改正值从仪器的检测结果得来。加常数 K 与实测距离大小无关，乘常数 R 应与实测距离相乘得到改正值，乘常数 R 单位为 mm/km，实测距离单位为 km，所得改正值单位为 mm。

　　②外业作业时应进行加常数 K、乘常数 R 改正。

5.3　全站仪的测角原理

5.3.1　全站仪的光电测角原理

　　由于全站仪是光电测距仪与电子经纬仪组合或集成而成的仪器，所以，全站仪的测距原理与光电测距仪的原理相同，测角原理和电子经纬仪的原理相同。下面介绍全站仪的光电测角原理，即电子经纬仪的测角原理。

　　光电测角，即以光电技术进行角度测量，是用光电信号的形式表达角度测量结果的技术过程。实现这一技术过程的仪器就是电子经纬仪。图 5 - 3 是电子经纬仪内部光电测角原理结构示意图。从图中可见，电子经纬仪仍保留光学经纬仪已有照准部、度盘和相应轴系的基本结构形式。但是电子经纬仪具有如下特点：

　　①完全摈弃光学经纬仪光学度盘的角度表达形式，采用与光电技术相适应的光电度盘。

　　②改变光学系统读数机构，由光电信号发生器、光电传输电路及相应的光电测微机构形成新的光电读数系统。

　　③由微处理器处理光电测角的角度信息，根据操作指令直接在显示窗显示测量结果。

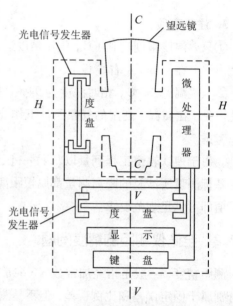

图 5 - 3　电子经纬仪内部光电测角原理结构示意图

　　目前，光电测角有三种度盘形式，即编码度盘、光栅度盘和格区式度盘。下面分述其测角原理，以期对光电测角的技术有初步了解。

1. 编码度盘测角原理

　　编码度盘属于绝对式度盘，即度盘的每一个位置，均可读出绝对的数值。图 5 - 4 为一编码度盘。整个圆盘被均匀地分成 16 个扇形区间，每个扇形区间由里到外分成 4 个环带，称为 4 条码道。图中黑色部分表示透光区，白色部分表示不透光区。透光用二进制代码"1"表示，不透光用"0"表示。这样通过各区间的 4 个码道的透光和不透光，即可由里向外读出 4 位二进制数来。由码道组成的状态如表 5 - 1 所示。

表 5－1　码道组成状态示意表

区间	二进制编码	角值	备注
0	0000	0°00′	
1	0001	22°30′	
2	0010	45°00′	码盘有 4 个码道，区间为 16，
…	…	…	其角度分辨率为 360°/16 =
12	1100	270°00′	22°30′，故此时角值以 22°30′
13	1101	292°30′	为步长递增
14	1110	315°00′	
15	1111	337°30′	

　　利用这样一种度盘测量角度，关键在于识别照准方向所在的区间，例如已知角度的起始方向在区间 1 内，某照准方向在区间 8 内，则中间所隔 6 个区间所对应的角度值即为该角角值。

　　图 5－5 所示的光电读数系统可译出码道的状态，以识别所在的区间。图中 8 个二极管的位置不动，度盘上方的 4 个发光二极管加上电压后便发光。当度盘转动停止后，处于度盘下方的光电二极管就接收来自上方的光信号。由于码道分为透光和不透光两种状态，接收管上有无光照就取决于各码道的状态。如果透光，光电二极管受到光照后阻值大大减小，使原处于截止状态的晶体三极管导通，输出高电位（设为 1），而不受光照的二极管阻值很大，晶体三极管仍处于截止状态，输出低电位（设为 0）。这样，度盘的透光与不透光状态就变成电信号输出。通过对两组电信号的译码，就可得到两个度盘位置，即为构成角度的两个方向值。两个方向值之间的差值就是该角值。

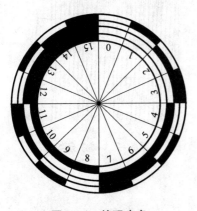

图 5－4　编码度盘

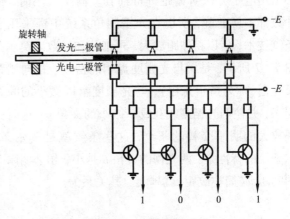

图 5－5　光电度数系统

　　上面谈到的码盘有 4 个码道，区间为 16，其角度分辨率为 22°30′。显然，这样的码盘不能在实际中应用。要提高角度分辨率，必须缩小区间间隔。要增加区间的状态数，就必须增加码道数。由于测角的度盘不能制作得很大，因此码道数就受到光电二极管尺寸的限制。例如要求角度分辨率达到 $10'$，就需要 11 个码道（即 $2^{11} = 2048$，$360°/2048 = 10'$）。由此可见，单利用编码度盘测角是很难达到很高精度的。因此在实际中是用码道和各种细分法相结合进行读数。

2. 光栅度盘测角原理

在光学玻璃圆盘上全圆 360° 均匀而密集地刻划出许多径向刻线，构成等间隔的明暗条纹－光栅，称为光栅度盘，如图 5 – 6 所示。通常光栅的刻线宽度与缝隙宽度相同，二者之和称为光栅的栅距。栅距所对应的圆心角即为栅距的分划值。如在光栅度盘上下对应位置安装照明器和光电接收管，光栅的刻线不透光，缝隙透光，即可把光信号转换为电信号。当照明器和接收管随照准部相对于光栅度盘转动，由计数器计出转动所累计的栅距数，就可得到转动的角度值。因为光栅度盘是累计计数的，所以通常称这种系统为增量式读数系统。

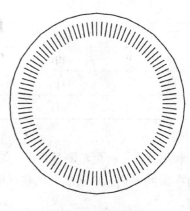

图 5 – 6　光栅度盘

仪器在操作中会顺时针转动和逆时针转动，因此计数器在累计栅距数时也有增有减。例如在瞄准目标时，如果转动过了目标，须反向转动瞄准目标，计数器就应减去多转的栅距数。所以这种读数系统具有方向判别的能力，顺时针转动时就进行加法计数，而逆时针转动时就进行减法计数，最后结果为顺时针转动时相应的角值。

由于度盘直径不能太大，刻线即使非常密，度盘的栅距分划值仍不能满足实际测量要求。为了提高测角精度，还必须用电子方法对栅距进行细分。栅距太小时，细分和计数都不易准确，所以在光栅测角系统中都采用了莫尔条纹技术，借以将栅距放大，再细分和计数。莫尔条纹如图 5 – 7 所示，是用与光栅度盘相同密度、相同栅距的一段光栅（称为指示光栅），与光栅度盘以微小的间距重叠起来，并使两光栅刻线互成一微小的夹角 θ，这时就会出现放大的明暗交替的条纹，这些条纹就是莫尔条纹。莫尔条纹的特性是：两光栅的夹角 θ 越小，相邻明暗条纹间的间距 w（简称纹距）就越大。其关系为

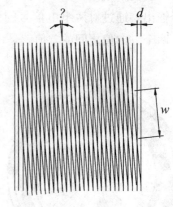

图 5 – 7　莫尔条纹

$$w = \frac{d}{\theta} \cdot \rho' \qquad\qquad (5 – 3)$$

式中：θ 的单位为（ $'$ ），$\rho' = 3438$。例如，当 $\theta = 20'$ 时，$w = 172d$，即纹距比栅距大了 172 倍。这样，通过莫尔条纹，就可以对纹距进一步细分，以达到提高测角精度的目的。

3. 格区式度盘动态测角原理

图 5 - 8 为格区式度盘，度盘刻有 1024 个分划，每个分划间隔包括一条刻线和一个空隙（刻线不透光，空隙透光），其分划值为 φ_0。测角时度盘以一定的速度旋转，因此称为动态测角。度盘上装有两个指示光栏，L_S 为固定光栏，L_R 可随照准部转动，为可动光栏。两光栏分别安装在度盘的内外缘。测角时，可动光栏 L_R 随照准部旋转，L_S 与 L_R 之间构成角度 φ。度盘在马达带动下以一定的速度旋转，其分划被光栏 L_S 和 L_R 扫描而计取两个光栏之间的分划数，从而求得角度值。

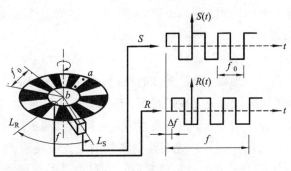

图 5 - 8　格区式度盘

由图 5 - 8 可知，$\varphi = n\varphi_0 + \Delta\varphi$，即 φ 角等于 n 个整周期 φ_0 与不足整周期的 $\Delta\varphi$ 之和。n 与 $\Delta\varphi$ 分别由粗测和精测求得。

（1）粗测

在度盘同一径向的外、内缘上设有两个标记 a 和 b，度盘旋转时，从标记 a 通过 L_S 时起，计数器开始计取整间隔 φ_0 的个数，当另一标记 b 通过 L_R 时计数器停止记数，此时计数器所得到的数值即为 φ_0 的个数 n。

（2）精测

度盘转动时，通过光栏 L_S 和 L_R 分别产生两个信号 S 和 R，$\Delta\varphi$ 可通过 S 和 R 的相位关系求得。如果 L_S 和 L_R 处于同一位置，或相隔的角度是分划间隔 φ_0 的整倍数，则 S 和 R 同相，即二者相位差为零；如果 L_R 相对于 L_S 移动的间隔不是 φ_0 的整倍数，则分划通过 L_R 和分划通过 L_S 之间就存在着时间差 ΔT，亦即 S 和 R 之间存在相差 $\Delta\varphi$。

$\Delta\varphi$ 与一个整周期 φ_0 的比显然等于 ΔT 与周期 T_0 之比，即

$$\Delta\varphi = \frac{\Delta T}{T_0}\varphi_0 \tag{5-4}$$

ΔT 为任意分划通过 L_S 之后，紧接着另一分划通过 L_R 所需要的时间。

粗测和精测数据经微处理器处理后组合成完整的角值。

5.4　全站仪的基本操作与使用

5.4.1　全站仪的结构及主要技术指标

全站仪几乎可以用在所有的测量领域。电子全站仪由电源部分、测角系统、测距系统、数据处理部分、通信接口及显示屏、键盘等组成。

同电子经纬仪、光学经纬仪相比，全站仪增加了许多特殊部件，因此而使得全站仪具有比其他测角、测距仪器更多的功能，使用也更方便。这些特殊部件构成了全站仪在结构方面独树一帜的特点。

1. 同轴望远镜

全站仪的望远镜实现了视准轴、测距光波的发射、接收光轴同轴化。同轴化的基本原理是：在望远物镜与调焦透镜间设置分光棱镜系统，通过该系统实现望远镜的多功能，即可瞄准目标，使之成像于"十"字丝分划板，进行角度测量。同时其测距部分的外光路系统又能使测距部分的光敏二极管发射的调制红外光在经物镜射向反光棱镜后，经同一路径反射回来，再通过分光棱镜的作用使回光被光电二极管接收；为测距需要在仪器内部另设一内光路系统，通过分光棱镜系统中的光导纤维将由光敏二极管发射的调制红外光传送给光电二极管接收，进而由内、外光路调制光的相位差间接计算光的传播时间，计算实测距离。

同轴性使得望远镜一次瞄准即可实现同时测定水平角、垂直角和斜距等全部基本测量要素的测定功能。加之全站仪强大、便捷的数据处理功能，使全站仪使用极其方便。

2. 双轴自动补偿

在仪器的检验校正中已介绍了双轴自动补偿原理，作业时若全站仪纵轴倾斜，会引起角度观测的误差，盘左、盘右观测值取中不能使之抵消。而全站仪特有的双轴（或单轴）倾斜自动补偿系统，可对纵轴的倾斜进行监测，并在度盘读数中对因纵轴倾斜造成的测角误差自动加以改正（某些全站仪纵轴最大倾斜可允许至 ±6′）。也可通过将由竖轴倾斜引起的角度误差，由微处理器自动按竖轴倾斜改正计算式计算，并加入度盘读数中加以改正，使度盘显示读数为正确值，即所谓纵轴倾斜自动补偿。

双轴自动补偿所采用的构造（包括 Topcon，Trimble）：使用一水泡（该水泡不是从外部可以看到的，与检验校正中所描述的不是一个水泡）来标定绝对水平面，该水泡是中间填充液体，两端是气体。在水泡的上部两侧各放置一发光二极管，而在水泡的下部两侧各放置一光电管，用一接收发光二极管透过水泡发出的光。而后，通过运算电路比较两二极管获得的光的强度。当在初始位置，即绝对水平时，将运算值置零。当作业中全站仪器倾斜时，运算电路实时计算出光强的差值，从而换算成倾斜的位移，将此信息传达给控制系统，以决定自动补偿的值。自动补偿的方式除由微处理器计算后修正输出外，还有一种方式即通过步进马达驱动微型丝杆，把此轴方向上的偏移进行补正，从而使轴时刻保证绝对水平。

3. 键盘

键盘是全站仪在测量时输入操作指令或数据的硬件，全站型仪器的键盘和显示屏均为双面式,便于正、倒镜作业时操作。

4. 存储器

全站仪存储器的作用是将实时采集的测量数据存储起来,再根据需要传送到其他设备如计算机等中,供进一步的处理或利用,全站仪的存储器有内存储器和存储卡两种。

全站仪内存储器相当于计算机的内存(RAM),存储卡是一种外存储媒体,又称 PC 卡,作用相当于计算机的磁盘。

5. 通信接口

全站仪可以通过 RS – 232C 通信接口和通信电缆将内存中存储的数据输入计算机,或将计算机中的数据和信息经通信电缆传输给全站仪,实现双向信息传输。

5.4.2　测量前的准备工作

为了保证测量工作的顺利进行和观测成果精度,使用全站仪前应做好各项准备和检查工作,包括全站仪自身和附属配件的检查。主要工作有全站仪主要轴线的检验校正,全站仪的加常数、乘常数、周期误差的检验,三轴平行性检验,反射棱镜对中器和对中杆的检验校正,气压计、温度计的检验,小钢尺(或量杆)的检验,全站仪电池、步话机及其充电器的检查等。

5.4.3　基本测量程序

全站仪具有角度测量、距离(斜距、平距、高差)测量、三维坐标测量、导线测量、交会定点测量和放样测量等多种用途。内置专用软件后,功能还可进一步拓展。

(1)安置全站仪和反射棱镜,对中、整平方法与经纬仪相同,反射棱镜对准全站仪。

(2)根据测量要求,在全站仪中进行初步设置。主要包括测量单位、测量模式(如角度测量、距离测量、坐标测量等)及对应初始数据的输入等设置。

①角度测量模式。设置测量单位和度盘注计方向(水平角测量应选择顺时针注计度盘或逆时针注计度盘,竖直角测量应选择以天顶方向为零基准或水平方向为零基准的测量模式)。

②距离测量模式。设置加常数、乘常数、棱镜常数和测量单位,测量大气压和温度并输入全站仪。

③三角高程测量。除进行角度测量模式和距离测量模式下的设置外,根据三角高程测量原理,还需用小钢尺或量杆量仪器高和反射棱镜高,将仪器高、反射棱镜高和测站高程输入全站仪。

④坐标测量模式。设置内容有:角度测量、距离测量、三角高程测量模式下的设置;测站坐标(三维)的设置;当后视已知方向或控制点时,方位角或后视点坐标的设置。

(3)根据测量要求,进入相应测量模式后,用全站仪精确照准目标点的反射棱镜,检查反射信号强度,若符合要求,则按相应"测量"键,等待测量结果显示,记录。

5.4.4　仪器使用的注意事项与养护

1. 保管时

①仪器的保管由专人负责,每天现场使用完毕带回办公室;不得放在现场工具箱内。

②仪器箱内应保持干燥，要防潮防水并及时更换干燥剂。仪器必须放置专门架上或固定位置。

③仪器长期不用时，应以一个月左右定期取出通风防霉并通电驱潮，以保持仪器良好的工作状态。

④仪器放置要整齐，不得倒置。

2. 使用时

①开工前应检查仪器箱背带及提手是否牢固。

②开箱后提取仪器前，要看准仪器在箱内放置的方式和位置，装卸仪器时，必须握住提手，将仪器从仪器箱取出或装入仪器箱时，请握住仪器提手和底座，不可握住显示单元的下部。切不可拿仪器的镜筒，否则会影响内部固定部件，从而降低仪器的精度。应握住仪器的基座部分，或双手握住望远镜支架的下部。仪器用毕，先盖上物镜罩，并擦去表面的灰尘。装箱时各部位要放置妥帖，合上箱盖时应无障碍。

③在太阳光照射下观测仪器，应给仪器打伞，并带上遮阳罩，以免影响观测精度。在杂乱环境下测量，仪器要有专人守护。当仪器架设在光滑的表面时，要用细绳（或细铅丝）将三脚架三个脚联起来，以防滑倒。

④当架设仪器在三脚架上时，尽可能用木制三脚架，因为使用金属三脚架可能会产生振动，从而影响测量精度。

⑤当测站之间距离较远，搬站时应将仪器卸下，装箱后背着走。行走前要检查仪器箱是否锁好，检查安全带是否系好。当测站之间距离较近，搬站时可将仪器连同三脚架一起靠在肩上，但仪器要尽量保持直立放置。

⑥搬站之前，应检查仪器与脚架的连接是否牢固，搬运时，应把制动螺旋略微关住，使仪器在搬站过程中不致晃动。

⑦仪器任何部分发生故障，不勉强使用，应立即检修，否则会加剧仪器的损坏程度。

⑧光学元件应保持清洁，如沾染灰沙必须用毛刷或柔软的擦镜纸擦掉。禁止用手指抚摸仪器的任何光学元件表面。清洁仪器透镜表面时，请先用干净的毛刷扫去灰尘，再用干净的无线棉布沾酒精由透镜中心向外一圈圈地轻轻擦拭。除去仪器箱上的灰尘时切不可作用任何稀释剂或汽油，而应用干净的布块沾中性洗涤剂擦洗。

⑨在潮湿环境中工作，作业结束，要用软布擦干仪器表面的水分及灰尘后装箱。回到办公室后立即开箱取出仪器放于干燥处，彻底晾干后再装箱内。

⑩冬天室内、室外温差较大时，仪器搬出室外或搬入室内，应隔一段时间后才能开箱。

3. 转运时

①首先把仪器装在仪器箱内，再把仪器箱装在专供转运用的木箱内，并在空隙处填以泡沫、海绵、刨花或其他防震物品。装好后将木箱或塑料箱盖子盖好。需要时应用绳子捆扎结实。

②无专供转运的木箱或塑料箱的仪器不应托运，应由测量员亲自携带。在整个转运过程中，要做到人不离开仪器，如乘车，应将仪器放在松软物品上面，并用手扶着，在颠簸厉害的

道路上行驶时，应将仪器抱在怀里。

③注意轻拿轻放、放正、不挤不压，无论天气晴雨，均要事先做好防晒、防雨、防震等措施。

4. 电池

全站仪的电池是全站仪最重要的部件之一，在全站仪所配备的电池一般为 Ni – MH(镍氢电池)和 Ni – Cd(镍镉电池)，电池的好坏、电量的多少决定了外业时间的长短。

①建议在电源打开期间不要将电池取出，因为此时存储数据可能会丢失，因此请在电源关闭后再装入或取出电池。

②可充电电池可以反复充电使用，但是如果在电池还存有剩余电量的状态下充电，则会缩短电池的工作时间，此时，电池的电压可通过刷新予以复原，从而改善作业时间，充足电的电池放电时间约需 8 h。

③不要连续进行充电或放电，否则会损坏电池和充电器，如有必要进行充电或放电，则应在停止充电约 30 h 后再使用充电器。

④不要在电池刚充电后就进行充电或放电，有时这样会造成电池损坏。

⑤超过规定的充电时间会缩短电池的使用寿命，应尽量避免。

⑥电池剩余容量显示级别与当前的测量模式有关，在角度测量的模式下，电池剩余容量够用，并不能够保证电池在距离测量模式下也能用，因为距离测量模式耗电高于角度测量模式，当从角度模式转换为距离模式时，由于电池容量不足，不时会中止测距。

5.5　全站仪的检定

1. 照准部水准轴应垂直于竖轴的检验和校正

检验时，先将仪器大致整平，转动照准部使其水准管与任意两个脚螺旋的连线平行，调整脚螺旋使气泡居中，然后将照准部旋转180°，若气泡仍然居中则说明条件满足，否则应进行校正。

校正的目的是使水准管轴垂直于竖轴，即用校正针拨动水准管一端的校正螺钉，使气泡向正中间位置退回一半。为使竖轴竖直，再用脚螺旋使气泡居中即可，此项检验与校正必须反复进行，直到满足条件为止。

2. "十"字丝纵丝应垂直于横轴的检验和校正

检验时用"十"字丝纵丝瞄准一清晰小点，使望远镜绕横轴上下转动，如果小点始终在纵丝上移动则条件满足，否则需要进行校正。

校正时松开四个压环螺钉(装有"十"字丝环的目镜用压环和四个压环螺钉与望远镜筒相连接。转动目镜筒使小点始终在"十"字丝纵丝上移动，校好后将压环螺钉旋紧。

3. 视准轴应垂直于横轴的检验和校正

选择一水平位置的目标，盘左盘右观测之，取它们的读数(顾及常数180°)，即得两倍的

$c[c = \dfrac{1}{2}(\alpha_左 - \alpha_右)]$。

4. 横轴应垂直于竖轴的检验和校正

选择较高墙壁近处安置仪器。以盘左位置瞄准墙壁高处一点 p（仰角最好大于 30 ℃），放平望远镜在墙上定出一点 m_1。倒转望远镜，盘右再瞄准 p 点，又放平望远镜在墙上定出另一点 m_2。如果 m_1 与 m_2 重合，则条件满足，否则需要校正。校正时，瞄准 m_1、m_2 的中点 m，固定照准部，向上转动望远镜，此时"十"字丝交点将不对准 p 点。抬高或降低横轴的一端，使"十"字丝的交点对准 p 点。此项检验也要反复进行，直到条件满足为止。以上四项检验校正，以一、三、四项最为重要，在观测期间最好经常进行。每项检验完毕后必须旋紧有关的校正螺钉。

思 考 题

1. 全站仪的精度指标由哪几部分构成？全站仪有哪些高级功能？
2. 全站仪的发展经历了几个阶段？
3. 全站仪主要特点有哪些？
4. 简述全站仪外业数据采集过程。

第 **6** 章

测量误差的基本知识

6.1　测量误差与精度

6.1.1　测量误差的概念

对同一个量进行重复观测，由于受到多种因素的影响，每次的观测结果总是不完全一致或与预期目标(真值)不一致。例如，对同一距离重复丈量若干次，量得的长度通常互有差异；对某一平面三角形的三个内角进行观测，三个内角观测值之和常常不等于180°，也存在差异。这种观测量之间的差值或观测值与真值之间的差值，称为测量误差(亦称观测误差)。

用 l 代表观测值，X 代表真值，则有

$$\Delta = l - X \tag{6-1}$$

式中 Δ 就是测量误差，通常称为真误差，简称误差。

6.1.2　测量误差的来源

测量误差的三大来源：

(1)测量仪器

在进行测量时是需要利用测量仪器进行的，由于仪器存在各轴系之间不严格平行或垂直的问题，从而导致测量仪器误差。例如，钢卷尺的名义长度与实际长度不相等、水准仪的视准轴不平行于水准管轴、经纬仪的视准轴不垂直于横轴等都会在测量过程中产生误差。

(2)观测者

不同的人，操作习惯不同，会对测量结果产生影响。另外，每个人的感觉器官不可能"十"分完善和准确，都会产生一些分辨误差，如人眼对长度的最小分辨率是 0.1 mm，对角度的最小分辨率是 60″。同时，观测者的技术水平和工作态度，也对误差的产生有直接影响，主要表现在对中、照准和读数等工作中。

(3)外界条件

测量时所处的外界环境(如风、温度、土质等)的不断变化，都会对观测值产生影响，例如，气象条件会对光电测距和钢尺量距产生直接影响，大气折光对角度测量和高程测量有直接影响，因而在外界条件下的观测也必然带有误差。

通常把观测者、仪器设备、环境等三方面综合起来，称为观测条件。观测条件相同的各次观测，称为等精度观测，获得的观测值称为等精度观测值；观测条件不相同的各次观测，

称为非等精度观测，相应的观测值称为非等精度观测值。

6.1.3　研究测量误差的目的和意义

在测量过程中，人们一般总希望观测得到的误差越小越好，甚至趋近于 0。但要为了得到这种结果就必须使用极其精密的测量仪器，采用"十"分严密的观测方法，从而也需要付出高昂的代价。然而，在生产实践中，根据不同的测量目的和要求，是允许在测量结果中含有一定程度的测量误差的。因此，实际测量工作并不是简单地使测量误差越小越好，而是根据实际需要，将测量误差限制在适当的范围内。

通过研究测量误差可以认识测量误差的基本特性及其对观测结果的影响规律，从而可以建立处理测量误差的数学模型，确定未知量的最可靠值及其精度，最终能够判定观测结果是否可靠或合格。在认识了测量误差的基本特性和影响规律之后，能指导测量员在观测过程中如何制定观测方案、采取哪些措施减少测量误差对测量结果的影响。

6.1.4　测量误差的分类及处理方法

测量误差按其对测量结果影响性质的不同，可分为系统误差、偶然误差和粗差三类。

1. 系统误差

在相同的观测条件下对某一未知量进行一系列观测，若误差在大小或符号上表现出系统性，或者在观测过程中按一定的规律变化，或者为某一常数，这种误差称为系统误差。如钢尺尺长误差、仪器残余误差对测量结果的影响。系统误差具有积累性，对测量结果影响较大，应该采用各种方法来消除或减弱它对测量成果的影响，以达到实际上可以忽略不计的程度。处理系统误差的办法有以下几种：

①用计算的方法加以改正。钢尺量距中，可对测量结果加尺长改正和温度改正，以减弱尺长系统误差对所量距离的影响等。

②用合适的观测方法加以削弱。如在水准测量中，可以通过保持前视和后视距离相等的测量手段，消除视准轴与水准管轴不平行对观测高差所产生的影响；测站上采用"后—前—前—后"的观测程序可以削弱仪器下沉对测量结果的影响；在水平角测量时，采用盘左、盘右观测值取平均值的方法可以削弱视准轴误差的影响。

③将系统误差限制在一定的允许范围之内。在测量中存在一些系统误差是不便于计算改正，又不能采用一定的观测方法加以消除的，如视准轴误差对水平角的影响、水准尺倾斜对读数的影响。处理这种误差时就需要观测人员严格遵守操作规程并对仪器进行精确检校，将误差的影响减少到允许范围之内。

2. 偶然误差

在相同的观测条件下，对某量进行一系列观测，其误差符号或大小都不一致，表面上看不出任何规律性，这种误差称为偶然误差。

产生偶然误差的原因很多，其数值的正负、大小纯属偶然。例如，在测量中估读值可能偏大也可能偏小，误差值的大小也不一；水平角测量中照准目标，可能偏左也可能偏右，这些都属于偶然误差。偶然误差也有很大的累积性，而且在观测过程中无法避免或削弱。

通过大量的实验研究发现，单个偶然误差的出现具有随机性，但是在相同条件下进行多次重复观测，出现的大量偶然误差，却存在一定的统计规律，根据这些统计规律可以为偶然误差的数据处理提供可能性。

下面结合某观测实例,用统计方法进行分析。在相同的观测条件下,观测了 162 个三角形的全部内角,三角形的内角和的真值(180°)为已知,因此,可以按式(6-1)计算出每个三角形内角和的真误差 Δ_i,即三角形闭合差

$$\Delta_i = (\sum \beta)_i - 180° \quad i = 1, 2, \cdots, 162$$

$$(6-2)$$

将计算所得的 162 个真误差以 0.2″为误差区间($\Delta d = 0.2″$),按绝对值的大小和正负号分别排列,并统计出误差出现在各个区间的个数 v_i 和频率 v_i/n(n 为真误差的总个数),在表 6-1 中列出。

为了直观表示偶然误差的分布,可将

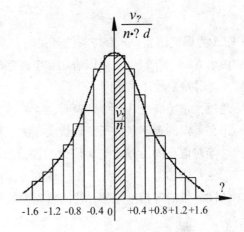

图 6-1　误差分布直方图

表 6-1 的数据用直方图来表示,如图 6-1 所示。图中横坐标表示三角形内角和的真误差 Δ_i,纵坐标表示各区间内误差出现的频率与区间间隔 Δd 的比值,即纵坐标为 $\dfrac{v_i/n}{\Delta d}$。在每一误差区间上,根据其相应的 $\dfrac{v_i/n}{\Delta d}$ 值画出一矩形,则各矩形的面积等于误差出现在该区间内的频率 v_i/n,而所有矩形面积总和等于 1。该图在统计学上称为频率直方图。

表 6-1　三角形内角和真误差统计表

误差的区间 /(″)	Δ_i 为正值			Δ_i 为负值		
	个数 v_i	频率 $\dfrac{v_i}{n}$	$\dfrac{v_i}{n\Delta d}$	个数 v_i	频率 $\dfrac{v_i}{n}$	$\dfrac{v_i}{n\Delta d}$
0 ~ 0.2	21	0.130	0.650	21	0.130	0.650
0.2 ~ 0.4	19	0.117	0.585	19	0.117	0.585
0.4 ~ 0.6	15	0.093	0.465	12	0.074	0.370
0.6 ~ 0.8	9	0.056	0.280	11	0.068	0.340
0.8 ~ 1.0	9	0.056	0.280	8	0.049	0.245
1.0 ~ 1.2	5	0.031	0.155	6	0.037	0.185
1.2 ~ 1.4	1	0.006	0.030	3	0.018	0.090
1.4 ~ 1.6	1	0.006	0.030	2	0.012	0.060
1.6 以上	0	0	0	0	0	0
	80	0.495		82	0.505	

若在同样的观测条件下,所观测的三角形个数无限增大($n \to \infty$),同时将误差区间无限缩小($\Delta d \to 0$),则图 6-1 中各矩形的顶部形成的折线就逐渐变成一条光滑曲线。此曲线称为误差分布曲线,在概率论中称为正态分布曲线,它完整地表示了偶然误差出现的概率 P。

误差分布曲线的数学方程式为

$$f(\Delta) = \frac{1}{\sigma\sqrt{2\pi}} e^{-\frac{\Delta^2}{2\sigma^2}} \qquad\qquad (6-3)$$

式中：Δ 为偶然误差；σ 为与条件有关的一个参数，在数学上称之为标准差或均方差。

由表 6 – 1 和图 6 – 1 可以看出：小误差出现的个数比大误差出现的个数多；绝对值相等的正、负误差个数几乎相同。

通过大量实验统计，结果表明，当观测次数较多时，偶然误差具有如下统计特性：

①在一定的观测条件下，偶然误差的绝对值不会超过一定的限值，即有界性。

②绝对值小的误差比绝对值大的误差出现的可能性大，即偶然性或随机性。

③绝对值相等的正、负误差出现的可能性相等，即对称性。

④同一量的等精度观测，其偶然误差的算术平均值随着观测次数的无限增加而趋近于 0，即

$$\lim_{n\to\infty}\frac{[\Delta]}{n} = 0 \qquad\qquad (6-4)$$

式中：$[\Delta] = \Delta_1 + \Delta_2 + \cdots + \Delta_n$，$n$ 为观测次数。

在测量学中以"[·]"表示取括号中变量的代数和，即 $[\Delta] = \sum\Delta$。

偶然误差的第④个特性由第③个特性导出，说明偶然性误差具有抵偿性。

误差分布曲线的峰越高坡越陡，表明绝对值小的误差出现较多，即误差分布比较密集，反映观测成果质量好；曲线的峰越低坡越缓，表明绝对值大的误差出现较少，即误差分布比较离散，反映观测成果质量较差。

偶然误差特性图中的曲线符合统计学中的正态分布曲线，标准误差的大小反映了观测精度的低高，即标准误差越大，精度越低；反之，标准误差越小，精度越高。

3. 粗差

粗差是指超出正常观测条件所出现的、而且数值超出规定的误差。粗差产生的原因较多，有测量员疏忽大意、失职引起，如读数错误、记录错误、照准目标错误等；有测量仪器自身或受外界干扰发生故障而引起的；还有是容许误差取值过小造成的。粗差对于观测成果影响极大，在测量成果中不允许有粗差存在。

为了防止发生粗差，在细心工作的同时，还必须作有效的检查。用不同的方式进行重复观测或利用数学条件进行检查等都是有效地发现粗差的方法，不同的人、不同的仪器、不同的测量方法和不同的观测时间是发现粗差的最好方式，一旦发现粗差，该观测值必须舍弃或重测。因此这种错误或粗差，在一定程度上可以避免。

6.1.5　精度的概念及评定精度的标准

精度是指对某个量进行多次同精度观测中，其偶然误差分布的离散程度。观测条件相同的各次观测，称为等精度观测，但每次的观测结果之间又总是不完全一致。假如两组观测成果的误差分布相同，则两组观测成果的精度相同；反之，若误差分布不同，精度也就不同。在实际测量的时候，衡量精度的指标就是利用一个数字来表示精度，由具体的数字可以反映出误差分布的离散程度。一般有以下几种常用的精度指标。

1. 中误差

方差是标准差的平方,其定义式为

$$\sigma^2 = D(\Delta) = E(\Delta^2) = \lim_{n\to\infty}\frac{[\Delta\Delta]}{n} \tag{6-5}$$

在测量上为了使评定精度的指标与观测值具有相同的量纲,取 σ 作为衡量精度的指标,测量中称 σ 为观测值的中误差,其定义式为

$$\sigma = \pm\sqrt{D(\Delta)} = \pm\sqrt{E(\Delta^2)} = \pm\lim_{n\to\infty}\sqrt{\frac{[\Delta\Delta]}{n}} \tag{6-6}$$

σ 的大小反映观测精度的高低。

如图 6-2 所示,曲线 I、II 分别对应着两组不同的观测条件,它们均属于正态分布。$\Delta=0$ 时,$f_1(\Delta)=\dfrac{1}{\sigma_1\sqrt{2\pi}}$,$f_2(\Delta)=\dfrac{1}{\sigma_2\sqrt{2\pi}}$。$\dfrac{1}{\sigma_1\sqrt{2\pi}}$ 和 $\dfrac{1}{\sigma_2\sqrt{2\pi}}$ 是这两组误差分布曲线的峰值,其中曲线 I 的峰值较曲线 II 的高,即 $\sigma_1<\sigma_2$,所以第 I 组观测小误差出现的概率较第 II 组的大。由于误差分布曲线与横坐标轴之间的面积恒等于 l,所以当小误差出现的概率较大时,大误差出现的概率必然要小。因此曲线 I 表现为较陡峭,即分布比较集中,或称离散度较小,因而观测精度较高。而曲线 II 相对来说曲线较为平缓,即离散度较大,因而观测精度较低。

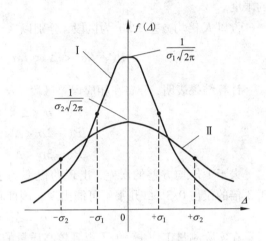

图 6-2　误差分布曲线

对误差分布曲线的数学方程式(6-3)求二阶导数,并使其等于零,可得

$$f''(\Delta) = \frac{1}{\sigma\sqrt{2\pi}}\left(\frac{\Delta^2}{\sigma^2}-1\right)e^{-\frac{\Delta^2}{2\sigma^2}} = 0 \tag{6-7}$$

式(6-7)中 $e^{-\frac{\Delta^2}{2\sigma^2}}$ 不为零,因此有 $\left(\dfrac{\Delta^2}{\sigma^2}-1\right)=0$,故 $\Delta=\pm\sigma$。这说明误差分布曲线的拐点位于 $\Delta=\pm\sigma$ 处,也表明中误差的几何意义是误差分布曲线上两个拐点的横坐标值。

σ^2 和 σ 都是 $n\to\infty$ 时 Δ^2 和 Δ 的理论平均值,但是实际测量工作中不可能对观测量进行无穷多次观测,因此,只能根据有限的观测值的真误差求出中误差的估值 $\hat{\sigma}$ 来表示观测值的精度。在测量中常用 m 来表示真误差的估值 $\hat{\sigma}$。即

$$m = \hat{\sigma} = \pm\sqrt{\frac{[\Delta\Delta]}{n}} \tag{6-8}$$

在测量工作中,一般都把中误差的估值 m 称为中误差。

例 6-1　设有甲、乙两个小组,对某三角形的内角和观测了 10 次,分别求得其真误差为

甲组　$+4''$,$+3''$,$+5''$,$-2''$,$-4''$,$-1''$,$+2''$,$+3''$,$-6''$,$-2''$

乙组　$+3''$,$+5''$,$-5''$,$-2''$,$-7''$,$-1''$,$+8''$,$+3''$,$-6''$,$-1''$

试求这两组观测值的中误差。

解:

$$m_甲 = \pm\sqrt{\frac{4^2+3^2+5^2+2^2+4^2+1^2+2^2+3^2+6^2+2^2}{10}} = \pm3.5''$$

$$m_乙 = \pm\sqrt{\frac{3^2+5^2+5^2+2^2+7^2+1^2+28^2+3^2+6^2+1^2}{10}} = \pm4.7''$$

比较 $m_甲$ 和 $m_乙$ 可知,甲组的观测精度比乙组高。

2. 容许误差

由偶然误差的第一个特性可知,在一定的观测条件下,偶然误差的绝对值不会超过一定的限度。

设以 K 倍均方差 $\pm K\sigma$ 为区段,分别以 $K=1$、2、3 按下式进行积分

$$P(-K\sigma < \Delta < K\sigma) = \int_{-K\sigma}^{+K\sigma} \frac{1}{\sqrt{2\pi}\sigma} e^{-\frac{\Delta^2}{2\sigma^2}} d\Delta \tag{6-9}$$

计算结果表明,分布在相应误差区段 $\pm\sigma$、$\pm2\sigma$、$\pm3\sigma$ 的概率分别为

$$P(-\sigma < \Delta < +\sigma) = 0.683$$
$$P(-2\sigma < \Delta < +2\sigma) = 0.954$$
$$P(-3\sigma < \Delta < +3\sigma) = 0.993$$

大于 1 倍均方差的误差,出现的概率约占误差总数的 32%;大于 2 倍的约占 5%;大于 3 倍的仅占 0.3%,几乎不可能出现。因此将极限误差定为

$$\Delta_极 = 3\sigma \tag{6-10}$$

在实际测量工作中,为了得到较高质量的成果,根据测量时所需要的精度,参考极限误差,将观测值预期中误差的 2 倍或 3 倍,定为检核观测成果的质量,决定观测值取舍所能容许的最大限值标准,称为容许误差。

$$\Delta_容 = 2\,m \text{ 或 } 3\,m \tag{6-11}$$

要求较严的取 2 m,较宽的取 3 m。观测值中,凡属误差超过容许误差的,一律舍弃重测。

3. 相对误差

在某些情况下,单用中误差还不能准确地反映出观测精度的优劣。例如丈量了长度为 100 m 和 200 m 的两段距离,其中误差均为 ±0.01 m,显然不能认为这两段距离的精度相同。因此,当观测值的误差与观测值的大小有关时,须采用另一种办法来衡量精度,通常采用相对误差。相对误差等于误差的绝对值与观测值之比。相对误差 K 是一个比值,是一个百分数,通常用分子为 1 的分式来表示。即

$$K = \frac{误差的绝对值}{观测值} = \frac{1}{N} \tag{6-12}$$

在上例中,$K_1 = 0.01/100 = 1/10000$,$K_2 = 0.01/200 = 1/20000$。显然,后者的精度比前者精度高;当 K 中分母越大,表示相对中误差精度越高,反之越低。

相对误差的定义中,作为分子的误差可以用不同的精度标准,如用中误差、容许误差、闭合差或较差等,则其相对误差被分别称为相对中误差、相对容许误差、相对闭合差或相对较差。与相对误差对应,中误差、容许误差、闭合差和较差等均称为绝对误差,绝对误差都

是有单位的,且应冠以正负号。值得注意的是,观测时间、角度和高差时,不能用相对中误差来衡量观测值的精度,这是因为观测误差与观测值的大小无关。

6.2 误差传播定律

6.2.1 误差传播的概念与误差传播定律

在测量工作中,一些未知量不能直接进行观测,是由一些直接观测值,通过函数关系式计算得出。例如,水准测量中,在测站上测得后视、前视读数分别为 a、b,则高差 $h = a - b$。这里的高差 h 是直接观测量 a、b 的函数。显然,当 a、b 存在误差时,h 也受其影响而产生误差。这种关系称为误差传播,阐明直接观测值与函数之间误差关系的规律,称为误差传播定律。在测量中,误差传播定律广泛用来计算和评定函数观测值的精度。

6.2.2 一般函数的中误差

设有一般函数

$$Z = F(X_1, X_2, \cdots, X_n) \tag{6-13}$$

式中:$X_1, X_2, \cdots, X_n$ 为可直接观测的未知量,Z 为函数,是间接观测量。

设 $X_i(i = 1, 2, \cdots, n)$ 的独立观测值为 x_i,其相应的真误差为 Δx_i;由于 Δx_i 的存在,使函数 Z 也产生相应的真误差 Δz_i,将式(6-13)取全微分

$$\mathrm{d}Z = \frac{\partial F}{\partial x_1}\mathrm{d}x_1 + \frac{\partial F}{\partial x_2}\mathrm{d}x_2 + \cdots + \frac{\partial F}{\partial x_n}\mathrm{d}x_n \tag{6-14}$$

因误差 Δx_i 及 ΔZ 都很小,故在上式中可以用 Δx_i 及 ΔZ 代替 $\mathrm{d}x_i$ 及 $\mathrm{d}Z$,于是有

$$\Delta Z = \frac{\partial F}{\partial x_1}\Delta x_1 + \frac{\partial F}{\partial x_2}\Delta x_2 + \cdots + \frac{\partial F}{\partial x_n}\Delta x_n \tag{6-15}$$

式中:$\frac{\partial F}{\partial x_i}$ 为函数 F 对各自变量的偏导数,令

$$\frac{\partial F}{\partial x_i} = f_i$$

则式(6-15)可写成

$$\Delta Z = f_1 \Delta x_1 + f_2 \Delta x_2 + \cdots + f_n \Delta x_n \tag{6-16}$$

为了求得函数和观测值之间的中误差关系式,设想对各式进行了 k 次观测,则可写出如下关系式

$$\left. \begin{array}{l} \Delta Z^{(1)} = f_1 \Delta x_1^{(1)} + f_2 \Delta x_2^{(1)} + \cdots + f_n \Delta x_n^{(1)} \\ \Delta Z^{(2)} = f_1 \Delta x_1^{(2)} + f_2 \Delta x_2^{(2)} + \cdots + f_n \Delta x_n^{(2)} \\ \cdots \\ \Delta Z^{(k)} = f_1 \Delta x_1^{(k)} + f_2 \Delta x_2^{(k)} + \cdots + f_n \Delta x_n^{(k)} \end{array} \right\}$$

将以上各等式取平方和得

$$\left[\Delta Z^2 \right] = f_1^2 \left[\Delta x_1^2 \right] + f_2^2 \left[\Delta x_2^2 \right] + \cdots + f_n^2 \left[\Delta x_n^2 \right] + \sum_{i, j = 1, \, i \neq j}^{n} f_i f_j \left[\Delta x_i \Delta x_j \right]$$

上式两端各除以 k 得

$$\frac{[\Delta Z^2]}{k} = f_1^2\frac{[\Delta x_1^2]}{k} + f_2^2\frac{[\Delta x_2^2]}{k} + \cdots + f_n^2\frac{[\Delta x_n^2]}{k} + \sum_{i,j=1,\,i\neq j}^{n} f_i f_j \frac{[\Delta x_i \Delta x_j]}{k}$$

由于对各 x_i 的观测值为相互独立的观测量，则 $\Delta x_i \Delta x_j (i\neq j)$ 也具有偶然误差的特性。根据偶然误差的第④个特性，上式的末项趋近于 0，即

$$\lim_{k\to\infty}\frac{[\Delta x_i \Delta x_j]}{k} = 0$$

根据中误差的定义，则有

$$m_z^2 = f_1^2\, m_1^2 + f_2^2\, m_2^2 + \cdots + f_n^2 m_n^2 \tag{6-17}$$

即

$$m_z = \sqrt{\left(\frac{\partial F}{\partial x_1}\right)^2 m_1^2 + \left(\frac{\partial F}{\partial x_2}\right)^2 m_2^2 + \cdots + \left(\frac{\partial F}{\partial x_n}\right)^2 m_n^2} \tag{6-18}$$

式(6-18)为计算函数中误差的一般形式。在应用时，要注意各观测值之间必须是相互独立的变量。当未知量 x_i 为直接观测值时，可认为各 x_i 之间满足相互独立的条件。

6.2.3　线性函数的中误差

设有一般线性函数

$$Z = k_1 X_1 \pm k_2 X_2 \pm \cdots \pm k_n X_n \tag{6-19}$$

式中：X_1，X_2，$\cdots$，X_n 为可直接观测的未知量；Z 为函数，是间接观测量；k_1，k_2，$\cdots$，k_n 为系数。

套用公式(6-18)得一般线性函数的中误差公式为

$$m_z = \pm\sqrt{k_1^2\, m_1^2 + k_2^2\, m_2^2 + \cdots + k_n^2 m_n^2} \tag{6-20}$$

例 6-2　在某三角形 ABC 中，直接观测 A 和 B 角，其中误差分别是 $m_A = \pm 3''$ 和 $m_B = \pm 4''$，试求中误差 m_C。

解：A、B、C 满足如下关系

$$C = 180° - A - B$$

微分上式 $d_C = -d_A - d_B$

由式(6-14)可知，$f_1 = -1$，$f_2 = -1$，代入式(6-17)得

$$m_C^2 = m_A^2 + m_B^2 = (\pm 3'')^2 + (\pm 4'')^2 = 25$$

即

$$m_C = \pm 5''$$

本例题由于是线性函数，也可直接套用式(6-20)求得结果。

例 6.3　某水准路线，从 A 出发经过 B 到 C 结束，已知 $h_1 = h_{AB} = +2.345$ m，$h_2 = h_{BC} = -0.200$ m，$m_{h1} = \pm 3$ mm，$m_{h2} = \pm 4$ mm。求 A、C 两点间高差及其中误差。

解：A、C 两点间高差 $h_{AC} = h_1 + h_2 = +2.345 - 0.200 = +2.145$ m。

求高差 h_{AC} 的中误差：

①列出函数式：$h_{AC} = h_1 + h_2$；

②求出真误差关系式：$dh_{AC} = dh_1 + dh_2$；

③求出中误差关系式：$m_{hAC} = \pm\sqrt{m_{h1}^2 + m_{h2}^2} = \pm 5$ mm。

6.2.4　误差传播定律的应用

1. 水准测量的精度分析

（1）按测站数求高差中误差

在 A、B 两点间进行水准测量，共设置了 n 个测站，各测站测得的高差分别为 h_1，h_2，$\cdots$，h_n，则 A、B 两点间的高差 h 为

$$h = h_1 + h_2 + \cdots + h_n$$

设每一测站所得高差的中误差均为 $m_{站}$，则按误差传播定律，高差 h 的中误差为

$$m_{\mathrm{h}} = m_{站} \sqrt{n} \qquad\qquad (6-21)$$

结论 1：当各测站观测高差的精度相同时，水准测量高差的中误差与测站数的平方根成正比。

（2）按水准路线长求高差中误差

在一般情况下，各测站所测的两转点间的距离 l 大致都相等，故水准路线全长 $L = nl$，则 $n = \dfrac{L}{l}$，代入式（6-21）得

$$m_{\mathrm{h}} = m_{站} \sqrt{n} = m_{站} \sqrt{\frac{L}{l}} = \frac{m_{站}}{\sqrt{l}} \sqrt{L}$$

令 $\mu = \dfrac{m_{站}}{\sqrt{l}}$，则

$$m_{\mathrm{h}} = \mu \sqrt{L} \qquad\qquad (6-22)$$

结论 2：当测站高差中误差 $m_{站}$ 和两转点间的距离 l 相同时，μ 为一定值，则水准测量的高差中误差与水准路线长度的平方根成正比。

当 $L = 1$ km 时，μ 值就代表每公里水准测量的高差中误差。根据误差传播定律，可得每公里往返测量高差中数（即平均值）的中误差的计算式为：

$$m_{\mathrm{h中}} = \frac{\mu}{\sqrt{2}} \qquad\qquad (6-23)$$

我国水准仪系列中 DS_{05}、DS_1 和 DS_3 等的角码数字所表示的仪器精度，即为每公里往返测量高差中数的偶然中误差，要求分别不大于 0.5 mm、1 mm 和 3 mm。

（3）铁路线路水准测量的容许高程闭合差

在铁路线路水准测量中，要求每公里往返测高差平均值的中误差为 ±7.5 mm，若取 2 倍的中误差为容许误差，试求 L 公里往返测的容许高程闭合差。

①求每公里单程水准测量高差中误差 $m_{\mathrm{km单}} = \pm 7.5 \sqrt{2}$ mm。

②求 L 公里单程水准测量高差中误差 $m_{L单} = m_{\mathrm{km单}} \sqrt{L} = \pm 7.5 \sqrt{2} \cdot \sqrt{L}$ mm。

③求 L 公里往返测高差之差（即闭合差）的中误差 $m_{\mathrm{fh}} = m_{L单} \sqrt{2} = \pm 15 \sqrt{L}$ mm。

④若取二倍的中误差为容许误差，则 L 公里往返测的容许高程闭合差为

$$F_{\mathrm{h}} = 2\, m_{\mathrm{fh}} = \pm 30 \sqrt{L} \text{ mm}$$

式中：L 是以公里为单位的单程水准路线长。

2. 水平角测量的精度分析

我国经纬仪系列中 DJ_1、DJ_2 和 DJ_6 等的角码数字所表示的仪器精度,是指一测回水平方向中误差分别不大于 $1''$、$2''$ 和 $6''$。一测回方向是盘左、盘右方向的平均值,即

$$一测回方向 = \frac{(盘左方向值) + (盘右方向值 \pm 180°)}{2}$$

DJ_6 级经纬仪按照仪器设计标准,一测回方向的中误差不大于 $\pm 6''$,所以用这类仪器测量水平角的限差(即容许误差)可计算如下:

(1)一测回角值的中误差

设一测回方向的中误差为 $m_方 = \pm 6''$。因为一测回角值是两个方向值之差,所以一测回角值的中误差为:

$$m_\beta = m_方 \sqrt{2} = \pm 6'' \sqrt{2}$$

(2)半测回角值的中误差

一测回的角值是上、下半测回角值的平均值,故半测回角值的中误差为:

$$m_半 = m_\beta \sqrt{2} = \pm 12''$$

(3)上、下半测回角值之差的限差

由半测回角值的中误差 $\pm 12''$,可得上、下半测回角值之差的中误差为:

$$m_\Delta = m_半 \sqrt{2} = \pm 12'' \sqrt{2} = \pm 17''$$

取中误差的两倍为容许误差,故容许误差为 $\pm 34''$。根据理论分析和实际统计资料,对于 DJ_6 级经纬仪上、下半测回角值之差的限差,一般工程测量规定为 $\pm 40''$,铁路线路测量规定为 $\pm 30''$。

(4)测回间角值较差的限差

DJ_6 级经纬仪测量水平角一测回角值的中误差 $m_\beta = \pm 6'' \sqrt{2}$,用测回法测量水平角两个测回,两测回间角值较差的中误差是一测回角值中误差的 $\sqrt{2}$ 倍,即 $m_\Delta = \pm 6'' \sqrt{2} \cdot \sqrt{2} = \pm 12''$。取两倍中误差为容许误差,则测回间角值较差的容许误差为 $2 m_\Delta = \pm 24''$。

3. 丈量距离的精度分析

(1)丈量距离的偶然中误差

用长度为 l 的钢尺共丈量了 n 个尺段,全长 $D = nl$,若每尺段的偶然中误差都是 m,则全长 D 的偶然中误差为

$$m_D = m \sqrt{n} \tag{6-24}$$

令 $\mu = \frac{m}{\sqrt{l}}$,则

$$m_D = \mu \sqrt{D} \tag{6-25}$$

所以丈量距离的偶然中误差与尺段数(或距离)的平方根成正比。

(2)丈量距离的系统中误差

如果钢尺的实际长度与名义长度不一致,具有长度误差 $\Delta l'$,$\Delta l'$ 属于系统误差,其对全长的影响为

$$\Delta D' = n \cdot \Delta l'$$

设 m' 为尺段的系统中误差，令 $\lambda = \dfrac{m'}{l}$，则

全长的系统中误差为

$$m'_{\mathrm{D}} = \lambda \cdot D \tag{6-26}$$

所以丈量距离的系统中误差与距离成正比。

（3）同时考虑偶然误差和系统误差时，丈量距离的中误差为

$$m_{\mathrm{D}} = \pm \sqrt{\mu^2 D + \lambda^2 D^2} \tag{6-27}$$

6.3　最小二乘法原理

在生产实践中，经常会遇到利用一组观测数据来估计某些未知参数的问题。例如，一个做匀速运动的质点在时刻 t 的位置 y，可以用如下的线性函数来描述

$$y = \alpha + t \cdot \beta \tag{6-28}$$

式中：α 是质点在 $t=0$ 时刻的初始位置；β 是平均速度。它们均是待估计的未知参数，通常称这类问题为线性参数的估计问题。解决这类问题的方法是在没有观测误差的情况下，就只需要在两个不同时刻 t_1 和 t_2 观测出质点的相应位置 y_1 和 y_2，再根据式（6-28）分别建立两个方程，就可以解出 α 和 β 值了。但是，在实际操作过程中，观测值一定会存在偶然误差，所以就需要作多余观测。在这种情况下，为了求得 α 和 β，就需要在不同时刻 t_1，t_2，$\cdots$，t_n 来测定其位置，得一组观测值 y_1，y_2，$\cdots$，y_n，这时，由上式可以得到

$$v_i = (\alpha + t_i \cdot \beta) - y_i, \quad (i = 1, 2, \cdots, n) \tag{6-29}$$

式中：v_i 是观测值 y_i 的改正数（或称偏差、残差）。

若令

$$\boldsymbol{Y} = \begin{bmatrix} y_1 \\ y_2 \\ \vdots \\ y_n \end{bmatrix} \quad \boldsymbol{B} = \begin{bmatrix} 1 & t_1 \\ 1 & t_2 \\ \vdots & \vdots \\ 1 & t_n \end{bmatrix} \quad \hat{\boldsymbol{X}} = \begin{bmatrix} \alpha \\ \beta \end{bmatrix} \quad \boldsymbol{V} = \begin{bmatrix} v_1 \\ v_2 \\ \vdots \\ v_n \end{bmatrix}$$

则式（6-29）可表示为

$$\boldsymbol{V} = \boldsymbol{B}\,\hat{\boldsymbol{X}} - \boldsymbol{Y} \tag{6-30}$$

如果我们将对应的 y_i、t_i（$i = 1, 2, \cdots, n$）用图解表示，则可作出图 6-3 所示的图形。从图中可以看出，由于存在观测误差的缘故，根据观测数据绘出的点——观测点，描绘不成直线，而有些"摆动"。

这里就产生这样一个问题，用什么准则，来对参数 α 和 β 进行估计，从而使估计的直线 $y = \alpha + t \cdot \beta$ "最佳"地拟合于各观测点？对这里的"最佳"一词可以有不同的理解。例如，可以认为：各观测点到直线最大距离取最小值时，直线是"最佳"的；也可以认为，各观测点到直线的偏差的绝对值之和取最小值时，直线是"最佳"的，等等。在不同的"最佳"要求下，可以求得相应问题中参数 α 和 β 的不同的估值。但是，在解这类问题时，一般应用的是最小二乘法原理。按照最小二乘法原理的要求，认为"最佳"地拟合于各观测点的估计曲线，应使各观测点到该曲线的偏差的平方和达到最小。

所谓最小二乘法原理，就是要在满足

$$\sum_{i=1}^{n} v_i^2 = \sum_{i=1}^{n} (\alpha + t_i \cdot \beta - y_i)^2 (最小) \qquad (6-31)$$

的条件下解出参数的估值 α 和 β。式(6-30)也可表示为

$$V^{\mathrm{T}}V = (B\hat{X} - Y)^{\mathrm{T}}(B\hat{X} - Y)(最小) \qquad (6-32)$$

式中：$\hat{X}$ 表示未知参数的估计向量。

满足式(6-32)的估计 $\hat{X}$ 称为未知量的最小二乘估计，这种求估计量的方法就称为最小二乘法。从以上的推导可以看出，只要具有式(6-29)的线性关系的参数估计问题，不论观测值属于何种统计分布，都可按最小二乘原理进行参数估计，所以它在实践中被广泛使用。

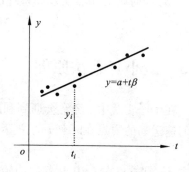

图 6-3 直线拟合

如果观测值是服从正态分布的随机变量，那么，最小二乘估计和数理统计中的最大似然估计将会得到相同的估计结果。由于在测量中带有偶然误差的观测值是服从正态分布的随机变量，所以按最大似然法求得的参数估计与最小二乘估计是相同的。

设 L_1，L_2，$\cdots$，L_n 为独立观测值，其权分别为 p_1，p_2，$\cdots$，p_n，可由最大似然估计推导出最小二乘原理的一般形式

$$V^T P V \to \min \qquad (6-33)$$

式中

$$V = \hat{L} - L = \begin{bmatrix} v_1 \\ v_2 \\ \vdots \\ v_n \end{bmatrix} \quad \hat{L} = \begin{bmatrix} \hat{L}_1 \\ \hat{L}_2 \\ \vdots \\ \hat{L}_n \end{bmatrix} \quad L = \begin{bmatrix} L_1 \\ L_2 \\ \vdots \\ L_n \end{bmatrix} \quad P = \begin{bmatrix} p_1 & 0 & \cdots & 0 \\ 0 & p_2 & \cdots & 0 \\ \vdots & \vdots & \ddots & \vdots \\ 0 & 0 & \cdots & p_n \end{bmatrix} \qquad (6-34)$$

V 是改正数向量，L 是观测值向量，$\hat{L}$ 是观测值的估计向量，P 是观测值的权阵。

特别的，当为等精度观测时，则 $P = E$，最小二乘法原理为

$$V^{\mathrm{T}}V \to \min \qquad (6-35)$$

按最大似然估计求得的参数估计称为最似然值或最或然值，故在测量中由最小二乘法原理所求的估值也称为最或然值。

例 6.4 设对某未知量 $\tilde{X}$ 进行了 n 次不等精度观测，观测值 L_1，L_2，$\cdots$，L_n，相应的权分别为 p_1，p_2，$\cdots$，p_n，试按最小二乘原理求该未知量的估值。

解：设该未知量的估值为 $\hat{X}$，则观测值向量 L、观测值的估计向量 $\hat{L}$、改正数向量 V、权阵 P 分别为

$$L = \begin{bmatrix} L_1 \\ L_2 \\ \vdots \\ L_n \end{bmatrix} \quad \hat{L} = \begin{bmatrix} \hat{X} \\ \hat{X} \\ \vdots \\ \hat{X} \end{bmatrix} \quad V = \begin{bmatrix} v_1 \\ v_2 \\ \vdots \\ v_n \end{bmatrix} = \begin{bmatrix} \hat{X} - L_1 \\ \hat{X} - L_2 \\ \vdots \\ \hat{X} - L_n \end{bmatrix} \quad P = \begin{bmatrix} p_1 & 0 & \cdots & 0 \\ 0 & p_2 & \cdots & 0 \\ \vdots & \vdots & \ddots & \vdots \\ 0 & 0 & \cdots & p_n \end{bmatrix}$$

根据最小二乘法原理，应满足

$$V^T PV \rightarrow \min$$

为此, 将 $V^T PV$ 对 V 取一阶导数, 并令其等于零, 得

$$\frac{\mathrm{d} V^T PV}{\mathrm{d} V} = 2(p_1 v_1 + p_2 v_2 + \cdots + p_n v_n) = 0$$

将 $v_i = \hat{X} - L_i$ 代入上式得

$$2p_1(\hat{X} - L_1) + 2p_2(\hat{X} - L_2) + \cdots + 2p_n(\hat{X} - L_n) = 0$$

由此解得

$$\hat{X} = \frac{p_1 L_1 + p_2 L_2 + \cdots + p_n L_n}{p_1 + p_2 + \cdots + p_n}$$

由此可见, 按最小二乘原理求得的不等精度观测的最或然值就是加权平均值。

思 考 题

1. 为什么测量结果中一定存在测量误差? 测量误差的来源有哪些?

2. 如何区分系统误差和偶然误差? 它们对测量结果有何影响?

3. 偶然误差有哪些特性? 能否消除偶然误差?

4. 何谓等精度观测值? 何谓非等精度观测值?

习 题

1. 用钢尺丈量两条直线, 第一条长 1500 m, 第二条长 500 m, 中误差均为 ±20 mm, 问哪一条的精度高? 用经纬仪测两个角, $\beta_1 = 10°12'06''$, $\beta_2 = 20°24'12''$, 测角中误差均为 ±12″, 问哪个角精度高?

2. 一个角度测量了四次, 其平均值的中误差为 ±5″, 若要使其精度提高一倍, 问还应测量多少次?

3. 用 J6 经纬仪观测某水平角, 每测回的观测中误差为 ±6″, 今要求测角精度达到 ±3″, 需要观测多少测回?

4. 如图 6-4 所示, 在三角形 ABC 中, 测得 $a = 13.146 \pm 0.008$ m, $A = 47°23'42'' \pm 9''$, $B = 53°58'34'' \pm 12''$, 试计算边长 c 及其中误差。

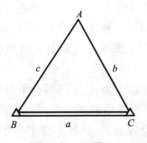

图 6-4 习题 4

第 7 章

小区域控制测量

7.1 概述

测量的基本工作是确定地物和地貌特征点的位置,即确定空间点的三维坐标。这样的工作若从一个起点开始,逐步依据前一个点来测定后一点的位置,会将前一个点的误差带到后一个点上。这种测量方法会导致误差逐步积累,并将达到惊人的程度。控制测量的作用是限制测量误差的传播和积累,保证必要的测量精度,使分区的测图能拼接成整体,整体设计的工程建(构)筑物能分区施工放样。测量工作必须遵循"从整体到局部""先整体后碎步"的组织原则,即先在测区内测定少数控制点,建立统一的平面和高程系统。由这些控制点互相联系形成的网络,称为控制网。控制测量分为平面控制测量和高程控制测量,平面控制测量确定控制点的平面位置(X、Y),高程控制测量确定控制点的高程(H)。

控制测量的主要工作内容是:①依据控制点的用途和作用在测区内布设控制网;②进行外业测量;③内业计算出待定点的平面坐标和高程,并对测量成果进行精度评定。

7.1.1 平面控制测量

平面控制网常规的布设方法有三角网、三边网和导线网。如图7-1所示,A、B、C、D、E、F组成互相邻接的三角形,观测所有三角形的内角,并至少测量其中一条边长作为起算边,通过计算就可以获得它们之间的相对位置。这种三角形的顶点称为三角点,构成的网称为三角网,这种测量称为三角测量。如图7-2所示,控制点1、2、3等用折线连接起来,测量各边的长度和各转折角,通过计算同样可以获得它们之间的相对位置。这种控制点称为导线点,这种控制测量称为导线测量。

在全国范围内布设的平面控制网,称为国家平面控制网。国家平面控制网采用逐级控制、分级布设的原则,分一、二、三、四等,主要由三角测量法布设,在西部困难地区采用导线测量法。

为满足大比例尺地形测量,建立了城市控制网,作为城市规划、施工放样的测量依据。城市平面控制网可分为二、三、四等三角网或一、二、三级导线。然后再布设图根小三角网或图根导线。按1985年《城市测量规范》,其技术要求列于表7-1和表7-2。

在小区域(面积15 km² 以下)内建立的控制网,称为小区域控制网。小区域控制网应尽可能以国家或城市已建立的高级控制网为基础进行连测,将国家或城市高级控制点的坐标和高程作为小区域控制网的起算和校核数据。若测区内或附近无国家或城市控制点,或附近有这种高级控制点而不便连测时，则建立测区独立控制网。此外，为工程建设而建立的专用控制网，或个别工程出于某种特殊需要，在建立控制网时，也可以采用独立控制网。

表 7 - 1　城市三角网及图根三角网的主要技术要求

等级	测角中误差/(")	三角形最大闭合差/(")	平均边长/km	起始边相对中误差	最弱边相对中误差	测回数		
						DJ$_1$	DJ$_2$	DJ$_3$
二等	±1.0	±3.5	9	1:30 万	1:12 万	12		
三等	±1.8	±7.0	5	首级 1:20 万	1:8 万	6	9	
四等	±2.5	±9.0	2	首级 1:12 万	1:4.5 万	4	6	
一级	±5	±15	1	1:4 万	1:2 万		2	6
二级	±10	±60	0.5	1:2 万	1:1 万		1	2
图根	±20	±60	不大于测图最大视距 1.7 倍	1:1 万				1

表 7 - 2　城市导线及图根导线的主要技术要求

等级	测角中误差/(")	方向角闭合差/(")	附合导线长度/km	平均边长/km	测距中误差/mm	全长相对中误差
一级	±5	±10$\sqrt{n}$	3.6	300	±15	1:1.4 万
二级	±8	±16$\sqrt{n}$	2.4	200	±15	1:1 万
三级	±12	±24$\sqrt{n}$	1.5	120	±15	1:0.6 万
图根	±30	±60$\sqrt{n}$				1:0.2 万

20 世纪 80 年代末，卫星全球定位系统（GPS）开始在我国用于建立平面控制网，目前已成为建立平面控制网的主要方法。应用 GPS 卫星定位技术建立的控制网称为 GPS 控制网，如图 7 - 3 所示，在 A、B、C、D 控制点上，同时接收 GPS 卫星 S_1、S_2、S_3、S_4 发射的无线电信号，从而确定地面点位，称为 GPS 测量。1992 年国家制定的《GPS 控制测量规范》将 GPS 控制网分成 A ~ E 五级，见表 7 - 3。其中 A、B 相当于国家一、二等三角点，C、D 相当于城市三、四等。我国已于 1992 年在全国布设了覆盖全国的 A 级 GPS 网点 27 个，1996 年完成了全国 B 级 GPS 网点 730 个，城市控制网也基本采用 GPS 定位技术。

表 7 - 3　GPS 控制网主要技术要求

项目 ＼ 级别	A	B	C	D	E
固定误差 a/mm	≤5	≤8	≤10	≤10	≤10
比例误差系数 b/(×10^{-6})	≤0.1	≤1	≤5	≤10	≤20
相邻点最小距离/km	100	15	5	2	1
相邻点最大距离/km	2000	250	40	15	10
相邻点平均距离/km	300	70	15 ~ 10	10 ~ 5	5 ~ 2

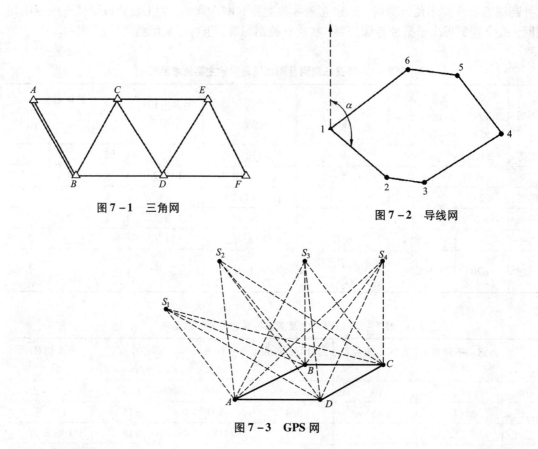

图 7 – 1　三角网

图 7 – 2　导线网

图 7 – 3　GPS 网

7.1.2　高程控制网

　　高程控制测量就是在测区布设高程控制点，即水准点，用精确方法测定它们的高程，构成高程控制网。高程控制测量的主要方法有：水准测量和三角高程测量。在山区可采用三角高程测量的方法来建立高程控制网，这种方法不受地形起伏的影响，工作速度快，但其精度水准测量低。由于全站仪的出现，在地形复杂地区现在常采用全站仪高程控制测量或 EDM 高程控制测量来代替二等以下水准测量。

　　国家高程控制网是用精密水准测量方法建立的，所以又称国家水准网。国家水准网的布设也是采用从整体到局部，由高级到低级，分级布设逐级控制的。国家水准网分为一、二、三、四等。一、二等水准测量是用高精度水准仪和精密水准测量方法进行施测，其成果作为全国范围的高程控制之用。三、四等水准测量除用于国家高程控制网的加密外，在小地区用作建立首级高程控制网。

　　城市高程控制网是用水准测量方法建立的，称为城市水准测量。按其精度要求：分为二、三、四、五等水准和图根水准。根据测区的大小，各级水准均可首级控制。首级控制网应布设成环形路线，加密时宜布设成附合路线或结点网。水准测量主要技术要求见表 7 – 4。

　　在平原地区，可采用 GPS 水准进行四等水准测量，在地形比较复杂的地区，采用 GPS 水准时，须进行高程异常改正。海上高程测量由于控制点和测量点分布受岛屿位置的影响，地面无法实现长距离水准测量，因此，在海上可优先用 GPS 水准测量。

表 7 – 4　城市与图根水准测量的主要技术要求

等级	每公里高差中误差/mm	路线长度/km	水准仪的型号	水准尺	观测次数		往返较差,附合或环线闭合差	
					与已知点联测	附合路线或环线	平地/mm	山地/mm
二等	2	—	DS_1	因瓦	往返各一次	往返各一次	$4\sqrt{L}$	—
三等	6	≤50	DS_1	因瓦	往返各一次	往一次	$12\sqrt{L}$	$4\sqrt{n}$
			DS_3	双面		往返各一次		
四等	10	≤16	DS_3	双面	往返各一次	往一次	$20\sqrt{L}$	$6\sqrt{n}$
五等	15	—	DS_3	单面	往返各一次	往一次	$30\sqrt{L}$	—
图根	20	≤5	DS_{10}		往返各一次	往一次	$40\sqrt{L}$	$12\sqrt{n}$

注:①结点之间或结点与高级点之间,其路线的长度、不应大于表中规定的0.7倍。②L 为往返测段,附合或环线的水准路线长度(km); n 为测站数。

7.2　导线测量

7.2.1　导线测量的基本概念

依相邻次序将地面上所选定的点连接成折线形式,测量各线段的边长和转折角,再根据起始数据用坐标传递方法确定各点平面位置的测量工作称为导线测量。导线测量是进行平面控制测量的主要方法之一,特别是地物分布比较复杂的建筑区、视线障碍较多的隐蔽区和带状地区,多采用导线测量方法。

按照测区所有的已知控制点和需要,导线有下几种布设形式:

1. 闭合导线

如图 7 – 4 所示,由一个已知控制点出发,最后仍旧回到这一点,形成一个闭合多边形。

2. 附合导线

敷设在两个已知点之间的导线称为附和导线。如图 7 – 5 所示。

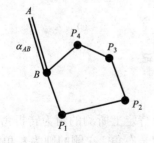

图 7 – 4　闭合导线

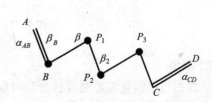

图 7 – 5　附合导线

3. 支导线

如图 7-6 所示，从一个已知控制点出发，既不附合到另一个控制点，也不回到原来的起始点。由于支导线没有检核条件，故一般只限于地形测量的图根导线中采用。

此外，还有导线网，由若干个闭合导线和附合导线组成的闭合网形称为导线网。导线网检核条件多，精度较高，多用于测区情况较复杂地区。

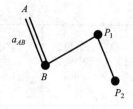

图 7-6　支导线

7.2.2　导线测量外业工作

导线测量的外业包括踏勘、选点、埋石、造标、测角、测边。

1. 踏勘、选点及埋设标志。

踏勘是为了了解测区范围、地形及控制点情况，以便确定导线的形式和布置方案；选点应考虑便于导线测量、地形测量和施工放样。在踏勘选点前应尽量搜集测区的有关资料，如地形图、已有控制点的坐标和高程等。在图上规划导线布设方案，然后到现场选点，埋设标志。选点的原则为：

①相邻导线点间必须通视良好；

②等级导线点应便于加密图根点，应选在地势高、视野开阔便于碎部测量的地方；

③导线边长大致相同，避免过长、过短，相邻边长之比不应超过三倍；

④密度适宜、点位均匀、土质坚硬、易于保存和寻找。

选好点后应直接在地上打入木桩。桩顶钉一小铁钉或划"+"作点的标志，并沿导线走向顺序编号，绘制导线略图。必要时在木桩周围灌上混凝土[图 7-7(a)]。如导线点需要长期保存，则应埋设混凝土桩或标石[图 7-7(b)]。为了今后便于查找，应在导线点附近的明显地物(房角、电杆)上用油漆注明导线点编号和距离，并绘制草图，注明尺寸，称为点之记[图 7-7(c)]。

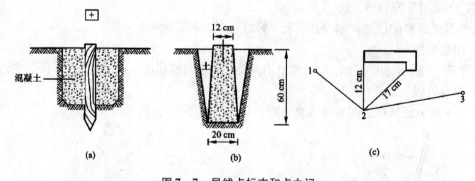

图 7-7　导线点标志和点之记

2. 测角

导线的角度测量需要测量转折角测量和连接角。在各待定上所测的角为转折角，转折角分为左角和右角两种。沿着导线前进的方向右侧的水平角是右角，左侧的则为左角。角度测量的精度要求见表 7-2。在测量时还须进行连接角测量的工作，也称为导向定向，就是将导线与高级控制点连测，得到起始的方位角。目的是使导线点坐标纳入国家坐标系统或该地区统一坐标系统。附合导线与两个已知点连接，应测两个连接角，闭合导线和支导线只需测一个连接角。对于独立地区周围无高级控制点时，可假定某点坐标，用罗盘仪测定起始边的磁方位角作为起算数据。

3. 测边

导线边长常用电磁波测距仪测定。由于观测的是斜距，因此要同时观测竖直角，进行平距改正。图根导线也可采用钢尺量距。往返丈量的相对精度不得低于1/3000，特殊困难地区允许1/1000，并进行倾斜改正。

7.2.3　导线测量内业计算

导线计算的目的是要计算出各导线点的坐标，并检验导线测量的精度是否符合要求。内业计算之前，首先要检查外业手簿，以确保计算用原始资料的正确无误，然后绘制导线略图，标注实测边长、转折角、连接角和起始坐标，以便于导线坐标计算。

1. 基本运算

（1）坐标的正算和反算

如图 7 - 8 所示，已知一点 A 的坐标 x_A、y_A，边长 D_{AB} 和坐标方位角 α_{AB}，求 B 点的坐标 x_B、y_B，称为坐标正算。由图可知

$$x_B = x_A + \Delta x_{AB}$$
$$y_B = y_A + \Delta y_{AB} \tag{7-1}$$

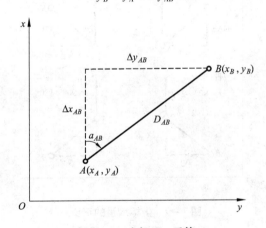

图 7 - 8　坐标正、反算

式中：Δx 称为纵坐标增量；Δy 称为横坐标增量，是边长在坐标轴上的投影，即

$$\Delta x_{AB} = D_{AB} \cdot \cos\alpha_{AB}$$
$$\Delta y_{AB} = D_{AB} \cdot \sin\alpha_{AB} \tag{7-2}$$

Δx、Δy 的正负取决于 $\cos\alpha$、$\sin\alpha$ 的符号，要根据 α 的大小、所在象限来判别，如图 7 - 9 所示。根据式（7 - 2），则式（7 - 1）又可写成

$$x_B = x_A + D_{AB} \cdot \cos\alpha_{AB}$$
$$y_B = y_A + D_{AB} \cdot \sin\alpha_{AB} \tag{7-3}$$

如图 7 - 8，已知两点 A、B 的坐标，求边长 D_{AB} 和坐标方位角 α_{AB}，称为坐标反算。则

可得

$$\alpha_{AB} = \arctan \frac{|\Delta y_{AB}|}{|\Delta x_{AB}|} \tag{7-4}$$

$$D_{AB} = \sqrt{\Delta x_{AB}^2 + \Delta y_{AB}^2} \tag{7-5}$$

式中：$\Delta x_{AB} = x_B - x_A$，$\Delta y_{AB} = y_B - y_A$。

由式(7-4)求得的 α 可在四个象限之内，它由 Δy 和 Δx 的正负符号确定，即

在第一象限时：$\alpha = \arctan \dfrac{\Delta y}{\Delta x}$

在第二象限时：$\alpha = 90° + \arctan \dfrac{\Delta y}{\Delta x}$

在第三象限时：$\alpha = 180° + \arctan \dfrac{\Delta y}{\Delta x}$

在第四象限时：$\alpha = 270° + \arctan \dfrac{\Delta y}{\Delta x}$

实际上，由图7-9可知，$\alpha = \arctan \left| \dfrac{\Delta y}{\Delta x} \right| = R(\text{象限角})$，根据 R 所在的象限，将象限角换算为方位角，也可得到同样结果。

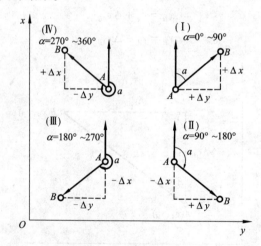

图7-9　坐标增量的正负

(2)坐标方位角的推算

按线路前进方向，由后一边的已知方位角和左角推算线路前一边的坐标方位角的计算公式为

$$\alpha_{前} = \alpha_{后} + \beta_{左} - 180° \tag{7-6}$$

根据左右角的关系，将 $\beta_{左} = 360° - \beta_{右}$ 代入式(7-6)，则有

$$\alpha_{前} = \alpha_{后} - \beta_{右} + 180° \tag{7-7}$$

在推算过程中必须注意：当计算结果出现负值时，则加上 360°；当计算结果大于 360° 时，则减去 360°。

2. 附合导线计算

由于附合导线是在两个已知点上布设的导线，因此测量成果应满足两个几何条件。

① 方位角闭合条件：即从已知方位角 α_{AB}，通过各 β_i 角推算出终点 CD 边方位角 α'_{CD}，应与已知方位角 α_{CD} 一致。

② 坐标增量闭合条件：即从 B 点已知坐标 X_B、Y_B，经各边长和方位角推算求得的 C 点坐标 (X'_C, Y'_C) 应与已知 C 点坐标 (X_C, Y_C) 一致。上述两个条件是附合导线外业观测成果的检核条件，又是导线坐标计算基础。其计算步骤如下。

(1) 坐标方位角的计算与角度闭合差的调整。

推算 CD 边坐标方位角为

$$\alpha'_{CD} = \alpha_{AB} + \sum \beta_i - n \times 180° \qquad (7-8)$$

由于测角存在误差，所以 α'_{CD} 和 α_{CD} 之间有误差，称为角度闭合差。

$$f_\beta = \alpha'_{CD} - \alpha_{CD} \qquad (7-9)$$

本例中 $\alpha'_{CD} = 351°36'59''$，$\alpha_{CD} = 351°36'48''$，则 $f_\beta = +11''$，详细数据见表 7-5。

图根导线角度闭合差容许误差为

$$f_{\beta容} = \pm 40'' \sqrt{n} = \pm 106''$$

若 $f_\beta \geqslant f_{\beta容}$，说明角度测量误差超限，要重新测角；若 $f_\beta < f_{\beta容}$，说明角度测量成果合格，可对各角度进行闭合差调整。由于各角度是同精度观测，所以将角度闭合差反符号平均分配给各观测角，然后再计算各边方位角。最后计算得 α'_{CD} 和 α_{CD}，并以是否相等作为检核。

(2) 坐标增量闭合差的计算和调整

利用上述计算的各边坐标方位角和边长，可以计算各边的坐标增量。各边坐标增量之和理论上应与控制点 B、C 的坐标差一致，若不一致，产生的误差称为坐标增量闭合差 f_x、f_y，其计算式为

$$\left. \begin{array}{l} f_x = \sum \Delta x - (x_C - x_B) \\ f_y = \sum \Delta y - (y_C - y_B) \end{array} \right\} \qquad (7-10)$$

由于 f_x、f_y 的存在，使计算出的 C' 点与 C 点不重合。CC' 用 f 表示，称为导线全长闭合差，用下式表示

$$f = \sqrt{f_x^2 + f_y^2} \qquad (7-11)$$

f 值和导线全长 $\sum D$ 之比 K 称为导线全长相对闭合差，即

$$K = \frac{f}{\sum D} = \frac{1}{\sum D / f} \qquad (7-12)$$

K 值的大小反映了测角和测边的综合精度。不同导线的相对闭合差容许值是不相同的，见表 7-2。图根导线 K 值小于 1/2000，困难地区可放宽到 1/1000。若 $K > K_容$，则应分析原因，必要时重测。一般情况下是量距误差较大。

调整的方法是将 f_x、f_y 反号，按与边长成正比的原则进行分配，对于第 i 边的坐标增量改正值为

$$\left. \begin{array}{l} v_{x_i} = -\dfrac{f_x}{\sum D} \times D_i \\ v_{y_i} = -\dfrac{f_y}{\sum D} \times D_i \end{array} \right\} \qquad (7-13)$$

计算完毕，改正后的坐标增量之和应与 B、C 两点坐标差相等，即 $\sum \Delta x = \Delta x_{BC}$，$\sum \Delta y = \Delta y_{BC}$，以此作为检核。

根据起始点 B 的坐标及改正后各边的坐标增量按下式计算各点坐标。

$$\left.\begin{array}{l} x_{i+1} = x_i + \Delta x_{i,\,i+1} \\ y_{i+1} = y_i + \Delta y_{i,\,i+1} \end{array}\right\} \qquad (7-14)$$

最后推算出的 C' 点坐标应与原来 C 点坐标一致。

表 7-5　附合导线测量计算

测点	观测角度(左角)/(°′″)			坐标方位角/(°′″)			边长/m	坐标增量 ΔX/m	坐标增量 ΔY/m	坐标 X/m	坐标 Y/m
A				60	46	12					
			−3								
B	250	10	12					−11	−3	1107.730	5182.460
				130	56	21	189.770	−124.348	143.353		
			−3					−10	−3		
1	130	0	36							983.371	5325.810
				80	56	54	174.210	27.408	172.041		
			−3					−9	−2		
2	210	54	45							1010.769	5497.848
				111	51	36	160.140	−59.627	148.625		
			−3					−8	−2		
3	181	13	24							951.134	5646.471
				113	4	57	151.330	−59.330	139.215		
			−3					−8	−2		
4	160	47	36							891.795	5785.684
				93	52	30	134.960	−9.121	134.651		
			−3					−20	−5		
5	174	58	36							882.667	5920.333
				88	51	03	357.560	7.171	357.488		
			−3								
C	82	45	48							889.818	6277.816
				351	36	48					
D											
Σ	1190	50	57				1167.97	−217.847	1095.374		
辅助计算	$f_\beta = 11''$　　$f_x = 0.065$　　$f_y = 0.018$ $f_{\beta容} = \pm 40''\sqrt{n} = \pm 40''\sqrt{7} = \pm 106''$　　$f = 0.068$　　$k = 1/17239$										

3. 闭合导线计算

闭合导线计算方法与附合导线相同，也要满足角度闭合条件和坐标闭合条件。

（1）角度闭合差的计算与调整

闭合导线测的是内角，所以角度闭合条件要满足 n 多边形内角和条件，即

$\sum\beta_{理} = (n-2) \times 180°$，则角度闭合差

$$f_{\beta} = \sum\beta_{测} - \sum\beta_{理} = \sum\beta_{测} - (n-2) \times 180° \qquad (7-15)$$

（2）坐标增量闭合差的计算与调整

闭合导线的起、终点是同一个点，所以坐标增量总和理论值为零，即 $\sum\Delta x = 0$，$\sum\Delta y = 0$。则坐标增量闭合差为

$$f_x = \sum\Delta x_i$$
$$f_y = \sum\Delta y_i$$
$$f = \sqrt{f_x^2 + f_y^2}$$
$$K = \frac{f}{\sum D} = \frac{1}{\sum D/f}$$

角度闭合差 f_{β}，坐标增量闭合差 f_x、f_y 及导线全长闭合差 f 的检验和调整与附合导线计算方法相同。由起点坐标通过各点坐标增量改正计算，求得各点坐标，最后推回到 B 点坐标，作为计算检核。表 7-6 为闭合导线计算表。

表 7-6　闭合导线测量计算

测点	观测角度（左）/(° ′ ″)			坐标方位角/(° ′ ″)			边长/m	坐标增量 ΔX/m	坐标增量 ΔY/m	坐标 X/m	坐标 Y/m
B										1000.000	1000.000
				96	51	36	201.783	-4	+10		
P_1			-14					-24.102	200.338	975.894	1200.348
	108	27	00	25	18	22	263.288	-6	+13		
P_2			-14					238.022	112.543	1213.911	1312.904
	84	10	30	289	28	37	241.030	-5	+12		
P_3			-14					80.366	-227.237	1294.272	1085.678
	135	48	00	245	16	23	200.441	-4	+10		
P_4			-14					-83.843	-182.063	1210.424	903.625
	90	07	30	155	23	38	231.435	-5	+11		
B			-14					-210.419	96.364	1000.000	1000.000
	121	28	12	96	51	36					
P_1											
$\sum$	540	01	12				1137.977	0.024	-0.054		
辅助计算	$f_{\beta} = 72$　$f_{\beta容} = \pm40''\sqrt{n} = \pm40''\sqrt{5} = \pm89''$ $f_x = 0.024$　$f_y = -0.054$　$f = \sqrt{f_x^2+f_y^2} = 0.060$　$k = \dfrac{f}{\sum D} = \dfrac{1}{19000}$										

4. 检查导线测量错误的方法

在进行内业处理计算时发现导线的角度闭合差或坐标增量闭合差超过了容许值时,这就可能是计算过程中出现错误或外业测量本身的原因,这时首先要检查外业记录手簿和内业的计算,若没有记错、算错的数据,则说明外业的测量有错,应进行检查重测。为了节省人力、物力,应想办法找出可能发生错误的角和边,这样只需要作局部的重测。

(1)一个角度测错的查找方法

如图 7 – 10 所示的附合导线,可由两端已知坐标的 A、B 点开始,分别计算出各导线点的坐标。假定在 4 点的测角发生了错误,则从 A 点计算到 4 点的坐标都是正确的,而 4 点以后各点的坐标将随之出现错误。若从 B 点开始计算,则从 B 到 4′各点的坐标都是正确的,而随后的 3′、2′、……各点都将有错误。所以这两组坐标中,只有 4 点的坐标将"十"分接近,其他点则相差较大。由此可以判定 4 点可能就是测角有错的点。闭合导线查找一个错角的方法也是一样的:从同一个已知点和同一条起始边出发,分别按顺时针方向和逆时针方向计算出各导线点的坐标。按同样原理,在两组中坐标较接近的点,可能就是测角有错的点。

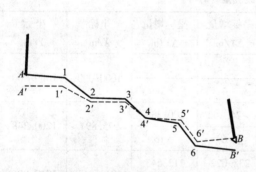

图 7 – 10　附合导线测角查错

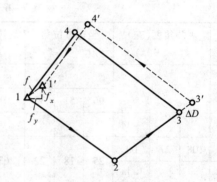

图 7 – 11　边长查错

(2)一条边长测错的查找方法

当导线角度闭合差未超限,而全长相对闭合差超限时,说明边长测量有错。在图 7 – 11 中,设导线边 2 – 3 测错,测大了 ΔD,由于其他各边和各角没有发生错误,因此,从 3 点开始及以后各点均产生一个平行于 2 – 3 边的位移量 ΔD。如果不计其他边长和角度的偶然误差,则计算出的导线全长闭合差 f 应等于 ΔD,且 f 的方向与测错边 2 – 3 的方向平行,也即边长的测错值为

$$f = \sqrt{f_x^2 + f_y^2} = \Delta D \tag{7 – 16}$$

测错边的坐标方位角为

$$\alpha_f = \arctan \frac{f_y}{f_x} \tag{7 – 17}$$

根据上述原理可知,凡是与 f 方向平行的边长,最有可能测错。

7.3　小三角测量

小三角测量，是指在小范围内布设边长较短的三角网的测量。它是平面控制测量的主要方法之一。与导线测量相比，量边工作量较少，根据起始边的已知坐标方位角和起始点的已知坐标，即可求出所有三角点的坐标，所以在山区、丘陵和城市，首级控制网大多采用小三角测量建立平面控制网。三角网常用的基本图形有单三角锁、中点多边形、大地四边形、线形锁等，如图 7 – 12 所示。

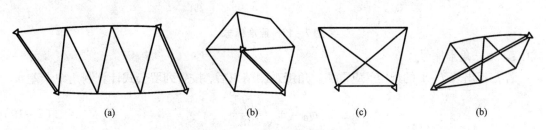

(a)　　　　　　　　　(b)　　　　　　　　(c)　　　　　　　　(b)

图 7 – 12　小三角网的基本形式

7.3.1　小三角测量的外业工作

小三角测量的外业工作包括踏勘选点、角度测量和基线边测量。

1. 选点、建立标志

选点前要搜集测区已有的地形图和控制点成果，在图上初步拟定布网方案，再到实地踏勘选点。如果测区没有可利用的地形图，则须到野外详细踏勘，综合比较，最后选定点位。选点时应考虑到各级小三角测量的技术要求，又要考虑到测图和用图方面的要求。一般应注意以下几点：

①基线应选在地势平坦而无障碍便于丈量的地方，使用测距仪时还应避开发热体和强电磁场的干扰。

②三角点应选在地势较高、视野开阔、便于测图和加密的地方，选在便于观测和便于保存点位的地方，三角点间应通视良好。

③为保证推算边长的精度，三角形应接近等边三角形，内角一般不小于30°，不应该大于120°。

④三角形的边长应符合规范的规定。

三角点选定后应埋设标志，可根据需要采用大木桩或混凝土标石，三角点选定后，应编号命名、绘制点之记。观测时可用三根竹竿吊挂一大垂球，为便于观测，可在悬挂线上加设照准用的竹筒，也可用三根铁丝竖立一标杆作为照准标志(图 7 – 13)。

2. 角度观测

角度测量是小三角测量的主要外业工作。有关技术指标见表 7 – 1。在控制点上，当观测方向是两个时，采用测回法测角；当观测方向为 3 个或 3 个以上时，采用全圆测回法。

角度测量时应随时计算各三角形角度闭合差 f_i 公式为

$$f_i = (a_i + b_i + c_i) - 180° \tag{7 – 18}$$

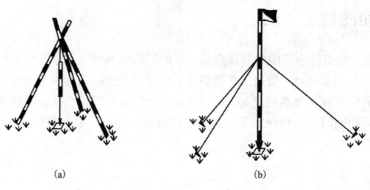

图 7 – 13　照准标志

式中：i 为三角形序号。

若 f_i 超出表 7 – 1 的规定，应重测。角度观测结束后，按费列罗公式计算测角中误差 m_β。

$$m_\beta = \pm \sqrt{\frac{[ff_i]}{3n}} \tag{7 – 19}$$

3. 基线测量

基线是计算三角形边长的起算数据，要求保证必要的精度。起始边应优先采用光电测距仪观测，观测前测距仪应经过检定，观测方法同各级光电测距导线的边长测量。观测所得斜距应加气象、加常数、乘常数等改正，然后换算成平距。

7.3.2　小三角测量内业计算

小三角测量的内业计算包括两项内容：观测角的近似平差和三角点的坐标计算。近似平差的特点，就是将部分几何条件所产生的闭合差分别进行处理，三角锁应满足下列几何条件：即每个三角形三内角之和应等于 180°，这种条件称为图形条件。另外，一般三角锁在锁段两端都设置一条基线，所以从一条基线开始经一系列三角形推算至另一基线，推算值应等于该基线的已知值，这种条件称为基线条件。三角锁平差的任务就是修正角度观测值，使之满足上述这两种条件。下面主要介绍图根三角锁的近似平差计算方法。

1. 绘制小三角测量略图

图 7 – 14 为单三角锁略图。图中 D_0 或 D_n 是起始边。从第一个三角形开始，由 D_0 按正弦定律推算与下一个三角形的邻边边长，该边长即为第二个三角形的已知边，这种相邻边称为传距边。依此类推，即可推出所有三角形的边长。为了方便，三角形内角按以下规定编号：已知边所对的角为 b_i，待求边所对的角为 a_i，第三边所对的角为 c_i，称为传距角，也称为间隔角。

2. 角度闭合差的计算与调整

设 a'_i、b'_i、c'_i 为第 i 个三角形的角度观测值，则各三角形的角度闭合差用式(7 – 18)计算，图根小三角测量角度闭合差容许值 $f_{\beta容} \leqslant 60''$。若 $f_i \leqslant f_{\beta容}$，则进行角度闭合差调整，否则，该三角形的内角要进行外业重测。

设各角度第一次改正数为 v_{ai}、v_{bi}、v_{ci}。因各角度为同精度观测，各改正数应相等。则

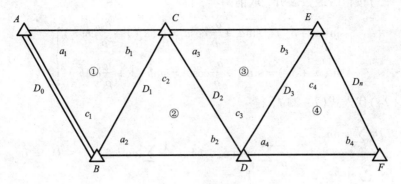

图 7-14　单三角锁略图及编号

$$v_{ai} = v_{bi} = v_{ci} = -\frac{f_i}{3}$$

改正数取至秒位。第一次改正后的角值为

$$\left.\begin{array}{l} a_i = a_i' + v_{ai} \\ b_i = b_i' + v_{bi} \\ c_i = c_i' + v_{ci} \end{array}\right\} \tag{7-20}$$

经过第一次改正后的角度应满足三角形闭合条件，即

$$a_i + b_i + c_i - 180° = 0 \tag{7-21}$$

3. 基线闭合差的计算与调整

根据基线 D_0 和第一次改正后的角值 a_i、b_i，按正弦定理推算另一条基线 D_n' 过程如下：

$$D_1' = D_0 \times \frac{\sin a_1}{\sin b_1}$$

$$D_2' = D_1' \times \frac{\sin a_2}{\sin b_2} = D_0 \times \frac{\sin a_1}{\sin b_1} \times \frac{\sin a_2}{\sin b_2}$$

$$\vdots$$

$$D_n' = D_0 \times \frac{\sin a_1}{\sin b_1} \times \frac{\sin a_2}{\sin b_2} \times \cdots \times \frac{\sin a_n}{\sin b_n} = \frac{D_0 \sum\limits_{i=1}^{n} \sin a_i}{\sum\limits_{i=1}^{n} \sin b_i}$$

计算的第二条基线 D_n' 应与实测的 D_n 相等。但由于第一次改正后的角度仍有误差，所以往往 $D_n' \neq D_n$，从而产生基线闭合差 ω'。

$$\omega' = D_n' - D_n = \frac{D_0 \sum\limits_{i=1}^{n} \sin a_i}{\sum\limits_{i=1}^{n} \sin b_i} - D_n \tag{7-22}$$

为了消除 ω' 误差，须对 a_i、b_i 进行第二次改正。设 δ_{ai}、δ_{bi} 为角度第二次改正数，则

$$\frac{D_0 \sum\limits_{i=1}^{n} \sin(a_i + \delta_{ai})}{\sum\limits_{i=1}^{n} \sin(b_i + \delta_{bi})} - D_n = 0 \tag{7-23}$$

将式 $(7-23)$ 按台劳级数展开, 取前两项, 得

$$\left.\begin{array}{l} \sin(a_i + \delta_{ai}) = \sin a_i + \dfrac{\delta_{ai}}{\rho}\cos a_i = \sin a_i\left(1 + \dfrac{\delta_{ai}}{\rho}\cot a_i\right) \\[3mm] \sin(b_i + \delta_{bi}) = \sin b_i + \dfrac{\delta_{bi}}{\rho}\cos b_i = \sin b_i\left(1 + \dfrac{\delta_{bi}}{\rho}\cot b_i\right) \end{array}\right\} \quad (7-24)$$

将式 $(7-24)$ 代入式 $(7-23)$, 得

$$\frac{D_0\displaystyle\sum_{i=1}^{n}\sin a_i}{\displaystyle\sum_{i=1}^{n}\sin b_i}\left(1 + \frac{1}{\rho}\sum\cot a_i\delta_{ai}\right)\left(1 + \frac{1}{\rho}\sum\cot b_i\delta_{bi}\right)^{-1} - D_n = 0 \quad (7-25)$$

δ_{bi} 很小, 所以 $\left(1 + \dfrac{1}{\rho}\displaystyle\sum\cot b_i\delta_{bi}\right)^{-1} \approx \left(1 + \dfrac{1}{\rho}\displaystyle\sum\cot b_i\delta_{bi}\right)$

将上式代入式 $(7-25)$, 得

$$\frac{D_0\displaystyle\sum_{i=1}^{n}\sin a_i}{\displaystyle\sum_{i=1}^{n}\sin b_i}\left(1 + \frac{1}{\rho}\sum\cot a_i\delta_{ai} - \frac{1}{\rho}\sum\cot b_i\delta_{bi}\right) - D_n = 0$$

即

$$\frac{D_n\displaystyle\sum_{i=1}^{n}\sin b_i}{D_0\displaystyle\sum_{i=1}^{n}\sin a_i} - 1 = \frac{1}{\rho}\left(\sum\cot a_i\delta_{ai} - \sum\cot b_i\delta_{bi}\right) \quad (7-26)$$

为使第二次改正后仍能满足三角形内角之和为180°, 必使 δ_{ai}、δ_{bi} 大小相等, 符号相反, 所以令 $\delta_{ai} = -\delta_{bi} = v'$。基线闭合差为

$$\omega = \frac{D_n\displaystyle\sum_{i=1}^{n}\sin b_i}{D_0\displaystyle\sum_{i=1}^{n}\sin a_i} - 1 \quad (7-27)$$

则

$$v' = \frac{\omega\rho}{\displaystyle\sum\cot a_i + \sum\cot b_i} \quad (7-28)$$

第二次改正后的角度值 A_i、B_i、C_i 为

$$\left.\begin{array}{l} A_i = a_i + v' \\ B_i = b_i + v' \\ C_i = c_i \end{array}\right\} \quad (7-29)$$

4. 边长和坐标计算

根据第二次改正后的角度和基线 D_0, 按正弦定理计算三角形各边长。最后求得的 D'_n 应与 D_n 相等。求得各边长和改正后的角度, 按闭合导线计算各点坐标。

以图 $7-14$ 为例, 按上述推算步骤, 角度和边长计算见表 $7-7$, 坐标计算见表 $7-8$, 表中坐标计算按 $A-C-E-F-D-B-A$ 闭合导线进行。

表 7 - 7　三角锁闭合差调整与边长计算

三角形编号	角号	角度观测值 /(° ′ ″)	第一次改正 /(″)	第一次改正后角值 /(° ′ ″)	cota cotb	第二次改正 /(″)	第二次改正后角值 /(° ′ ″)	边长 /m
1	a	63 41 18	3	63 41 21	0.49	2	63 41 23	415.607
	b	51 13 44	3	51 13 47	0.8	−2	51 13 45	361.478
	c	65 04 48	4	65 04 52			65 04 52	420.475
	Σ	179 59 50	10	180 0000			180 0000	
2	a	41 05 39	−2	41 05 37	1.15	2	41 05 39	321.188
	b	58 16 12	−2	58 16 10	0.62	−2	58 16 8	415.607
	c	80 38 15	−2	80 38 13			80 38 13	482.138
	Σ	180 00 06	−6	180 0000			180 0000	
3	a	60 08 24	4	60 08 28	0.57	2	60 08 30	312.276
	b	63 07 34	4	63 07 38	0.51	−2	63 07 36	321.188
	c	56 43 50	4	56 43 54			56 43 54	301.061
	Σ	179 59 48	12	180 0000			180 0000	260.732
4	a	53 59 25	−3	53 59 22	0.73	2	53 59 24	312.276
	b	75 39 28	−3	75 39 25	0.26	−2	75 39 23	248.188
	c	50 21 16	−3	50 21 13			50 21 13	
	Σ	180 00 09	−9	180 0000			180 0000	
	Σ				5.13			

$$\omega_D = -0.000048 \qquad \delta_a = \frac{\omega_\rho}{\sum cota + \sum cotb} = +\frac{9.90}{5.13} = 1.93 \approx +2'' \qquad \delta_b = -\delta_a = -2''$$

表 7 - 8　三角锁坐标计算

三角点	转折角 /(° ′ ″)	方位角 /(° ′ ″)	边长 /m	坐标增量 Δx	坐标增量 Δy	坐标 x	坐标 y
B							
A	63 41 23	22 56 00				500.000	500.000
C	192 00 28	86 37 23	420.475	24.768	419.745	524.768	919.745
E	113 28 49	98 37 51	301.061	−45.180	297.652	479.588	1217.397
F	75 39 23	32 06 40	260.732	220.845	138.595	700.433	1355.992
D	168 59 26	287 46 03	248.189	75.736	−236.351	776.169	1119.641
B	106 10 31	276 48 29	482.138	56.737	−478.788	832.906	640.853
A		22 56 00	361.476	−332.906	−140.853	500.000	500.000

7.4　交会测量

当控制点不能满足工程需要时，可用交会法加密控制点，这种定点工作称为交会测量。交会测量分测角交会定点、距离交会定点和边角交会定点三种形式。在测角交会中又分三种形式，即前方交会、侧方交会和后方交会。

前方交会是在两个已知控制点上，分别对待定点观测水平角以计算待定点的坐标；侧方交会与前方交会相似，它是在 1 个已知控制点和 1 个待定点上观测水平角以计算待定点的坐标；后方交会是在待定点上对 3 个已知控制点观测 3 个方向间的水平角以计算待定点的坐标。

为了提高交会点的精度，待定点上的交会角应大于 30°和小于 120°；水平角应按方向观测法观测两个测回。

7.4.1　前方交会

图 7-15 中，A、B 为已知坐标的控制点、P 为待求点。在 A、B 两点用经纬仪测量了 α、β 角，通过计算即可得出 P 点的坐标。这就是前方交会法。

这里不加推证给出前方交会的计算公式

$$x_P = \frac{x_A\cot\beta + x_B\cot\alpha - y_A + y_B}{\cot\beta + \cot\alpha}$$

$$y_P = \frac{y_A\cot\beta + y_B\cot\alpha + x_A - x_B}{\cot\beta + \cot\alpha} \tag{7-30}$$

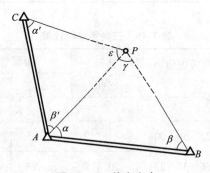

图 7-15　前方交会

利用式(7-30)，按已知点 A、B 的坐标及观测角 α、β，可直接计算出待定点 P 的坐标。该公式的推导思路是通过坐标正算计算出 P 点的坐标。由 A、B 两点的坐标计算出 α_{AB} 和 S_{AB}；由观测角 α、β 和 S_{AB} 通过正弦定理计算出 S_{AP}，同时计算出 α_{AP}；由 A、P 两点的距离和坐标方位角可计算出 A、P 两点的坐标增量，再由 A 点的坐标加上 A、P 两点坐标增量即得出 P 点的坐标。

按式(7-30)计算时，必须注意 $\triangle ABP$ 是以逆时针方向编号的，否则公式中的加减号将有改变。为了得到检核，一般都要求从三个已知点作两组前方交会。如图 7-15 分别按 A、B 和 C、A 求出 P 点的坐标。如果两组求出的点位的较差不大于比例尺精度的两倍，则取两组

的平均值。即点位误差

$$\Delta = \sqrt{\delta_x^2 + \delta_y^2} \leqslant 2 \times 0.1M \text{（mm）} \tag{7-31}$$

式中：δ_x、δ_y 为 P 点两组坐标之差；M 为测图比例尺的分母。

7.4.2　侧方交会

在图 7-15 中，如果在已知点 A、B 及待定点 P 上，分别观测了 α 和 γ 角，则可计算出 β 角。这样就和前方交会一样，根据 A、B 点坐标和 α、β 角，按公式(7-30)求出 P 点的坐标，这种方法称为侧方交会。当遇到不便安置仪器的已知点时，可用侧方交会代替前方交会。为了得到检核，可在 P 点再观测 ε 角，利用第三个已知点 C 进行检核。

7.4.3　后方交会

测角后方交会计算坐标的方法很多，下面介绍一种适合于编程计算的方法。

设 A、B、C 为三个已知点构成的三角形的三个内角，α、β、γ 为未知点 P 上的三个角，其对边分别为 BC、CA、AB，且 $\alpha + \beta + \gamma = 360°$。则

$$P_A = \frac{1}{\cot A - \cot\alpha}$$

$$P_B = \frac{1}{\cot B - \cot\beta}$$

$$P_C = \frac{1}{\cot C - \cot\gamma}$$

$$\left.\begin{array}{c} x_P = \dfrac{P_A x_A + P_B x_B + P_C x_C}{P_A + P_B + P_C} \\[3mm] y_P = \dfrac{P_A y_A + P_B y_B + P_C y_C}{P_A + P_B + P_C} \end{array}\right\} \tag{7-32}$$

P 点坐标解算出来后，可通过坐标反算求得 P 点至三个已知点 A、B、C 的坐标方位角 α_{PA}、α_{PB}、α_{PC}，然后用下列等式作检核计算

$$\alpha = \alpha_{PB} - \alpha_{PC}$$
$$\beta = \alpha_{PC} - \alpha_{PA}$$
$$\gamma = \alpha_{PA} - \alpha_{PB}$$

在用后方交会进行定点时，还应注意危险圆问题。如图 7-16 所示，当 P、A、B、C 四点共圆时，根据圆的性质，P 点无论在何处，α 和 β 的值都是由这个圆而确定的固定值，即 P 点是一个不定解，这就是后方交会中的危险圆。在后方交会时，一定要使 P 点远离危险圆。

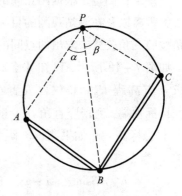

图 7-16　后方交会危险圆

7.4.4　测边交会定点

除测角交会法外，还可测边交会定点，通常采用三边交会法，如图 7-17 所示。A、B、C 为已知点，a、b、c 为测定的边长。

由已知点反算边的方位角和边长为 α_{AB}、α_{CB} 和 D_{AB}、D_{CB}。在三角形 ABP 中

$$\cos A = \frac{D_{AB}^2 + a^2 - b^2}{2 \cdot D_{AB} \cdot a}$$

则

$$\alpha_{AP} = \alpha_{AB} - A$$

$$\left.\begin{array}{l} x'_P = x_A + a \cdot \cos\alpha_{AP} \\ y'_P = y_A + a \cdot \sin\alpha_{AP} \end{array}\right\} \qquad (7-33)$$

同理，在三角形 CBP 中，

$$\cos C = \frac{D_{CB}^2 + c^2 - b^2}{2 \cdot D_{CB} \cdot c}$$

$$\alpha_{CP} = \alpha_{CB} + C$$

$$\left.\begin{array}{l} x''_P = x_C + c \cdot \cos\alpha_{CP} \\ y''_P = y_C + c \cdot \sin\alpha_{CP} \end{array}\right\} \qquad (7-34)$$

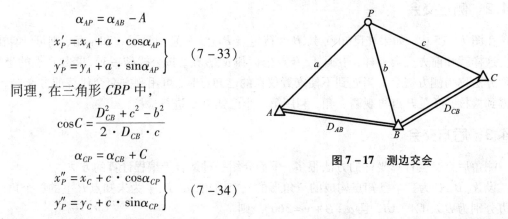

图 7-17　测边交会

按式(7-33)和式(7-34)计算的两组坐标，其误差在容许限差内，则取它们的平均值作为 P 点的最后坐标。

7.5　三角高程测量

当地面两点间地形起伏较大而不便于施测水准时，可应用三角高程测量的方法测定两点间的高差而求得高程。该法较水准测量精度低，常用于山区各种比例尺测图的高程控制。

7.5.1　三角高程测量原理

三角高程测量是根据两点间的水平距离或斜距离以及在测站观测的目标点的竖直角按照三角公式来求出两点间的高差。

如图 7-18 所示，已知 A 点高程 H_A，欲求 B 点高程 H_B。将仪器安置在 A 点，照准目标顶端，测得竖直角 α_a，量取仪器高 i_a 和目标高 v_a。如果测得斜距为 S，则高差 h_{ab} 为

$$h_{ab} = S\sin\alpha_a + i - v \qquad (7-35)$$

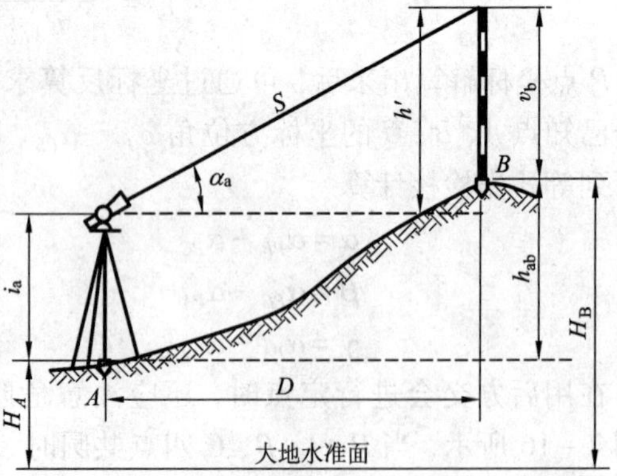

如果两点间的水平距离为 D，则 A、B 高差为

图 7-18　三角高程测量原理

$$h_{ab} = D\tan\alpha_a + i - v \qquad (7-36)$$

B 点高程为

$$H_B = H_A + h_{ab}$$

7.5.2　地球曲率和大气折光对高差的影响

在上一小节中的高差公式是把水准面当作水平面、观测视线当作直线来推导的，这种方式在地面两点间的距离小于 300 m 时是适用的。当测站与目标点间的距离大于 300 m 时，就需要考虑地球曲率的影响，要加以曲率改正，简称为球差改正。同时，观测视线受大气垂直折光的影响而成为一条向上凸起的弧线，必须加以大气垂直折光差改正，简称为气差改正。以上两项改正合称为球气差改正。

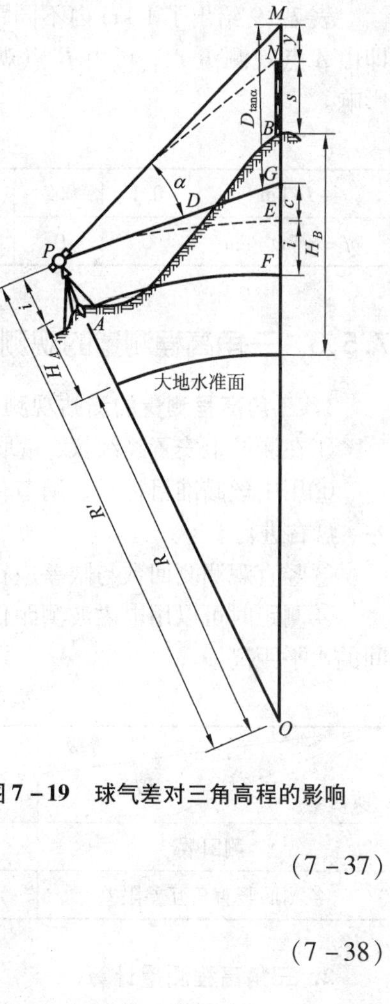

如图 7-19 所示，O 为地球中心，R 为地球曲率半径（$R = 6371$ mm），A、B 为地面上两点，D 为 A、B 两点间的水平距离，R' 为过仪器高 P 点的水准面曲率半径，PE 和 AF 分别为 P 点和 A 点的水准面。实际观测竖直角 α 时，水平线交于 G 点，GE 就是由于地球曲率而产生的高程误差，即球差，用符号 c 表示。由于大气折光影响，来自目标 N 的光沿弧线 PN 进入望远镜，而望远镜却位于弧线 PN 的切线 PM 上，MN 即为大气垂直折光带来的高程误差，即气差，用符号 γ 表示。

由于 A、B 两点间的水平距离 D 与曲率半径 R' 之比很小，例如当 $D = 3$ km 时，其所对圆心角约为 2.8′，故可认为 PG 近似垂直 OM，则

$$MG = D\tan\alpha$$

于是，A、B 两点高差为

$$h = D\tan\alpha + i - s + c - \gamma \tag{7-37}$$

令 $f = c - \gamma$，则公式为

$$h = D\tan\alpha + i - s + f \tag{7-38}$$

从图 7-19 可知

$$(R' + c)^2 = R'^2 + D^2$$

即

$$c = \frac{D^2}{2R' + c}$$

图 7-19　球气差对三角高程的影响

c 与 R' 相比很小，可略去，并且考虑到 R' 与 R 相差甚小，故以 R 代替 R'，上式为

$$c = \frac{D^2}{2R}$$

根据研究，因为大气垂直折光而产生的视线变曲的曲率半径约为地球曲率半径的 7 倍，则

$$\gamma = \frac{D^2}{14R}$$

球气差改正为

$$f = c - \gamma = \frac{D^2}{2R} - \frac{D^2}{14R} \approx 0.43\frac{D^2}{R} = 6.7D^2(\text{cm}) \tag{7-39}$$

式中: 水平距离 D, km。

表 7 – 9 给出了 1 km 内不同距离的球气差改正数。三角高程测量一般都采用对向观测,即由 A 点观测 B 点, 再由 B 点观测 A 点, 取对向观测所得高差绝对值平均可抵消两差的影响。

表 7 – 9　球气差改正数

D/km	0.1	0.2	0.3	0.4	0.5	0.6	0.7	0.8	0.9	1.0
$f = 6.7D^2$/cm	0	0	1	1	2	2	3	4	6	7

7.5.3　三角高程测量的观测和计算

1. 三角高程测量的测站观测工作

①在测站上安置经纬仪, 量取仪器高 i 和目标高 v。

②用中丝瞄准目标后, 调节使得水准管气泡居中, 然后读取竖盘读数。观测时要以盘左、盘右进行。

③竖直观测测回数与限差应符合表 7 – 10 的规定。

④测距时可以用电磁波测距仪得到两点间的倾斜距离 D', 或用三角测量方法计算得两点间的水平距离 D。

表 7 – 10　竖直角观测测回数及限差

项目	等级　　仪器	四等和一、二级小三角		一、二、三级导线	
		DJ$_2$	DJ$_6$	DJ$_2$	DJ$_6$
测回数		2	4	1	2
各测回竖直角互差限差		15″	25″	15″	25″

2. 三角高程测量计算

三角高程测量往返测所得的高差之差(经球气改正后)不应大于 $0.1Dm$(D 为边长, 以公里为单位)。三角高程测量路线应组成闭合或附合路线。如图 7 – 20 所示, 三角高程测量可沿 A—B—C—D—A 闭合路线进行, 每边均取对向观测。观测结果列表 7 – 11 中, 其路线高差闭合差 f_h 的容许值按下式计算:

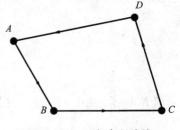

图 7 – 20　三角高程路线

$$f_{h容} = \pm 0.05\sqrt{\sum D^2}\ \text{m}\ (D\ \text{以千米为单位}) \tag{7-40}$$

若 $f_h < f_{h容}$, 则将闭合差按与边长成正比例的关系分配给各高差, 再按平差后的高差推算各点高程。

表 7 – 11 三角高程测量

起算点	A		B		C		D	
待求点	B		C		D		A	
	往	返	往	返	往	返	往	返
水平距离 D/m	581.38	581.38	488.01	488.01	567.92	567.92	486.93	486.93
竖直角/(° ′ ″)	11°38′30″	−11°24′00″	6°52′15″	−6°34′30″	…	…	…	…
仪器高 i/m	1.44	1.49	1.49	1.50	…	…	…	…
目标高 v/m	−2.50	−3	−3.00	−2.50	…	…	…	…
两差改正 f/m	0.02	0.02	0.02	0.02	…	…	…	…
高差 h/m	118.74	−118.72	57.31	−57.23	…	…	…	…
平均高差/m	118.73		57.27		−38.29		−137.75	

$$f_h = -0.04$$

$$f_{h容} = \pm 0.05 \ \sqrt{1.14} = \pm 0.053$$

$f_h < f_{h容}$，符合规范要求，观测成果合格。

随着现代光电子测量仪器迅速发展，测量方式发生了很大的变化，传统的三角高程测量已被电子测距三角高程测量(简称 EDM 高程测量)所取代，具有速度快、精度高的特点，而且工作强度很小。

═══════════ 思 考 题 ═══════════

1. 控制测量的作用是什么? 说明建立平面控制和高程控制的方法。
2. 测量控制网有哪几种形式? 各在什么情况下采用?
3. 导线的形式有哪几种，布设导线时应注意哪些问题?
4. 交会测量有哪几种形式? 各适合于什么场合? 如何检核外业观测结果和内业计算?

═══════════ 习 题 ═══════════

1. 已知附合导线的观测数据及已知数据见图 7 – 21，计算出各导线点的坐标值。
2. 已知闭合导线 123451 的观测数据及已知数据见图 7 – 22，计算出各导线点的坐标值。

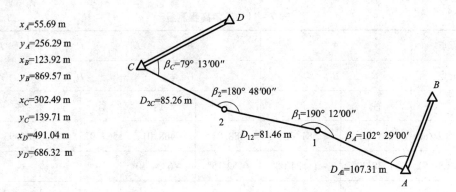

x_A=55.69 m
y_A=256.29 m
x_B=123.92 m
y_B=869.57 m

x_C=302.49 m
y_C=139.71 m
x_D=491.04 m
y_D=686.32 m

β_C=79° 13′00″
β_2=180° 48′00″
D_{2C}=85.26 m
β_1=190° 12′00″
D_{12}=81.46 m
β_A=102° 29′00′
D_{A1}=107.31 m

图 7 – 21　习题 1

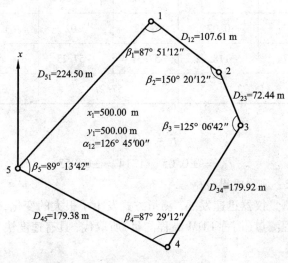

1
D_{12}=107.61 m
β_1=87° 51′12″
D_{51}=224.50 m
β_2=150° 20′12″
2
D_{23}=72.44 m
β_3=125° 06′42″
3
x_1=500.00 m
y_1=500.00 m
α_{12}=126° 45′00″
β_5=89° 13′42″
5
D_{34}=179.92 m
D_{45}=179.38 m
β_4=87° 29′12″
4

图 7 – 22　习题 2

第 8 章
GNSS 技术及应用

8.1　GNSS 技术概述

8.1.1　GNSS 技术的发展概况

　　GNSS 的全称是全球导航卫星系统(Global Navigation Satellite System)，它是泛指所有的卫星导航系统，包括全球的、区域的和增强的，如美国的 GPS、俄罗斯的 Glonass、欧洲的 Galileo、中国的北斗卫星导航系统，以及相关的增强系统，如美国的 WAAS(广域增强系统)、欧洲的 EGNOS(欧洲静地导航重叠系统)和日本的 MSAS(多功能运输卫星增强系统)等，还涵盖在建和以后要建设的其他卫星导航系统。国际 GNSS 系统是个多系统、多层面、多模式的复杂组合系统。

　　早在 20 世纪 90 年代中期开始，欧盟为了打破美国在卫星定位、导航、授时市场中的垄断地位，获取巨大的市场利益，增加欧洲人的就业机会，一直在致力于一个雄心勃勃的民用全球导航卫星系统计划，称之为 Global Navigation Satellite System。该计划分两步实施：第一步是建立一个综合利用美国的 GPS 系统和俄罗斯的 GLONASS 系统的第一代全球导航卫星系统(当时称为 GNSS - 1，即后来建成的 EGNOS)；第二步是建立一个完全独立于美国的 GPS 系统和俄罗斯的 GLONASS 系统之外的第二代全球导航卫星系统，即正在建设中的 Galileo 卫星导航定位系统。由此可见，GNSS 从一问世起，就不是一个单一的星座系统，而是一个包括 GPS、GLONASS 等在内的综合星座系统。GPS 接收机制造厂商纷纷推出高性能 GNSS 接收机。如 PENTAX 的 Smart 8800，SMT888 - 3G，后者更是达到 136 动态物理通道，成为真正意义上的 GNSS 接收机。

　　说起卫星定位导航系统，人们就会想到 GPS，但是伴随着众多卫星定位导航系统的兴起，全球卫星定位导航系统有了一个全新的称呼：GNSS。当前，在这一领域最吸引人眼球的除了 GPS 外，就是欧盟和我国合作的"伽利略"导航卫星系统。

　　"伽利略"计划是一种中高度圆轨道卫星定位方案。"伽利略"卫星导航定位系统的建立于 2007 年底之前完成，2008 年投入使用，总共发射 30 颗卫星，其中 27 颗卫星为工作卫星，3 颗为候补卫星。卫星高度为 24126 公里，位于 3 个倾角为 56°的轨道平面内。该系统除了 30 颗中高度圆轨道卫星外，还有 2 个地面控制中心。

　　"伽利略"系统为欧盟成员国和中国的公路、铁路、空中和海洋运输甚至徒步旅行者有保障地提供精度为 1 m 的定位导航服务,从而打破了美国独霸全球卫星导航系统的格局。首批两枚实验卫星于 2005 年末和 2006 年发射升空。

8.1.2　GNSS 技术的应用

1. 测绘应用

GNSS 已广泛应用于高精度大地测量和控制测量、地籍测量和工程测量、道路和各种线路放样、水下地形测量、大坝和大型建(构)筑物变形监测及地壳运动观测等领域。特别是山区的大地测绘相对传统方法可节省大量的时间、人力、物力和财力。

2. 交通应用

空运方面通过 GNSS 接收设备,使驾驶员着陆时能准确对准跑道,同时还能使飞机紧凑排列,提高机场利用率,引导飞机安全进离机场。水运方面能实现船舶远洋导航和进港引水。陆运方面出租车、租车服务、物流配送等行业利用 GNSS 技术对车辆进行跟踪、调度管理,合理分布车辆,以最快的速度响应用户的架乘车或送货请求,降低能源消耗,节省运输成本。今后,在城市中建立数字化交通电台,实时发播城市交通信息,车载设备通过 GNSS进行精确定位,结合电子地图以及实时的交通状况,自动匹配最优路径,并实现车辆的自主导航。

3. 公共安全和救援应用

GNSS 对火灾、犯罪现场、交通事故、交通堵塞等紧急事件的响应效率,可将损失降到最低。有了它的帮助,救援人员就可在人迹罕至、条件恶劣的大海、山野、沙漠,对失踪人员实施有效的搜索、救援。装有 GNSS 装置的交通工具在发生险情时,可及时定位、报警,使之能更快、更及时地获得救援。老人、孩童以及智障人员佩戴由 GNSS、GIS 与 GSM 整合而成的协寻装置,当发生协寻事件时,协寻装置会自动由发射器送出 GNSS 定位信号。即使在无 GNSS定位信号的室内时,亦可通过 GSM 定位方式得知协寻对象的位置。

4. 农业应用

当前,发达国家开始把 GPS 技术引入农业生产,既所谓的"精准农业耕作"。该方法利用GNSS 进行农田信息定位获取,包括产量监测、土壤采集等,计算机系统通过对数据的分析处理,决策出农田土地的管理措施,把产量和土壤状态信息载入带有 GNSS 设备的喷湿器中,从而精确地给农田地块施肥、喷药。通过实施精准耕作,可在尽量不减产的情况下,降低农业生产成本,有效避免资源浪费,降低因施肥除虫对环境造成的污染。

8.2　GPS 系统介绍

8.2.1　GPS 的发展概况

GPS 起始于 1958 年美国军方研制的一种子午仪卫星定位系统(Transit),1964 年投入使用。20 世纪 70 年代,美国陆海空三军联合研制了新一代卫星定位系统 GPS。主要目的是为陆海空三大领域提供实时、全天候和全球性的导航服务,并用于情报收集、核爆监测和应急通信等一些军事目的,经过 20 余年的研究实验,耗资 300 亿美元,到 1994 年,全球覆盖率高达 98% 的 24 颗 GPS 卫星星座已布设完成。

1995 年 4 月 27 日 GPS 宣布投入完全工作状态以后，1996 年便启动 GPS 现代化计划，对系统进行全面的升级和更新。计划分为三步：第一步自 2003 年开始发射 12 颗 BLOCK – ⅡR 型卫星进行星座更新。第二步发射 BLOCK – ⅡF 型卫星替换 GPS 星座中老旧卫星，提升系统性能，首颗卫星于 2010 年 5 月 28 日发射，2012 年 10 月 4 日发射第三颗。第三步发射 BLOCK – Ⅲ型卫星，计划 2014 年发射首颗星，20 年内完成满星座部署。GPS 现代化实现后，将在很大的程度上提高 GPS 系统的安全性、连续性、可靠性和测量精度。

8.2.2　GPS 定位原理与组成部分

1. GPS 定位原理

GPS 的定位原理，简单来说，是利用空间分布的卫星以及卫星与地面点间进行距离交会来确定地面点位置。因此若假定卫星的位置为已知，通过一定的方法可准确测定出地面点 A 至卫星间的距离，那么 A 点一定位于以卫星为中心、以所测得距离为半径的圆球上。

若能同时测得点 A 至另两颗卫星的距离，则该点一定处在三圆球相交的两个点上。根据地理知识，很容易确定其中一个点是所需要的点。从测量的角度看，则近似于测距后方交会。卫星的空间位置已知，则卫星相当于已知控制点，测定地面点 A 到三颗卫星的距离，就可实现 A 点的定位，如图 8 – 1 所示。这就是 GPS 卫星定位的基本原理。

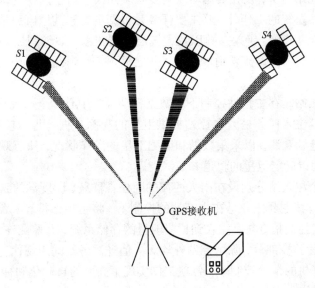

图 8 – 1　GPS 定位原理

2. GPS 的组成部分

全球定位系统（GPS）包括三大组成部分，即空间星座部分、地面监控部分和用户设备部分。

（1）空间星座部分

全球定位系统的空间卫星星座由 24 颗卫星组成，其中包括 21 颗工作卫星和 3 颗随时可以启用的备用卫星。如图 8 – 2 所示，卫星分布在 6 个轨道面内，每个轨道面上均匀分布有 4 颗卫星。卫星轨道平面相对地球赤道面的倾角约为 55°，各轨道平面升交点的赤经相差 60°。在相邻轨道上，卫星的升交距角相差 30°。轨道平均高度约为 20200 km，卫星运行周期为 11 h 58 min。因此，同一观测站上，每天出现的卫星分布图形相同，只是每天提前约 4 分钟。每颗卫星每天约有 5 h 在地平线以上，同时位于地平线以上的卫星数目，随时间和地点的不同而异，最少为 4 颗，最多可达 11 颗。

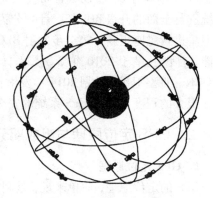

图 8-2　GPS 卫星星座

在 GPS 系统中，GPS 卫星的基本功能如下：

①接收和储存由地面监控站发来的导航信息，接收并执行监控站的控制指令。

②向广大用户连续发送定位信息。

③卫星上设有微处理机，进行部分必要的数据处理工作。

④通过星载的高精度铯钟和铷钟提供精密的时间标准。

⑤在地面监控站的指令下，通过推进器调整卫星的姿态和启用备用卫星。

（2）地面监控部分

地面监控系统为确保 GPS 系统的良好运行发挥了极其重要的作用。目前主要由分布在全球的 5 个地面站所组成，其中包括主控站、卫星监测站和信息注入站。

①主控站。主控站一个，设在美国本土科罗拉多州斯本斯空间联合执行中心。主控站除协调和管理地面监控系统的工作外，其主要任务是根据本站和其他监测站的所有跟踪观测数据，计算各卫星的轨道参数、钟差参数以及大气层的修正系数，编制成导航电文并传送至各注入站；主控站还负责调整偏离轨道的卫星，使之沿预定轨道运行。必要时启用备用卫星以代替失效的工作卫星。

②监测站。监测站是在主控站控制下的数据自动采集中心。全球现有的 5 个地面站均具有监测站的功能。其主要任务是为主控站提供卫星的观测数据。每个监测站均用 GPS 接收机对可见卫星进行连续观测，以采集数据和监测卫星的工作状况，所有观测数据连同气象数据传送到主控站，用以确定卫星的轨道参数。

③注入站。三个注入站分别设在南大西洋的阿松森群岛、印度洋的狄哥伽西亚岛和南太平洋的卡瓦加兰岛。其主要任务是在主控站的控制下，将主控站推算和编制的卫星星历、钟差、导航电文和其他控制指令等，注入到相应卫星的存储系统，并监测注入信息的正确性。

整个 GPS 的地面监控部分，除主控站外均无人值守。各站间用现代化的通信网络联系起来，在原子钟和计算机的精确控制下，各项工作实现了高度的自动化和标准化。

（3）用户设备部分

用户设备的主要任务是接收 GPS 卫星发射的无线电信号，以获得必要的定位信息及观测量，并经数据处理而完成定位工作。

GPS 用户设备部分主要包括 GPS 接收机及其天线，微处理器及其终端设备以及电源等。其中接收机和天线，是用户设备的核心部分，一般习惯上统称为 GPS 接收机。

随着 GPS 定位技术的迅速发展和应用领域的不断开拓，世界各国对 GPS 接收机的研制与生产都极为重视。世界上 GPS 接收机的生产厂家约有数百家，型号超过数千种，而且越来越趋于小型化，便于外业观测。目前，各种类型的 GPS 测地型接收机用于精密相对定位时，其双频接收机精度可达 $5\ mm + 10^{-6} \cdot D$，单频接收机在一定距离内精度可达 $10\ mm +$

$2 \times 10^{-6} \cdot D$。用于差分定位其精度可达分米级至厘米级。

8.2.3　美国的 GPS 政策

美国政府在 GPS 的最初设计中,计划向社会提供两种服务:精密定位服务(PPS)和标准定位服务(SPS)。精密定位服务的主要对象是美国军事部门和其他特许民用部门。使用 C/A 码和双频 P 码,以消除电离层效应的影响,使预期定位精度达到 10 m。标准定位服务的主要对象是广大的民间用户。它只使用结构简单、成本低廉的 C/A 码单频接收机,预期定位精度只达到 100 m 左右。但是,在 GPS 试验阶段,由于提高了卫星钟的稳定性和改进了卫星轨道的测定精度,使得只利用 C/A 码进行定位的 GPS 精度达到 14 m,利用 P 码的 PPS 的精度达到 3 m,远远优于预期定位精度。美国政府考虑到自身的安全,于 1991 年 7 月在 Block Ⅱ 卫星上实施 SA 和 AS 政策,其目的是降低 GPS 的定位精度。

SA(Selective Avaibility)政策称为有选择可用性。它包括在 GPS 卫星基准频率上增加了 δ 技术和在导航电文上增加 ε 技术两项措施。所谓 δ 技术,就是对 GPS 卫星的基准频率施加高频抖动噪声信号,而这种信号是随机的,从而导致测量出的伪距误差增大。所谓 ε 技术,就是人为地将卫星星历中轨道参数的精度降低到 200 m 左右。总之,采用这两项技术后,使测量的 GPS 定位精度降低到原先估计的误差水平。

AS(Anti-Spoofing)政策称为反电子欺骗政策,其目的是保护 P 码。它将 P 码与更加保密的 W 码模两相加形成新的 Y 码,实施 AS 政策的目的在于防止敌方对 P 码进行精密定位,也不能进行 P 码和 C/A 码码相位测量的联合求解。

为克服 SA 政策的影响,而发展了差分 GPS 技术,根据差分 GPS 定位原理,现已建立和发展以下类型的差分系统。

(1)区域差分 GPS 系统

利用两台 GPS 接收机(一台具有基准站功能)就可构成差分 GPS 定位系统。目前应用最广的技术是伪距差分和相位平滑伪距差分,定位精度提高到 ±1.5 m,一般作用范围为 40 km。这一技术已经成为差分 GPS 的最主要的技术手段。为了提高定位精度和保持伪距差分的可靠性,出现了准载波相位差分 GPS,定位精度可达到 50 cm,成为 1:500 大比例尺水深测图、疏浚、抛石等工程的有力手段。

(2)RBN/DGPS

这是交通部在我国沿海区域建立的无线电指向标/差分全球定位系统。整个系统由均匀分布在沿海的 21 个台站组成,为我国沿海提供差分 GPS 的 24h 服务,使用户在 300 km 海域内接收差分信号,得到 5-10 m 的定位精度。用户只要拥有一台信标 GPS 接收机,就可利用这一免费信号资源,进行实时差分定位。此技术正在得到大力推广。

(3)广域差分 GPS 系统

它是利用分布在全世界或全国各地的基准站对 GPS 进行连续观测,从而计算出卫星轨道改正数、卫星钟差改正数和电离层改正数。利用专用大功率电台或专用卫星将这些改正数发送给用户。用户利用这些改正数对测得的观测量进行修正,最后计算出点位坐标,精度可达到 1 m。这样的差分方式定位精度不受距离限制。目前,用户只要拥有一台广域差分 GPS 接收机就可接收香港上空 Omistar 卫星的广域差分信号进行精密定位,但属付费应用。

为了对付 AS 政策,采用了一种称为 P-W 技术和 L1 与 L2 交叉相关技术,恢复出 L2 载波相位观测值。这一技术不要求知道 W 码的结构，只要求知道 W 码的定位信息，于是克服了保密 P 码的 AS 影响。这种定位信息可由实验方法测定出近似值。由 Z 跟踪技术提取 Y 码，能获得 L1、L2 载波全波的观测量。这种方法获取数据的信噪比是很高的，比相关接收提高了 13 dB，比平方技术提高了 16 dB，甚至比码相关技术提高了 3 dB。这样，使得 GPS 静态相对定位的精度跨入了毫米量级。

8.3　GLONASS 系统介绍

8.3.1　GLONASS 系统概述

　　20 世纪 70 年代，作为对美国宣布建立和发展 GPS 的反应，苏联国防部构想了 GLONASS。70 年代末期开始研制，1982 年 9 月 12 日发射第一颗 GLONASS 导航卫星，1993 年开始工作并达到初始运营能力，1996 年 1 月 18 日正式建成并投入运行。1993 年，俄罗斯政府正式将 GLONASS 交由俄空军（VKS）负责。VKS 负责 GLONASS 的航天器部署及在轨维护，并通过科学信息中心将 GLONASS 的信息传播给公众。在 80 年代，GLONASS 的信息鲜为人知，除了卫星轨道的一般特征和传送导航信息的频率之外，苏联国防部未披露任何其他信息。然而，Leeds 大学的 Peter Daly 教授和他的研究生们经过努力，侦察出了 GLONASS 卫星信号结构的一些细节。随着苏联的解体，俄罗斯解密了接口控制文件（ICD, the Interface Control Document）。ICD 描述了系统及其组成、信号结构以及供民用的导航信息。1995 年 11 月 4 日在加拿大蒙特利尔国际民用航空组织第二次会议上，俄罗斯将其最新版本的 ICD 交给大会的导航卫星系统讨论组。自此，有关 GLONASS 的信息越来越明朗。

　　GLONASS 的空间部分由 24 颗卫星组成，轨道排列在 3 个平面上，升交点赤经彼此相隔 120°，轨道平面倾角为 64.8°。每个轨道平面上有 8 颗卫星，同一平面上卫星分布均匀，卫星轨道长半轴为 25510 km，卫星运行周期为 11 h 15 min，目前，GLONASS 系统中有 13 ~ 15 颗卫星处于正常工作状态。等到 24 颗 GLONASS 卫星全部投入运行时，在全球的任何时间任何地点都可以看到 5 ~ 10 颗 GLONASS 卫星。

　　GLONASS 的控制部分由系统控制中心和一个遍布俄罗斯的跟踪网组成。GLONASS 的控制部分与 GPS 很相似，必须监视所有卫星的状况。在确定星历和卫星钟补偿时顾及了 GLONASS 卫星时与俄罗斯国家 Etalon 时 UTC（SU）的尺度差别，并每隔 30 min 向卫星加载导航数据。

　　与 GPS 一样，GLONASS 用户部分是军/民两用的。所有的军方、民间用户组成了其用户部分，从理论上说系统的潜在民用市场与 GPS 一样巨大。

　　GLONASS 卫星于 1982 年 10 月 12 日进行首次发射，截至 1996 年底已经进行了包括两次失败在内的 27 次发射。苏联及俄罗斯已发射了 71 颗 GLONASS 卫星（包括 8 颗假卫星和 2 颗激光测距校准卫星）。每一颗卫星都安装有后向反射器，以便使用遍布苏联及俄罗斯的量子光学跟踪站的卫星激光测距装置对卫星进行跟踪。苏联及俄罗斯把至今发射入轨的所有卫星都当成样星，共 4 种。1982 年 10 月至 1985 年 5 月发射的前 10 颗卫星称为Ⅰ型；1985 年 5 月—1986 年 9 月发射的 6 颗卫星称为Ⅱa 型；1987 年 4 月—1988 年 5 月发射的 12 颗卫星称为Ⅱb 型，由于运载火箭发生故障，其中 6 颗卫星丢失；第四种称为Ⅱv 型。到 1996 年底，俄罗斯已部署了 43 颗 Ⅱ v 卫星。

各型号卫星相继都进行了设备的改进,使用寿命增加。GLONASS – M Ⅱ型卫星提高了频率和定时精度,预期寿命为 5 ~ 7 年。

1993 年,俄罗斯政府正式把 GLONASS 系统交付给俄罗斯航空部队(VKS)主管。该部队负责 GLONASS 卫星部署、再轨维护和用户设备检验。VKS 还经管科学信息协调中心,由此对公众发布 GLONASS 信息。

俄罗斯联邦政府宣布 GLONASS 的 C/A(也称为标准精度通道)码为世界范围内的民间用户提供水平方向至少 60 m(97.7% 的概率)、垂直方向至少 75 m(99.7% 的概率)的实时定位(独立)精度。

8.3.2　系统的组成与参考系

1. GLONASS 星座

GLONASS 星座由 27 颗工作星和 3 颗备份星组成,所以 GLONASS 星座共由 30 颗卫星组成。27 颗星均匀地分布在 3 个近圆形的轨道平面上,这三个轨道平面两两相隔 120°,每个轨道面有 8 颗卫星,同平面内的卫星之间相隔 45°,轨道高度 2.36×10^4 km,运行周期 11 h 15 min,轨道倾角 64.8°。

2. 地面支持

地面支持系统由系统控制中心、中央同步器、遥测遥控站(含激光跟踪站)和外场导航控制设备组成。地面支持系统的功能由苏联境内的许多场地来完成。随着苏联的解体,GLONASS 系统由俄罗斯航天局管理,地面支持段已经减少到只有俄罗斯境内的场地了,系统控制中心和中央同步处理器位于莫斯科,遥测遥控站位于圣彼得堡、捷尔诺波尔、埃尼谢斯克和共青城。

3. 用户设备

GLONASS 用户设备(即接收机)能接收卫星发射的导航信号,并测量其伪距和伪距变化率,同时从卫星信号中提取并处理导航电文。接收机处理器对上述数据进行处理并计算出用户所在的位置、速度和时间信息。GLONASS 系统提供军用和民用两种服务。GLONASS 系统绝对定位精度水平方向为 16 米,垂直方向为 25 米。目前,GLONASS 系统的主要用途是导航定位,当然与 GPS 系统一样,也可以广泛应用于各种等级和种类的定位、导航和时频领域等。

与美国的 GPS 系统不同的是 GLONASS 系统采用频分多址(FDMA)方式,根据载波频率来区分不同卫星[GPS 是码分多址(CDMA),根据调制码来区分卫星]。每颗 GLONASS 卫星发播的两种载波的频率分别为 $L_1 = 1602 + 0.5625K$(MHz)和 $L_2 = 1246 + 0.4375K$(MHz),其中 $K = 1 ~ 24$ 为每颗卫星的频率编号。所有 GPS 卫星的载波的频率是相同,均为 $L_1 = 1575.42$ MHz 和 $L_2 = 1227.6$ MHz。

GLONASS 卫星的载波上也调制了两种伪随机噪声码:S 码和 P 码。俄罗斯对 GLONASS 系统采用了军民合用、不加密的开放政策。

GLONASS 系统单点定位精度水平方向为 16 m,垂直方向为 25 m。

GLONASS 卫星由质子号运载火箭一箭三星发射入轨,卫星采用三轴稳定体制,整量质量 1400 kg,设计轨道寿命 5 年。所有 GLONASS 卫星均使用精密铯钟作为其频率基准。第一颗 GLONASS 卫星于 1982 年 10 月 12 日发射升空。到目前为止,共发射了 80 余颗 GLONASS 卫星，最近一次是 2000 年 10 月 13 日发射了三颗卫星。截止到 2001 年 1 月 10 日尚有 10 颗 GLONASS 卫星正在运行。

为进一步提高 GLONASS 系统的定位能力，开拓广大的民用市场，俄政府计划用 4 年时间将其更新为 GLONASS – M 系统。内容有：改进一些地面测控站设施；延长卫星的在轨寿命到 8 年；实现系统高的定位精度：位置精度提高到 10 ~ 15 m，定时精度提高到 20 ~ 30 ns，速度精度达到 0.01 m/s。

另外，俄政府计划将系统发播频率改为 GPS 的频率，并得到美罗克威尔公司的技术支援。

GLONASS 系统的可以广泛应用于各种等级和种类的测量应用、GIS 应用和时频应用等。

8.3.3　未来的发展

GLONASS（格洛纳斯）项目是苏联在 1976 年启动的项目，1982 年 10 月 12 日发射第一颗 GLONASS 卫星，遭遇了苏联解体，俄罗斯经济不景气，但始终没有中断过系统的研制和卫星的发射。终于 1996 年 1 月 18 日实现了空间满星座 24 颗工作卫星正常地播发导航信号。早期的 GLONASS 卫星寿命只有 3 年，而俄罗斯在 20 世纪 90 年代后期由于经济窘迫，长时间没有补充卫星，导致卫星数目不断减少，系统性能急剧衰退。1998 年 2 月仅剩下 12 颗卫星，到 2000 年情况最严重时只剩下 6 颗卫星。从 1999 年开始，俄罗斯陆续向 GLONASS 星座注入了两代寿命更长的 GLONASS – M 卫星，GLONASS 正在逐步进入恢复阶段，截止到 2009 年 12 月，在轨运行 GLONASS 卫星已达 19 颗，已满足覆盖俄罗斯全境的需求，到 2010 年 10 月俄罗斯政府已经补齐了该系统需要的 24 颗卫星。莫斯科时间 2011 年 11 月 4 日俄罗斯航天部门使用一枚"质子 – M"重型运载火箭，将 3 颗 GLONASS – M 卫星成功送入太空，使该系统在轨卫星群有 28 颗卫星，达到了设计水平。此外，GLONASS 也在开展现代化计划，在 2011 年 2 月 26 日发射其利用 CDMA 编码的 GLONASSK，实现与 GPS/GALILEO 在 L1 频点上的兼容与互用。其现代化计划预计在 2017 年完成，星座卫星数量达到 30 颗。

8.4　伽利略系统介绍

8.4.1　伽利略系统概述

欧盟于 1999 年首次公布伽利略卫星导航系统计划，其目的是摆脱欧洲对美国全球定位系统的依赖，打破其垄断。该项目总共将发射 32 颗卫星，总投入达 34 亿欧元。因各成员国存在分歧，计划已几经推迟。

1999 年欧洲委员会的报告对伽利略系统提出了两种星座选择方案：一是 21 + 6 方案，即采用 21 颗中高轨道卫星加 6 颗地球同步轨道卫星。这种方案能基本满足欧洲的需求，但还要与美国的 GPS 系统和本地的差分增强系统相结合。二是 36 + 9 方案，采用 36 颗中高轨道卫星和 9 颗地球同步轨道卫星或只采用 36 颗中高轨道卫星。这一方案可在不依赖 GPS 系统的条件下满足欧洲的全部需求。该系统的地面部分由欧洲监控系统、轨道测控系统、时间同步系统和系统管理中心组成。为了降低全系统的投资，上述两个方案都没有被采用，其最终方案是：系统由轨道高度为 23616 km 的 30 颗卫星组成，其中 27 颗工作星，3 颗备份星。每次发射将会把 5 颗或 6 颗卫星同时送入轨道。

新华网巴黎 2011 年 10 月 21 日电(记者舒适)法国巴黎时间 21 日 12 时 30 分(北京时间 18 时 30 分),俄罗斯"联盟"运载火箭携带欧洲伽利略全球卫星导航系统首批两颗卫星,从法属圭亚那库鲁航天发射中心发射升空。

卫星轨道高度约 2.4×10^4 km,位于 3 个倾角为 56°的轨道平面内。

此次发射成功后,欧洲航天局计划 2012 年再发射两颗卫星,并在随后几年内陆续发射其他 26 颗卫星,以完成卫星导航系统的构建。欧洲阿丽亚娜公司将负责所有卫星的发射。

目前全世界使用的导航定位系统主要是美国的 GPS 系统,欧洲人认为这并不安全。为了建立欧洲自己控制的民用全球卫星导航系统,欧洲人决定实施伽利略计划。伽利略系统的构建计划最早在 1999 年欧盟委员会的一份报告中提出,经过多方论证后,于 2002 年 3 月正式启动。系统建成的最初目标是 2008 年,但由于技术等问题,延长到了 2011 年。2010 年初,欧盟委员会再次宣布,伽利略系统推迟到 2014 年投入运营。

与美国的 GPS 系统相比,伽利略系统更先进,也更可靠。美国 GPS 向别国提供的卫星信号,只能发现地面大约 10 m 长的物体,而伽利略的卫星则能发现 1 m 长的目标。一位军事专家形象地比喻说,GPS 系统只能找到街道,而伽利略则可找到家门。

伽利略计划对欧盟具有关键意义,它不仅能使人们的生活更加方便,还将为欧盟的工业和商业带来可观的经济效益。更重要的是,欧盟将从此拥有自己的全球卫星导航系统,有助于打破美国 GPS 导航系统的垄断地位,从而在全球高科技竞争浪潮中获取有利位置,并为将来建设欧洲独立防务创造条件。

作为欧盟主导项目,伽利略并没有排斥外国的参与,中国、韩国、日本、阿根廷、澳大利亚、俄罗斯等国也在参与该计划,并向其提供资金和技术支持。伽利略卫星导航系统建成后,将和美国 GPS、俄罗斯 GLONASS、中国北斗卫星导航系统共同构成全球四大卫星导航系统,为用户提供更加高效和精确的服务。

2015 年 3 月 30 日,欧洲发射两颗伽利略导航卫星,欲抗衡 GPS。

8.4.2　伽利略系统组成与参考系

1. 卫星

①数量:30 颗。

②离地面高度:23 222 km(MEO)。

③三条轨道,56°倾角(每条轨道将有九颗卫星运作,最后一颗作后备)。

④卫星寿命:12 年以上。

⑤卫星重量:每颗 675 kg。

⑥卫星长宽高:2.7 m×1.2 m×1.1 m。

⑦太阳能集光板阔度:18.7 m。

⑧太阳能集光板功率:1500 W。

2. 全球设施

空间段由分布在三个轨道上的 30 颗中等高度轨道卫星(MEO)构成。

全球设施部分由空间段和地面段组成。空间段的 30 颗卫星均匀分布在 3 个中高度圆形地球轨道上,轨道高度为 23616 km,轨道倾角为 56°,轨道升交点在赤道上相隔 120°,卫星运行周期为 14 h，每个轨道面上有 1 颗备用卫星。某颗工作星失效后，备用卫星将迅速进入工作位置，替代其工作，而失效星将被转移到高于正常轨道 300 km 的轨道上。这样的星座可为全球提供足够的覆盖范围。

地面段由完好性监控系统、轨道测控系统、时间同步系统和系统管理中心组成。伽利略系统的地面段主要由 2 个位于欧洲的伽利略控制中心（GCC）和 29 个分布于全球的伽利略传感器站（GSS）组成，另外还有分布于全球的 5 个 S 波段上行站和 10 个 C 波段上行站，用于控制中心与卫星之间的数据交换。控制中心与传感器站之间通过冗余通信网络相连。全球地面部分还提供与服务中心的接口、增值商业服务以及与"科斯帕斯－萨尔萨特"（COSPAS－SARSAT）的地面部分一起提供搜救服务。

3. 区域设施

区域设施由监测台提供区域完好性数据，由完好性上行数据链直接或经全球设施地面部分，连同搜救服务商提供的数据，上行传送到卫星。全球最多可设 8 个区域性地面设施。

4. 局域设施

有些用户对局部地区的定位精度、完好性报警时间、信号捕获/重捕等性能有更高的要求，如机场、港口、铁路、公路及市区等。局域设施采用增强措施可以满足这些要求。除了提供差分校正量与完好性报警外（≤1 s），局域设施还能提供下列各项服务：

①商业数据（差分校正量、地图和数据库）。

②附加导航信息（伪卫星）。

③在接收 GSM 和 UMTS 基站计算位置信号不良的地区（如地下停车场和车库），增强定位数据信号。

④移动通信信道。

5. 用户

用户端主要就是用户接收机及其等同产品，伽利略系统考虑将与 GPS、GLONASS 的导航信号一起组成复合型卫星导航系统，因此用户接收机将是多用途、兼容性接收机。

6. 服务中心

服务中心提供伽利略系统用户与增值服务供应商（包括局域增值服务商）之间的接口。根据各种导航、定位和授时服务的需要，服务中心能提供下列信息：

①性能保证信息或数据登录。

②保险、债务、法律和诉讼业务管理。

③合格证和许可证信息管理。

④商贸中介。

⑤支持开发应用与介绍研发方法。

8.4.3　伽利略系统进度

1999 年初欧盟提出伽利略（GALILEO）计划。2002 年 3 月，正式启动了 GALILEO 计划。欧洲航天局在 2005 年 12 月 27 日发射了第一颗 GALILEO 演示卫星，这标志着欧洲的全球卫星导航系统的开发工作迈出了第一步。根据 2008 年 4 月通过的欧洲 GALILEO 全球卫星导航系统的最终部署方案，GALILEO 计划将分两个阶段实施，即 2008 年至 2013 年的建设阶段和 2013 年以后的运行阶段。总共发射 30 颗卫星，其中 27 颗卫星为工作卫星，3 颗为候补卫星。

建成后将与 GPS 在 L1 和 L5 频点上实现兼容和互用。

在 2010 年欧盟委员会的一份报告中，又重新调整了伽利略计划正式运行的时间节点，根据最新的时间节点，该计划启动到实现运营分 4 个发展阶段实施：2002—2005 年为定义阶段，论证计划的必要性、可行性及具体实施措施；2005—2011 年为在轨验证阶段，其任务是成功研制、实施和验证伽利略空间段及地面段设施，进行系统验证。2011—2014 年为全面部署阶段，包括制造和发射正式运行卫星，建成整个地面基础设施；2014 年之后为开发利用阶段，提供运营服务，按计划更新卫星并进行系统维护等。但是根据欧盟委员会最新的报告称伽利略系统于 2014 年投入使用的说法已经被推翻，该计划在 2017—2018 年之前难以投入运行。

8.5　北斗系统介绍

8.5.1　北斗系统概述

北斗卫星导航系统[BeiDou(COMPASS) Navigation Satellite System]，是中国研发的卫星导航系统，包括北斗一号和北斗二号的 2 代系统。北斗一号是一个已投入使用的区域性卫星导航系统，北斗二号则是一个正在建设中的全球卫星导航系统。

北斗一号由三颗北斗定位卫星(两颗工作卫星、一颗备份卫星)、地面控制中心为主的地面部分、与北斗用户终端三部分组成。北斗卫星导航定位系统可向用户提供全天候、24 h 的即时定位服务。定位精度可达数"十" ns 的同步精度，其精度号称与 GPS 相当，唯缺乏原子钟等关键零组件，以现有用户端显示，校准精度为 20 m，未校准精度 100 m，较民用 GPS 精度为低。

北斗一号卫星导航系统的工作过程是：首先由中心控制系统向卫星 I 和卫星 II 同时发送询问信号，经卫星转发器向服务区内的用户广播。用户响应其中一颗卫星的询问信号，并同时向两颗卫星发送响应信号，经卫星转发回中心控制系统。中心控制系统接收并解调用户发来的信号，然后根据用户的申请服务内容进行相应的数据处理。对定位申请，中心控制系统测出两个时间延迟：即从中心控制系统发出询问信号，经某一颗卫星转发到达用户，用户发出定位响应信号，经同一颗卫星转发回中心控制系统的延迟；和从中心控制发出询问信号，经上述同一卫星到达用户，用户发出响应信号，经另一颗卫星转发回中心控制系统的延迟。由于中心控制系统和两颗卫星的位置均是已知的，因此由上面两个延迟量可以算出用户到第一颗卫星的距离，以及用户到两颗卫星距离之和，从而知道用户处于一个以第一颗卫星为球心的球面和以两颗卫星为焦点的椭球面之间的交线上。另外中心控制系统从存储在计算机内的数字化地形图查寻到用户高程值，又可知道用户处于某一与地球基准椭球面平行的椭球面上。从而中心控制系统可最终计算出用户所在点的三维坐标，这个坐标经加密由出站信号发送给用户。

规划相继发射 5 颗静止轨道卫星和 30 颗非静止轨道卫星，建成覆盖全球的北斗卫星导航系统。此前，已成功发射了七颗北斗导航卫星。按照建设规划，2012 年左右，北斗卫星导航系统将首先提供覆盖亚太地区的导航、授时和短报文通信服务能力。2020 年左右，建成覆盖全球的北斗卫星导航系统。北斗二号是中国开发的独立的全球卫星地位系统，不是北斗一号的简单延伸，更类似于 GPS 全球定位系统和"伽利略"。正在建设的北斗二号卫星导航系统空间段将由 5 颗静止轨道卫星和 30 颗非静止轨道卫星组成，提供即开放服务和授权服务。开放服务是在服务区免费提供定位、测速和授时服务，定位精度为 10 m，授时精度为 10 ns，测速精度为 0.2 m/s。授权服务是向授权用户提供更安全的定位、测速、授时和通信服务以及系统完好性信息。2007 年初，北斗二号的第一颗卫星已经成功发射。2009 年初，第二颗北斗导航卫星发射。2010 年初，第三颗北斗导航卫星成功发射。2010 年 6 月 2 日，第四颗北斗导航卫星成功发射。2010 年 8 月 1 日，第五颗北斗导航卫星成功发射。2010 年 11 月 1 日，第六颗北斗导航卫星成功发射。2010 年 12 月 18 日，第七颗北斗导航卫星成功发射。

8.5.2　定位原理

卫星定位就是测出几颗卫星到定位点的距离，然后在建立的三维空间坐标系中以这些距离为半径画几个球，球的交点即为定位点的坐标，至于导航就是选定一个参考点，测算出它的坐标，引导用户到该参考坐标点就是导航。关键的问题是如何测量出实时的距离，这就需要利用电磁波在卫星与用户之间来回的传播来测算。不过实际的系统远不止这么简单，例如必须保证发射和接受同步，这就好比要使卫星和用户接收机同时开始播放同一首歌，这时站在接收机旁的人会停到两个版本的歌声，滞后的就是来自卫星的歌声，这个时延乘上光速 c 即为卫星到定位点的距离，当然，这个时延的测量也必须用精准的时钟。为了保证这些，电磁波上必须加载复杂的导航电文。导航电文不是由卫星单独产生的，而要由地面主控站来控制完成，所以为了不受制于人，我国决定开发自己的卫星导航系统。

北斗卫星导航系统由空间端、地面端和用户端组成，空间端包括 35 颗组网卫星，其中 5 颗为静止轨道（GEO）卫星，地面端主要有主控站、注入站和监测站等，而用户端既包括北斗用户终端，也包括与其他导航系统兼容的终端。北斗卫星导航系统分三阶段组网，目前已成功完成北斗 -1 的试验和北斗 -2 区域定位导航系统的组网，接下来将在 2020 年左右完成北斗 -2 全球定位导航系统的组网，届时北斗定位精度将达到 10 m，测速精度达到 0.2 m/s，授时精度达到 20 nm。

北斗 -1 是有源定位导航，即用户主动向卫星发送信号请求服务，它只覆盖我国领土范围（包括钓鱼岛），它的解算原理工作过程是：①首先由中心控制系统向卫星 1 和卫星 2 同时发送询问信号，经卫星转发器向服务区内的用户广播；②用户响应其中一颗卫星的询问信号，并同时向两颗卫星发送响应信号，经卫星转发回中心控制系统；③中心控制系统接收并解调用户发来的信号，然后根据用户的申请服务内容进行相应的数据处理。对定位申请，中心控制系统测出两个时间延迟：即从中心控制系统发出询问信号，经某一颗卫星转发到达用户，用户发出定位响应信号，经同一颗卫星转发回中心控制系统的延迟；④由于中心控制系统和两颗卫星的位置均是已知的，因此由上面两个延迟量可以算出用户到第二颗卫星的距离，从而知道用户处于两颗卫星为球心的一个球面，另外中心控制系统从存储在计算机内的数字化地形图查寻到用户高程值，又可知道用户处于某一与地球基准椭球面平行的椭球面上。从而中心控制系统可最终计算出用户所在点的三维坐标，这个坐标经加密由出站信号发送给用户。

北斗 -2 是无源定位导航，它包括区域系统和全球系统，它的基本定位原理与美国的 GPS 大体相同：以高速运动的卫星瞬间位置作为已知的起算数据，卫星不间断地发送自身的星历参数和时间信息，用户接收到这些信息后采用空间距离后方交会的方法，计算求出接收机的三维位置、三维方向以及运动速度和时间信息。对于需定位的每一点来说都包含有 4 个未知数：该点三维地心坐标和卫星接收机的时钟差，故定位至少需要 4 颗卫星的观测来进行计算。一般来说，接收机的解算值包括伪距和载波相位，两者结合可得到用户的位置。在计算位置坐标时，四颗卫星的位置必须要知道，以这四颗卫星为球心画四个球，四个球的交点即为用户位置。若采用一个接收机确定卫星位置，误差会比较大，所以北斗 - 2 采用两个以上接收机确定卫星位置的方法即相对定位，这样可大大减小误差。

8.5.3　北斗系统组成与功能特点

1. 系统组成

北斗系统于 2000 年底初步建成，2003 年 5 月成功发射了第三颗北斗卫星，标志着北斗系统进入全网运行阶段。2007 年 2 月、4 月成功发射了第四、第五颗卫星，标志着北斗卫星导航通信系统从"北斗一号"系统迈入了"北斗二号"系统，北斗导航通信系统从区域定位系统向全球导航通信系统迈进了关键的一步。第 7 颗北斗导航卫星于 2010 年 12 月 18 日成功发射，这颗"北斗星"进入太空预定工作轨道，意味着中国北斗卫星导航系统组网建设正按计划顺利推进，今后几年将持续进行组网发射。根据规划北斗导航通信系统将在 2020 年前完成"5 + 30"的布局，实现全球卫星导航通信。

北斗可以无缝覆盖我国全部国土面积和周边海域(北斗一号)，具有快速定位、双向通信和精密授时三大基本功能。系统主要由空间卫星、地面控制中心和用户终端等三部分组成。

空间卫星：空间卫星部分由地球同步卫星组成，负责执行地面中心站与用户终端之间的双向无线电信号中继任务。每颗卫星的主要载荷是变频转发器，以及覆盖定位通信区域点的全球波束或区域波束天线。

地面控制中心：完成与卫星之间上、下行数据的处理；对各类用户发送的业务请求进行响应处理，完成全部用户定位数据的处理工作和通信数据的交换工作，把计算机得到的用户位置和经过交换的通信内容，通过地面控制中心，分别送给有关用户。

用户终端：完成用户端与卫星之间上、下行数据的处理；发送用户业务请求，接收用户数据；提供必要的显示及数据接口。根据使用终端的客户类型，用户终端分为车载型、船载型、数传型、手持型等用户终端。

2. 主要功能

北斗卫星导航系统具有三大功能：快速导航定位、报文通信、精密授时。

1)快速导航定位

地面中心站发出的测距信号(具体为格式化的帧结构及其伪码)含有时间信息，经过卫星—用户终端站—卫星，再回到中心站，由出入站信号的时间差可计算出距离，可在秒级之内完成。

2)报文通信

北斗系统是双向闭合环路系统，每个用户终端都有专用识别码，用户终端通过该专用识别码发送和接收信息。该功能对水利、气象、环保等行业的野外数据传输提供了新的解决方案，不依赖于现有的通信网络，通过北斗系统将野外监测数据进行实时可靠的传输。另外，北斗用户机能够将自身的位置信息通过报文的形式发送到其他用户机上，实现位置报告功能

（GPS 仅知道自己的位置，而不知道别人的位置，也无法将自己的位置信息告知别人）。

3）精密授时

授时与通信、定位都是在同一信道中完成的。地面中心站产生标准时间和标准频率，通过询问信号将时标的时间码送给终端站。

3. 系统特点

1）自主知识产权、国内政策主导

我国拥有该系统的自主知识产权，受我国政策的主导。相比于国外系统，北斗系统将保证国内用户的利益不受国际形势变化的影响，尤其是关系到国计民生等部门的应用得到优先保证。

2）大区域远程实时监视指挥无盲区

北斗卫星定位导航系统服务的区域包括了整个中国国土及周边区域和海域，在此范围内指挥调度无盲区，不受气候、环境、时间等条件限制。

3）系统保密性好

北斗卫星定位导航系统是我国自主的卫星定位通信系统，系统通信采用三层保密措施，并且所有北斗用户机都具有自己唯一的 ID 号，都具有遥闭自毁功能，以防止丢失或落入敌方手中。

4）抗雨衰

北斗系统地面控制中心站采用 C 波段收发，用户终端采用 L/S 波段收发，在这些使用的波段内，系统通信时受雨衰的影响极小。

5）系统兼容

系统采用模块化设计，底层平台与上层应用系统分离。采用开放接口终端控制模块，兼容各种主流设备。

8.5.4　北斗系统建设进展

"北斗卫星导航系统"一词一般用来特指北斗卫星导航第二代系统，也被称为北斗二号，是中国的第二代卫星导航系统，英文简称 BDS，曾用名 COMPASS。1983 年中国开始筹划建设自主卫星导航定位系统。1994 年中国正式开始北斗卫星导航试验系统（北斗一号）的研制，并在 2000 年发射了两颗静止轨道卫星，区域性的导航功能得以实现。2003 年又发射了一颗备份卫星，完成了北斗卫星导航试验系统的组建。2004 年，中国启动了具有全球导航能力的北斗卫星导航系统的建设（北斗二号），计划空间段由 35 颗卫星组成，包括 5 颗静止轨道卫星、27 颗中地球轨道卫星、3 颗倾斜同步轨道卫星，并在 2007 年发射一颗中地球轨道卫星，进行了大量试验。2009 年起，后续卫星持续发射，并在 2011 年开始对中国和周边地区提供测试服务，2012 年 12 月 27 日完成了对亚太大部分地区的覆盖并正式提供卫星导航服务，并预计将于 2020 年形成全球覆盖的能力，并提供导航定位和短报文通信服务。

思　考　题

1. 简述 GNSS 技术的发展概况及其应用情况。
2. 简要说明 GPS 的定位原理与组成部分。

3. 简要说明 GLONASS 系统的组成与参考系。
4. 简述伽利略系统组成与参考系。
5. 简述北斗系统的定位原理。

第 9 章

地形测量

9.1 地形图基本知识

地球表面的物体和地表形状,在测量中可以分成地物和地貌两大类。地物是指地球表面上有明显轮廓的物体,既可以是自然形成的,如河流、湖泊、植被等,也可以是人工建成的,如道路、房屋等。地貌是指地面的高低变化和起伏形状,如山脉、丘陵、平原等。地物和地貌总称为地形。控制点建立后,根据控制点采集测区内地物和地貌特征点的相关定位数据,而后按测图比例尺和规定的符号绘制成地形图,这项测量工作称为地形测量。

遵循"先控制后碎部"的原则,地形图的测绘应先根据测图目的及测区的具体情况建立平面及高程控制,然后根据控制点进行地物和地貌的测绘。通过实地施测,将地面上各种地物的平面位置按一定比例尺,用规定的符号缩绘在图纸上,注上代表性点的高程,这种图称为平面图;如果是既表示出各种地物,又用等高线表示出地貌的图称则为地形图。

图 9-1 为 1:5000 比例尺的地形图示意。

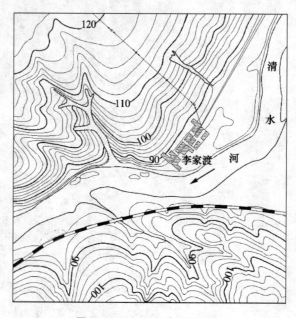

图 9-1 1:5000 地形图示意

9.1.1　地形图的比例尺

1. 比例尺的种类

地形图上任一线段的长度与地面上相应线段的实地水平长度之比，称为地形图的比例尺。常用的比例尺有两种：数字比例尺和图示比例尺。

（1）数字比例尺

数字比例尺是用分子为 1 的分数式表示。设图上的线段长度为 l，地面上相应线段的实地水平长度为 D，则：

$$\frac{l}{D}=\frac{1}{M} \text{ 或 } l:D=1:M \tag{9-1}$$

式中：M 称为比例尺分母，表示缩小的倍数，M 值越小，比例尺越大，表示图上表示的地物地貌越详尽。通常把 1:500、1:1000、1:2000、1:5000 的比例尺称为大比例尺，1:1 万、1:2.5 万、1:5 万、1:10 万的称为中比例尺，小于 1:10 万的称为小比例尺。不同比例尺的地形图有不同的用途。大比例尺地形图多用于各种工程建设的规划、设计、施工等；中比例尺地形图是我们国家的基本地图，用于国防和经济建设的规划和设计；而小比例尺图主要用于行政管理和大范围的发展规划工作。

（2）图示比例尺

为了用图方便，以及减小由于图纸伸缩而引起的误差，通常在图上绘制图示比例尺，也称直线比例尺。它表示每基本单位图上线段长度所代表的实地长度。如图 9-2 所示为 1:1000 的图示比例尺，基本单位长度为 2 cm，代表实地长度为 2 cm×1000＝20 m。图示比例尺标注在图纸的下方，便于用分规在图上直接量取直线段的水平距离，且可抵消图纸伸缩的影响。

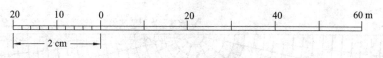

图 9-2　图示比例尺

2. 比例尺的精度

人们用肉眼在图上能分辨出的最小长度为 0.1 mm，因此地形图上 0.1 mm 长所代表的实际长度称为比例尺的精度。几种工程用图的比例尺精度见表 9-1。

表 9-1　比例尺精度

比例尺	1:500	1:1000	1:2000	1:5000
比例尺精度/m	0.05	0.1	0.2	0.5

利用比例尺精度，根据比例尺可以推算出测图时量距应准确到什么程度。例如，1:1000 地形图的比例尺精度为 0.1 m，测图时量距的精度只需 0.1 m，小于 0.1 m 的距离在图上表示不出来。反之，根据图上表示实地的最短长度，可以推算测图比例尺。例如，欲表示实地最

短线段长度为 0.5 m，则测图比例尺不得小于 1∶5000。

比例尺越大，采集的数据信息越详细，精度要求就越高，测图工作量和投资往往成倍增加，因此使用何种比例尺测图，应从实际需要出发，不应盲目追求更大比例尺的地形图。

9.1.2　地形图的分幅与编号

为了便于测绘、使用和管理地形图，需要统一地对各种比例尺地形图进行分幅和编号。分幅就是将大面积的地形图按照不同比例尺划分成若干幅小区域的图幅。编号就是将划分的图幅，按比例尺大小和所在的位置，用文字符号和数字符号进行编号。地形图的分幅方法有两类：一类是经纬网梯形分幅法或国际分幅法，用于国家基本图和大面积 1∶2000、1∶5000 地形图；另一类是坐标格网正方形或矩形分幅法，用于工程建设的大比例尺地形图。

1. 梯形分幅与编号

梯形分幅法是按国际统一规定的经差和纬差划分而成的梯形图幅，又称国际分幅法。我国(1∶5000)~(1∶50)万七种比例尺地形图是以 1∶100 万地图为基础分幅和编号的。

(1)1∶100 万比例尺图的分幅与编号

按国际 1∶100 万地图会议(1913 年，巴黎)规定，1∶100 万的世界地图实行统一的分幅和编号。即以经差 6°、纬差 4°为一幅。由经度 180°起，自西向东按经差 6°分成 60 纵带，编号自 1~60；由赤道起，向北或向南分别按纬差 4°分成 22 横带，各带依次用 A、B、…、V 表示。每幅图的图号由横带的字母和纵带的号数组成。为了区分北南半球，在列号前冠以 N 和 S，因我国全部位于北半球，故省略 N。由于随纬度的增高地图面积迅速缩小，规定在 60°~76°之间双幅合并，即按经差 12°、纬差 4°分幅；在 76°~88°之间四幅合并，经差为 24°，纬差为4°；88°以上单独为一幅。我国处于 60°以下，不存在合幅问题。例如某地的经度为东经 116°28′13″，纬度为北纬 39°54′23″，则该地所在的图幅(斜线部分)为 J－50，如图 9－3 所示。

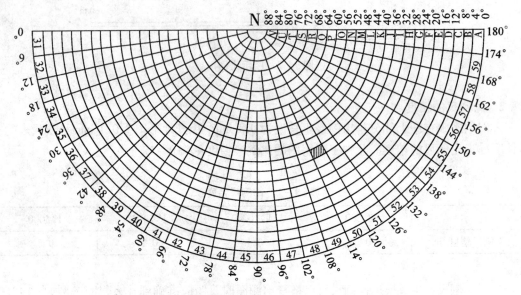

图 9－3　1∶100 万比例尺地形图梯形分幅和编号

（2）1∶50 万、1∶25 万、1∶10 万地形图的分幅和编号

这三种比例尺地形图都是在 1∶100 万地形图基础上进行分幅和编号的，如图 9－4 所示。将一幅 1∶100 万地形图按经差 3°、纬差 2°分为 4 幅 1∶50 万地形图，从左到右、自上而下以 A、B、C、D 为代号，每幅的编号是在 1∶100 万图的编号后缀以相应代号组成。如 J－50－A。

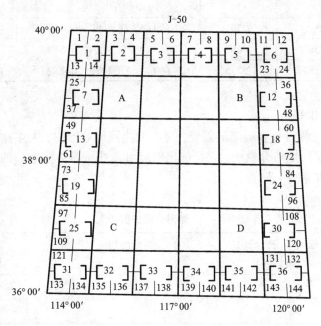

图 9－4　1∶50 万、1∶20 万、1∶10 万地形图的分幅和编号

一幅 1∶100 万地形图按经差 1°30′、纬差 1°分为 16 幅 1∶25 万地形图，以［1］、［2］、［3］、…、［16］为代号，每幅的编号是在 1∶100 万图的编号后缀以相应代号组成。如 J－50－［3］。

一幅 1∶100 万地形图按经差 30′、纬差 20′分为 144 幅 1∶10 万地形图，以 1、2、3、…、144 为代号，其编号是在 1∶100 万地形图的编号后缀以相应代号组成。如 J－50－5。

（3）1∶5 万、1∶2.5 万、1∶1 万地形图的分幅和编号

这三种比例尺的分幅编号都是以 1∶10 万比例尺图为基础的。

每幅 1∶10 万的图，划分成 4 幅 1∶5 万的图，编号是在 1∶10 万的图号后加上相应的代号 A、B、C、D。每幅 1∶5 万的图又可划分成 4 幅 1∶2.5 万的图，分别以 1、2、3、4 编号。每幅 1∶10 万的图分成 64 幅 1∶1 万的图，分别以（1）、（2）、…（64）表示。某地上述三种比例尺的图幅编号见表 9－2。

（4）1∶5000 地形图的分幅和编号

1∶5000 的图幅是以 1∶1 万的图幅为基础，将 1∶1 万的一幅图分成 4 幅，分别用代号 a、b、c、d 表示，故 1∶5000 地形图的编号是在 1∶1 万的图号后加上相应的代号，图幅大小及编号见表 9－2。

表 9 – 2　　各种比例尺地形图的图幅大小及编号示例

比例尺	图幅大小		在上一列比例尺中所包含的幅数	某地的图幅编号示例
	纬度差	经度差		
1:10 万	20′	30′	在 1:100 万图幅中有 144 幅	J – 50 – 5
1:5 万	10′	15′	在 1:10　万图幅中有 4 幅	J – 50 – 5 – B
1:2.5 万	5′	7′30″	在 1:5　万图幅中有 4 幅	J – 50 – 5 – B – 2
1:1 万	2′30″	3′45″	在 1:10　万图幅中有 64 幅	J – 50 – 5 – (15)
1:5000	1′15″	1′52.5″	在 1:1　万图幅中有 4 幅	J – 50 – 5 – (15) – a

2. 矩形分幅与编号

为了适应各种工程设计和施工的需要，对于大比例尺地形图，大多按纵横坐标格网线进行等间距分幅，即采用矩形分幅法，它是依比例尺由大到小逐级按统一的直角坐标格网划分成 4 幅。图幅大小见表 9 – 3。

表 9 – 3　　矩形分幅的图幅大小

比例尺	图幅大小(长×宽) /(cm×cm)	实地面积 /km²	在 1:5000 图幅内的分幅数
1:5000	40×40	4	1
1:2000	50×50	1	4
1:1000	50×50	0.25	16
1:500	50×50	0.0625	64

采用矩形分幅时，图幅编号一般采用图廓西南角坐标的公里数编号，x 坐标在前，y 坐标在后，1:500 的地形图取至 0.01 km，而 1:1000、1:2000 地形图取至 0.1 km。如图 9 – 7 所示，其西南角的坐标 $x = 15.0$ km，$y = 22.0$ km，所以其编号为"15.0 – 22.0"。

对于面积较大的测区，应用户要求测绘有几种不同比例尺的地形图。为了便于地形图测绘、拼接、编绘、存档、管理与应用，地形图的编号通常以最小比例尺图为基础进行。例如，某测区 1:5000 图幅编号为"32.0 – 56.0"，这个图号将作为该图幅中的其他较大比例尺所有图幅的基本图号。如图 9 – 5 所示，在 1:5000 图号后缀加罗马字Ⅰ、Ⅱ、Ⅲ、Ⅳ，就是 1:2000 比例尺图幅的编号，如甲图幅编号为"32 – 56 – Ⅰ"。同样，在 1:2000 图幅编号后缀加Ⅰ、Ⅱ、Ⅲ、Ⅳ，就是 1:1000 图幅的编号，如乙图幅编号为"32 – 56 – Ⅳ – Ⅱ"。在 1:1000 比例尺的图号后缀加Ⅰ、Ⅱ、Ⅲ、Ⅳ，就是 1:500 图幅的编号，如图 9 – 5 所示的丙图幅编号为"32 – 56 – Ⅳ – Ⅲ – Ⅲ"。

3. 国家基本比例尺地形图现行分幅与编号

我国 1992 年颁布的《国家基本比例尺地形图分幅和编号》(GB/T 13989—1992)国家标准自 1993 年 3 月起实行。新测和更新的基本比例尺地形图，均须照此标准进行分幅和编号。

1)分幅

以 1:100 万地形图为基础，一幅 1:100 万地形图按表 9 – 2 所列经差与纬差，分成

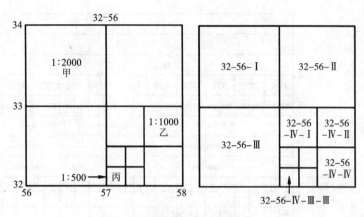

图 9 - 5 地形图矩形分幅法和编号

（1∶5000）~（1∶50）万等 7 种比例尺地形图的图幅数分别为 4、16、144、576、2 304、9 216、36 864 幅，不同比例尺地形图的经纬差、行列数和图幅成简单的倍数关系，如图 9 - 6 所示。

2）编号

1∶5000 ~ 1∶50 万地形图编号均以 1∶100 万地形图为基础，采用行列式编号方法。即将 1∶100 万地形图所含分幅后的各种比例尺地形图，以行从左到右、列自上而下按顺序分别用 3 位阿拉伯数字（数字码，不足 3 位补 0）编号，取行号在前、列号在后的排列形式，加在 1∶100 万地形图的编号之后。为了不致各种比例尺混淆，还采用不同的英文字符作为比例尺的代码，见表 9 - 4。

表 9 - 4 基本比例尺代码

比例尺	1∶50 万	1∶25 万	1∶10 万	1∶5 万	1∶2.5 万	1∶1 万	1∶5000
代码	B	C	D	E	F	G	H

各种比例尺地形图现行图幅编号均由 10 位代码构成，即 1∶100 万地形图行号（字符码，第 1 位）、列号（数字码，第 2、3 位），比例尺代码（字符码，第 4 位），该幅图的行号（数字码，第 5~7 位）、列号（数字码，第 8~10 位），见表 9 - 2。

9.1.3 地形图的图廓元素

为了图纸管理、查找和使用方便，在地形图的图框（称为图廓）周边标注如图名、图号、接图表、坐标格网、三北方向线等，称为图廓元素，如图 9 -7 所示，是这种图廓的标准样式，用细线描绘的内图廓是这幅图的边线，外图廓则绘成粗线，内外图廓相隔 12 mm。在内图廓的四角注有图廓线的坐标，以 km 为单位。为便于计量坐标在内图廓内侧每隔 10 cm 画一 5 mm 长短的线条，在图幅内每隔 10 cm 绘一"十"字，表示坐标格网的交叉点。在图廓外有下列注记：

1. 图名与图号

图名为本幅图的名称，一般以本幅图内最重要的地名或主要单位名称来命名，注记在图廓外上方的中央。如图 9 -7 所示，地形图的图名为"王村"。

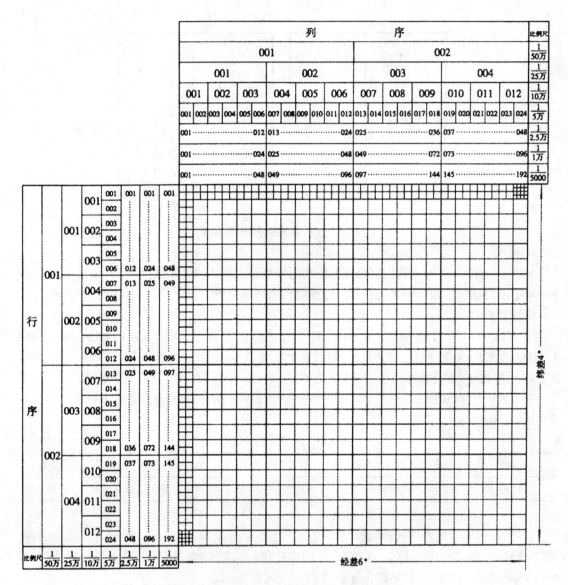

图 9 – 6　基本比例尺地形图分幅的行、列关系

　　图号即本幅图的编号，注在图名下方，是根据统一的分幅进行编号的。如图 9 – 7 所示，图号为 15.0 – 22.0，它由左下角纵、横坐标组成。

2. 接图表

　　为便于查找、使用地形图，在每幅地形图的左上角都附有相应的图幅接图表，用于说明本图幅与相邻图幅的关系，以便索取相邻图幅。接图表绘在图廓左上方，如图 9 – 7 所示，中间阴影格代表本图幅；其他分别注明相应的图名(或图号)代表相邻图幅，有的地形图还把相邻图幅的图号分别注在东、南、西、北图廓线中间，进一步说明与周围图幅的相互关系。

3. 比例尺

　　在下图廓外的中部注有测图的数字比例尺。

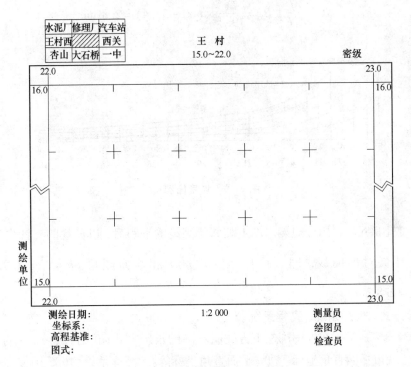

图 9 – 7　地形图的图廓元素

4. 图廓与坐标格网

图廓有内、外图廓之分。内图廓是地形图分幅时的坐标格网或经纬线，是图幅的边界。外图廓是距内图廓 12 mm 加粗平行线，仅起装饰作用。在内图廓内侧间隔图上 10 cm 绘有 5 mm 的短线，表示坐标格网线的位置；图幅内间隔 10 cm 绘有坐标格网线的交叉点，短线与交叉点的连线构成坐标格网。如图 9 – 7 中的方格网为平面直角坐标格网。在内、外图廓之间标有格网的坐标值(平面直角坐标或地理坐标)。

5. 三北方向线关系图

在许多中、小比例尺图的南图廓线外，还绘有真子午线 N、磁子午线 N′和直角坐标纵轴 X(中央子午线)这三者之间的角度关系图，称为三北方向图。如图 9 – 8 所示，该图磁偏角为 –1°36′，子午线收敛角为 –0°22′。根据该关系图，可对图上任一方向的真方位角、磁方位角和坐标方位角间相互换算。

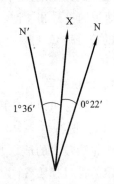

图 9 – 8　三北方向关系

6. 坡度比例尺

在南图廓外还绘有坡度比例尺，它是一种在地形图上量测地面坡度和倾角的图解工具。如图 9 –9 所示，坡度尺的底线下注有两行数字，上行表示地面倾角 $ab = \dfrac{af}{A_1F}A_1B_1 = \dfrac{21}{19.4} \times$

$(60 - 57.4) = 2.8$ mm，下行是对应的地面坡度为 i，若等高距为 h，相邻等高线间平距为 d，则

$$ab = \frac{af}{A_1F}A_1B_1 = \frac{21}{19.4} \times (60 - 57.4) = 2.8\ \text{mm} \qquad (9-2)$$

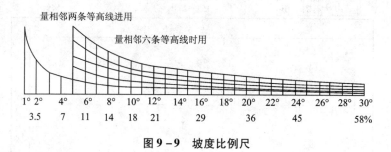

图 9 – 9　坡度比例尺

使用坡度比例尺时，用分规测出图上相邻等高线的平距后，以分规的一针尖对准坡度尺底线，另一针尖对准曲线，即可读出地面坡度 i 和地面倾角 $ab = \frac{af}{A_1F}A_1B_1 = \frac{21}{19.4} \times (60 - 57.4) = 2.8\ \text{mm}$。

7. 投影方式、坐标系统、高程系统

地形图测绘完成后，在外图廓左下方注明本图的投影方式(正射投影)、坐标系统(如国家大地坐标、城市平面直角坐标、独立平面直角坐标等)、高程系统(1985 国家高程基准、相对高程系统等)。

8. 成图方法、图式版本

在地形图外图廓左下方注明成图方法(航测成图、平板仪测量成图、野外数字成图等)、测图所采用的地形图图式版本。

此外，还应在地形图外图廓右下方标注测绘单位、成图日期等，供日后用图参考。

9.1.4　地形图的内容

地形图内图廓以内的内容是图幅范围的主体地理信息，包括坐标格网或经纬线、表示地物、地貌的符号和注记。地面上的地物和地貌，应按国家测绘总局颁发的《地形图图式》中所规定的符号表示于图上。根据不同专业的特点和需要，各部门也制定有专用的或补充的图式。

1. 地物符号

地物符号可以分成以下四类。

(1)比例符号

对轮廓较大的地物如房屋、湖泊、田地等，其形状、大小和位置可按测图比例尺缩小，并用规定的符号描绘在图上，可表达地物的轮廓特征，这种符号称为比例符号或轮廓符号。这种符号一般用实线或点线描绘。

(2)非比例符号

有些地物轮廓较小，如测量控制点、电杆、水井等，或因比例尺较小，无法将其形状和大小按比例在图上描绘，而又必须在图上表示出来，则不考虑其实际大小，而采用规定的符号在该地物的中心位置上表示，这类符号称为非比例符号。由于这类符号与相应地物形状比较类似，所以又称为形象符号。

非比例符号只能表示地物在图上的中心位置，不能表示其形状和大小。符号的中心与该地物实地中心的位置关系，随各种不同的地物而异，测图和用图时应注意以下几个方面：

①规则的几何图形符号，如圆形、正方形、三角形等，图形几何中心点为地物中心在图上的位置。

②底部为直角的符号，如独立树、加油站、路标等，符号的直角顶点即为地物中心在图上的位置。

③底宽符号，如烟囱、水塔、岗亭等，符号底部中心即为地物中心在图上的位置。

④下方无底线符号，如山洞、窑洞、平峒口等，符号下方两端点连线的中心即为地物中心在图上的位置。

⑤数种图形组合符号，如消火栓、路灯、盐井等，符号下方图形的几何中心即为地物中心在图上的位置。

⑥其他符号，如矿井、桥梁、涵洞等，符号中心即为实地地物中心在图上的位置。

（3）半比例符号

对于一些带状延伸地物如小路、小溪、通信线路、垣栅等，其长度可按比例尺缩绘，而宽度不能按比例尺缩绘，这类符号称为半比例符号或线形符号。这类符号的中心线一般表示其地物的中心线，只能表示地物的长度，不能表示其宽度，但是城墙和垣栅等地物中心位置在其符号的底线上。

（4）地物注记

用文字、数字或特有符号加以说明者，称为地物注记。如村镇、工厂、河流、道路的名称；桥梁的长度及载重量；江河的流向；植被、土质的类别等，都以文字或特定符号加以说明。

对地物加以说明的文字、数字或特有符号，称为地物注记。地物注记用于进一步表明地物的特征和种类，如村镇、工厂、河流、道路的名称；桥梁的长度及载重量；江河的流向；植被、土质的类别等，都以文字或特定符号加以说明。

图 9 – 10（a）、图 9 – 10（b）、图 9 – 10（c）是我国铁道部门所制定的地形图图式的一部分。

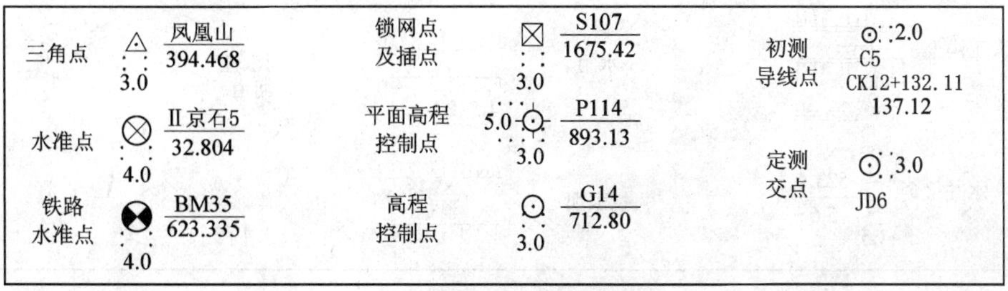

图 9 – 10（a）

二、房屋及独立地物

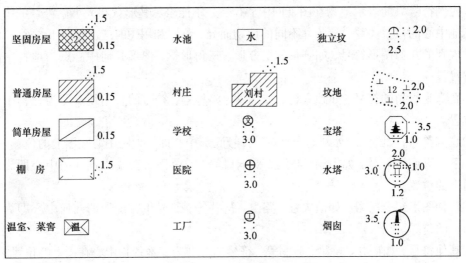

三、道路及水系

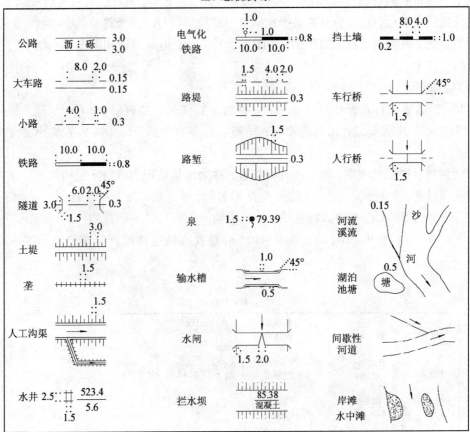

图 9 – 10(b)

四、垣栅、管线、境界

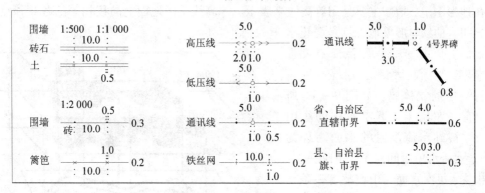

五、地貌及植被

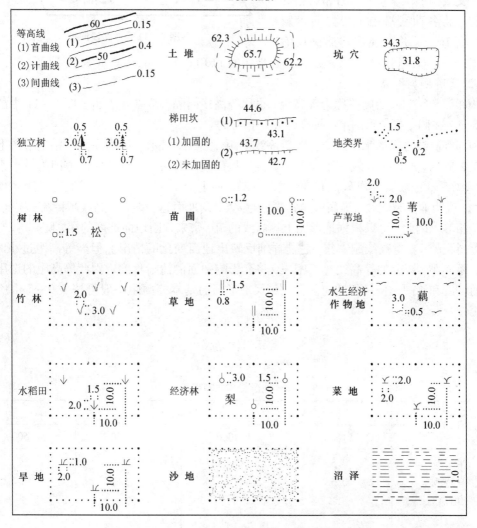

图 9-10(c)

2. 地貌符号——等高线

(1)等高线表示地貌的原理

在地形图上,地貌主要是用等高线来表示。等高线是由地面上高程相等的各相邻点连接而成的闭合曲线,形象地说就是静止水面与地面的交线。一簇等高线,在图上不仅能表达地面起伏变化的形态,而且还具有一定的立体感。如图9-11所示,设有一座位于平静湖水中的小山丘,山顶被湖水淹没时的水面高程为115 m。然后水位每间隔5 m下降一次,露出山头,每次水面与山坡就有一条交线,形成一组闭合曲线,各曲线客观地反映了交线的形状、大小和相邻点相等的高程。将各曲线沿铅垂线方向投影到水平面H上,并按规定的比例尺缩

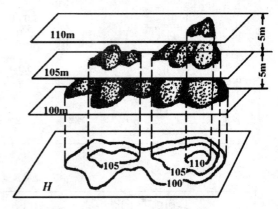

图9-11 等高线原理

绘到图纸上,即得到用等高线表示该山丘地貌的110 m、105 m、100 m等高线。

(2)等高距与等高平距

相邻等高线之间的高差称为等高距,也称等高线间隔,常以 h 表示。图9-11中的等高距为5 m。在同一幅地形图上,等高距 h 是相同的。

相邻等高线之间的水平距离称为等高线平距,常以 d 表示。因为在同一幅地形图上等高距 h 是相同的,所以等高线平距的大小直接与地面坡度有关。h 与 d 之比值即为沿平距方向的地面坡度 i,一般以百分率表示,见式(9-2),向上为正、向下为负。等高线平距 d 越小,i就越大,说明地面越陡峻,等高线越密集;d 越大,则地面越平缓,等高线越稀疏;坡度相同,则平距相等。因此,可以根据地形图上等高线的疏、密来判断地面坡度的缓、陡。

等高距越小,等高线越密集,越能详细反映出地面变化的情况。但当等高距过小时,相应的平距亦小,图上的等高线过于密集,将会影响图面的清晰程度。因此等高距的选用应与地面的坡度和测图比例尺相适应。大比例尺地形图的基本等高距一般可按表9-5中所列数值选用。

$$i = \tan\alpha \frac{h}{dm} \tag{9-2}$$

表9-5 地形图基本等高距(m)

地形类别	比例尺			
	1:500	1:1000	1:2000	1:5000
平坦地	0.5	0.5	1	2
丘陵地	0.5	1	2	5
山地	1	1	2	5
高山地	1	2	2	5

（3）等高线表示典型地貌

地貌形态多种多样，但主要由一些典型地貌的不同组合而成。要用等高线表示地貌，关键在于掌握等高线表达典型地貌的特征，这有助于识读、测绘和应用地形图。

典型地貌有：

①山头和洼地。

凸出而高于四周的地方称山头，而凹下低于四周的地方称洼地。山头和洼地的等高线都形成一组同心的闭合曲线，可根据等高线的高程向内递增还是递减来区别，为了便了识别，通常在地形图上从等高线起向低处绘出垂直的短线条，称为示坡线［图 9 – 12（a）、图 9 – 12（b）］。

②山脊和山谷。

山脊是沿着一个方向延伸的高地，山脊的等高线向山脊的低处凸出［图 9 – 12（c）］，山脊上有一条最高点的连线，即雨水向两侧流去的分界线，称山脊线或分水线。山谷是两山脊间的凹地，山谷的等高线向山谷的高处凸出［图 9 – 12（d）］，山谷上有一条最低点的连线，即集合两侧流水的线，称山谷线或集水线。

山脊线和山谷线是显示地貌轮廓重要的线，又称"地性线"。地性线在地形图上不绘出，但在测图和用图中都有重要作用。

③山坡和阶地。

从山脊到山谷或山脚的中间地段都称山坡，山坡的坡度有陡有缓，山坡上出现较平坦的地段称阶地，山坡的等高线均为同一走向的曲线，山坡较陡处等高线平距较小，较缓处平距则较大［图 9 – 12（e）］。

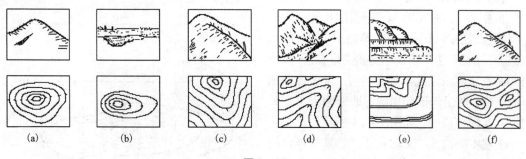

（a）	（b）	（c）	（d）	（e）	（f）

图 9 – 12

④鞍部。

山脊上低凹处形成马鞍形的地貌称鞍部。鞍部的等高线在沿山脊方向是一对山脊的等高线，在山脊的两侧则是一对山谷的等高线［图 9 – 12（f）］。

以上各种典型地貌均可用等高线表示，但下列典型地貌则需用地貌符号来表示。

⑤陡崖。

坡度陡峭的山坡称陡崖，陡崖由于其等高线过于密集且不规则，故用图 9 – 13（a）的符号来表示。

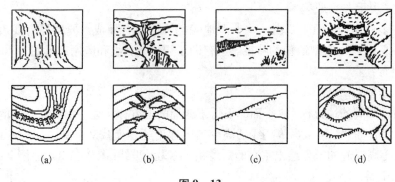

(a)   (b)   (c)   (d)

图 9 – 13

⑥冲沟。

在平缓的山坡上,因雨水的冲蚀形成边坡陡峭的深沟称冲沟,又称雨裂,用图 9 – 13(b)这种符号来表示。

⑦陡坎。

凡坡度在70°以上的天然或人工的坡坎称陡坎,用图 9 – 13(c)所示的符号来表示。

⑧梯田。

由人工修成的阶梯式农田均称为梯田,梯田用陡坎符号配合等高线来表示,如图 9 – 13(d)所示。

(4)等高线的分类

根据地面倾斜角和测图比例尺,从表 9 – 5 中选定的等高距称基本等高距,同一幅地形图上只能采用一种基本等高距。为了能恰当而完整地显示地貌的细部特征,又能保证地形图清晰,便于识读和用图,地形图上主要采用以下几种等高线,如图 9 – 14 所示。

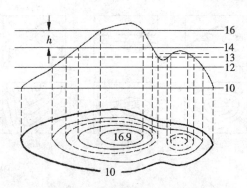

图 9 – 14　等高线的分类

①基本等高线,又称首曲线,是按规定的基本等高距 h 所绘的等高线。基本等高线的高程应是基本等高距的整数倍数,用细实线描绘。

②加粗等高线,又称计曲线,是从高程起算面(0 m)起算,每隔4条首曲线加粗的一条等高线,为了便于阅图,计曲线上注记其高程,该高程能被 5 倍 h 整除。

③半距等高线,又称间曲线,是用 $\frac{1}{2}$ 等高距加绘的等高线,用长虚线描绘,是为了更详细地反映出两基本等高线间的地面变化。间曲线可不闭合(局部描绘)。

④辅助等高线,又称助曲线,是用 $\frac{1}{4}$ 等高距加绘的等高线,用短虚线描绘,用于描绘出地面上细小的变化。和间曲线一样,助曲线也可不闭合(局部描绘)。

(5)等高线的特性

掌握了等高线表示地貌的规律性,可归纳出等高线的特性,有助于地貌测绘、等高线勾绘与正确使用地形图。

①同一条等高线上的点，其高程必相等。

②等高线均是闭合曲线，如不在本图幅内闭合，则必在图外闭合，故等高线必须延伸到图幅边缘。

③除在悬崖或绝壁处外，等高线在图上不能相交或重合。

④等高线的平距小，表示坡度陡，平距大则坡度缓，平距相等则坡度相等，平距与坡度成反比。

⑤等高线和山脊线、山谷线成正交。

⑥等高线不能在图内中断，但遇道路、房屋、河流等地物符号和注记处可以局部中断。

9.2　大比例尺地形图测绘

控制测量完成后，根据控制点来测定地物特征点(称为地物点)、地貌特征点(称为地形点)的平面位置与高程，而后按测图比例尺将其缩绘在图上，再依据各特征点间的相互关系及实地情况，用适当的线条和规定的图示符号描绘出地物和地貌，形成地形图。以上就是地形图测绘的实质，也是地形图测绘的技术过程。以下介绍大比例尺地形图测绘的实施。

9.2.1　测图前的准备工作

1. 资料和仪器准备

在地形测图之前，应准备好测图使用的仪器和工具。包括对主要仪器应进行必要的检验和校正；收集测区的控制点成果以及可以利用的成图资料，到野外踏勘了解控制点的完好情况和测区地形概况，准备测图工具，最后拟定工作计划。

2. 图纸选用

地形图一般在野外边测边绘，因此，在开始工作之前必须准备好图纸。图纸上应绘好图廓和坐标格网，展绘好所有的平面控制点，包括各级平面控制点和图根点。

大比例尺地形图的图幅大小一般为 40 cm × 40 cm、40 cm × 50 cm 和 50 cm × 50 cm。为保证测图的质量，应选择优质绘图纸。一般临时性测图，可直接将图纸固定在图板上进行测绘；需要长期保存的地形图，为减少图纸的伸缩变形，通常将图纸裱糊在锌板、铝板或胶合板上。目前各测绘部门大多采用聚酯薄膜代替绘图纸，它具有透明度好、伸缩性小、不怕潮湿、牢固耐用等特点。聚酯薄膜图纸的厚度为 0.07 ~ 0.1 mm，表面打毛，可直接在底图上着墨复晒蓝图，如果表面不清洁，还可用水洗涤，因而方便和简化了成图的工序。但聚酯薄膜易燃、易折和老化，故在使用保管过程中应注意防火和防折。

3. 绘制坐标格网

为了准确地将控制点展绘在图纸上，首先要在图纸上绘制 10 cm × 10 cm 的直角坐标格网。绘制坐标格网的工具和方法很多，如可用坐标仪或坐标格网尺等专用仪器工具。坐标仪是专门用于展绘控制点和绘制坐标格网的仪器；坐标格网尺是专门用于绘制格网的金属尺。它们是测图单位的一种专用设备。下面介绍对角线法绘制格网。

如图 9 - 15 所示，沿图纸的四角，用长直尺绘出两条对角线交于 O 点，自 O 点沿对角线上量取 OA、OB、OC、OD 四段相等的长度得出 A、B、C、D 四点，并作连线，得矩形 $ABCD$，

从 A、B 两点起沿 AB 和 BC 向右间隔 10 cm 截取一点；再由 AD 向上间隔 10 cm 截取一点。而后连接相应的各点，擦去多余线条后即得到由 10 cm × 10 cm 正方形组成的坐标格网。绘好坐标格网后，应进行检查。其方法是：将直尺沿方格对角线方向放置，方格的角点应在一条直线上，偏离不应大于 0.2 mm；再检查各个方格的对角线长度，应为 141.4 mm，容许误差为 ±0.2 mm；图廓对角线长度与理论长度之差的容许误差为 ±0.3 mm；若误差超过容许值则应修改或重绘。检查合格后，在坐标格网线的旁边要注记按照图的分幅来确定的坐标值。

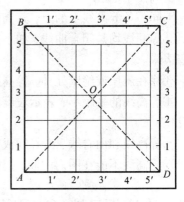

图 9 - 15　对角线法绘制方格网

目前市场上出售的聚酯簿膜有些已印刷好 10 cm × 10 cm 的坐标格网，故可省掉绘制坐标格网这一工序，但在使用前应进行检查。

4. 控制点展绘

把各控制点绘制到有方格网的图幅中的工作，称为控制点展绘，简称展点。展点时，先由控制点的坐标确定它所在的方格。如图 9 - 16 所示，控制点 A 的坐标为：$x = 391660.34$ m，$y = 84243.43$ m，则可确定它所在的方格为 $efhg$。从 e、f 两点沿 ef 和 gh 按相应的比例尺各量取 60.34 m 得 i 和 j 两点，在 i、j 的连线上，从 i 点开始按比例再量出 43.43 m，所得的即为 A 点。为了检核，可同时测量 fi、gj 和 jA 等线段。按同样的方法，将其他控制点展绘在图纸上。

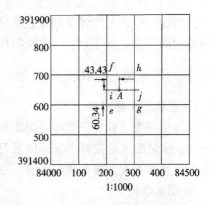

图 9 - 16　控制点展绘

控制点展绘结束后，应进行精度检查，即用比例尺在图纸上量取相邻控制点之间的距离，然后和已知的距离比较，其最大误差在图纸上不应超过 0.3 mm。否则，控制点应重新展绘，直至满足要求为止。

当控制点的平面位置展绘在图纸上后，还应在点的右侧画一短线，上方注明点号，下方注明点的高程，这样就完成了测图前的准备工作。

9.2.2　碎部测量仪器及其使用

测图常用的仪器除经纬仪和全站仪外，主要的是平板仪。平板仪由测图板、照准仪和若干附件组成，按照准设备不同有大平板仪、光电测距平板仪、小平板仪几种。下面介绍其构造。

1. 测图板

测图板部分由图板、基座和三脚架组成。如图 9 - 17(a) 所示为大平板仪与光电测距平板仪图板，图用三个连接螺丝固定在基座上，基座用中心螺旋安装在三脚架上。基座上装有制动、微动螺旋和脚螺旋，用一图板按某一方位固定、水平微微转动和置平。小平板仪测图板直接用中心螺丝连接在三脚架上，架头上装有脚螺旋或球臼来置平测图板，旋松中心螺丝，可以在架头上转动图板定向，如图 9 - 18 所示。

2. 照准仪

图 9 – 17 中 1 为大平板仪的照准仪，主要由望远镜、竖盘和画线尺组成。望远镜和竖盘相当于经纬仪的视距测量部分，用于照准目标点上标尺测定距离和高差；画线尺和望远镜视准轴 *CC* 在同一竖直面内，望远镜瞄准目标后，以画线尺画线边在图板上划出的方向线即代表瞄准方向。望远镜有垂直制动和微动螺旋、物镜与目镜对光螺旋、竖盘水准管微动螺旋；望远镜支柱上有横向水准管及支柱微倾螺旋，用以置平望远镜的横轴。

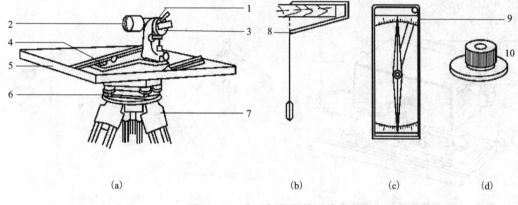

(a)　　　　(b)　　　(c)　　(d)

图 9 – 17　大平板仪及其附件

1—照准仪；2—望远镜；3—竖盘；4—画线尺；5—测图板；
6—基座；7—三脚架；8—移点器；9—定向罗盘；10—圆水准器

图 9 – 18 中小平板仪照准仪为一测斜照准仪，由画线尺、觇孔板（接目觇板）和分划板（接物觇板）组成。觇孔板和分划板相当于望远镜的目镜与物镜，利用觇孔、分划板槽孔中照准丝与目标点依三点一线原理来照准目标，但不能测量距离和高差。为了置平测图板，在划线尺上附有一水准管。划线尺两头设有两个校正水准杆，用以在不动测图板时纠正照准仪使其水平。近年也有仿大平板仪照准仪的形式，制成具有视距丝的小望远镜和简易半圆形金属竖盘，可以进行视距测量。

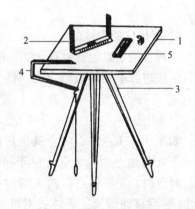

图 9 – 19 为光电测距平板仪的照准仪，主要由支架、测距仪、竖直角自动测量装置、画线尺等组成。竖直角自动测量装置装在测距仪左边，用于自动测量竖直角，经过微机将测距仪测定的斜距处理、归算后，换算

图 9 – 18　小平板仪及其附件

1—测图板；2—照准仪；3—三脚架；
4—移点器；5—定向罗盘

为水平距离和高差，在显示窗读得；画线尺在支架右侧，可以与测距仪光轴平行滑动。

平板仪的附件有移点器、定向罗盘、圆水准器或水准管，如图 9 – 17、图 9 – 18 所示。移点器用于使图板上的点和相应的地面点安置在同一铅垂线上；定向罗盘（金属或木质的）用于平板仪的近似定向；圆水准器或水准管用以整平图板。

3. 平板仪测图原理

平板仪测图是以相似形理论为依据，用图解法将地面点的平面位置和高程测绘到图纸上而成地形图的技术过程，是测绘大比例尺地形图的常用方法。平板仪测量又称图解测量。

如图 9 – 20 所示，设地面上有 A、B、C 三点，欲将这三点测绘于图上，可在 A 点水平地安置一块固定有图纸的图板，将地面点 A 沿铅垂方向投影到图纸上，定出 a 点。设想过 AB、AC 方向分别作铅垂面，则它们与图纸的交线 ab、ac 所夹的角度 $\angle bac$ 就是地面上空间角 $\angle BAC$ 在水平面上的投影（即水平角）。如用视距法测定 AB、AC 的距离和高差，即可在图上沿 ab、ac 方向线上按比例尺定出 b、c 两点，则图纸上的 bac 图形相似于地上点在水平面上的投影 $B'AC'$ 图形。

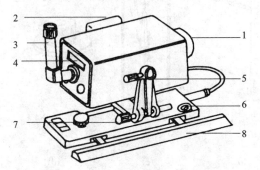

图 9 – 19　光电测距平板仪照准仪

1—望远镜物镜及电磁波发射接收镜；

2—竖直角自动测量装置；

3—折角目镜；4—显示窗；5—竖直制动螺旋；

6—圆水准器；7—竖直微动螺旋；8—画线尺

图 9 – 20　平板仪测量原理

4. 平板仪的安置

平板仪的安置包括对点、整平和定向三项工作。由于这三项工作之间互相影响，通常先用目估法进行平板的粗略定向、整平和对点，然后以相反的顺序进行精确的对点、整平和定向。

（1）对点

如图 9 – 21 所示，对点就是使图板上的控制点 a 与地上的测站点 A 位于同一铅垂线上。对点时，先将移点器的尖端对准图板上 a 点，然后移动脚架使垂球尖对准地面点 A。对点的容许误差与比例尺大小有关，一般规定为 $0.05 \times M/\mathrm{mm}$，$M$ 为比例尺分母。

（2）整平

整平的目的是使固定有图纸的平板处于水平位置。整平时，先放松窝状连接的整平螺旋，倾仰平板使照准器上的水准管气泡在两个互相垂直的方向上居中，测图平板水平，然后拧紧整平螺旋使平板稳定。

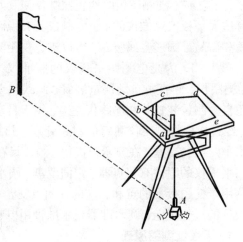

图 9 – 21　平板仪的安置

（3）定向

定向的目的是使图纸上的已知方向线与地面上相应的方向线一致或平行。如图 9 - 21 所示，将照准仪的划线尺边缘紧贴图上已知直线 ab，转动图板使照准仪瞄准地面目标 B，然后旋紧水平制动螺旋或中心连接螺丝，固定图板，此时图上 ab 的方向与地面上控制点 A、B 之间的方向完全一致，这样图板定向就完成了。图板定向的正确与否对测图的精度影响很大，因此，必须细心地操作；为了防止定向发生错误，应用另一控制点的方向（如 ae）进行检查。

定向误差属于系统误差，对点位精度影响较大。用已知直线定向时，定向精度与直线的长度有关，定向直线越长，定向精度越高。

由于对点、整平和定向会相互影响，故安置平板仪一般应先将定向罗盘边紧靠南北格网线，转动图板粗定向，用圆水准器使图板概略整平，然后再精确对点、整平和定向。

9.2.3　碎部测量方法

碎部测量是以控制点为测站，测定周围碎部点（地物点和地形点）的平面位置和高程，并按规定的图示符号绘制成图。下面分别介绍碎部点的选择和碎部点的测定方法。

1. 碎部点选择

（1）地物点的选择

地物测绘质量、速度很大程度上取决于立尺员能否正确合理地选择地物（特征）点。地物点主要是其轮廓线的转折点、交叉点、弯曲变化点和独立地物中心点等，如房角点、道路边线的转折点以及河岸线的转折点等。主要地物点应独立测定，一些次要的特征点可以用量距、交会、推平行线等几何作图方法绘出。一般规定，凡主要建（构）筑物轮廓线的凹凸长度在图上大于 0.4 mm 时，图上都要表示出来。例如测绘 1∶1000 比例尺的图，主要地物轮廓凹凸大于 0.4 mm 时应在图上画出来。1∶500 和 1∶1000 比例尺图的一般取点原则如下：

①对于房屋，可测出主要角点（至少 3 个），然后量测有关数据，按其几何关系作图绘出轮廓线。

②对于圆形建（构）筑物，可测定其中心位置并量其半径后作图绘出；或在其外廓测定三点用作图法定出圆心绘出。

③对于公路，应实测两侧边线；而大路或小路可只测中线按量得的路宽绘出；对于道路转折处的圆曲线边线，应至少测定三点（起点、终点和中点）。

④围墙应实测其特征点，按半比例符号绘出其外围的实际位置。

（2）地形点的选择

地貌特征点就是反映地貌特征的地性线上的最高点、最低点、坡度与方向变化点，以及山头、鞍部等处的点。根据这些特征点的高程勾绘等高线，即可将地貌在图上表示出来。

为了能真实地表示实地情况，碎部点应保证必要的密度。碎部点的密度是根据地形的复杂程度确定的，同时也取决于测图比例尺和测图目的。测绘不同比例尺的地形图，对碎部点间距、测站至碎部点最远距离，应符合表 9 - 6 的规定。

表 9 – 6　地形点最大间距和最大视距

测图比例尺	地形点最大间距/m		最大视距/m			
			主要地物特征点		次要地物特征点和地形点	
	一般地区	城镇建筑区	一般地区	城镇建筑区	一般地区	城镇建筑区
1:500	15	15	60	50	100	70
1:1000	30	30	100	80	150	120
1:2000	50	50	180	120	250	200
1:5000	100	—	300	—	350	—

2. 碎部点测定方法

（1）极坐标法

极坐标法是根据测站上的一个已知方向，测定已知方向与碎部点间的角度和测量测站点至碎部点的距离，以确定碎部点位置的一种方法，是碎部测量中应用最为广泛的测图方法。

如图 9 – 22 所示，测站点为 A，定向点为 B，测定 AB 方向和 A 与碎部点 3 方向间的水平角 β_3、A 至 3 的水平距离 D_3，就可确定碎部点 3 的位置，同样，由观测值 $(\beta_2，D_2)$ 即可测定点 2 的位置。这种定位方法即为极坐标法。

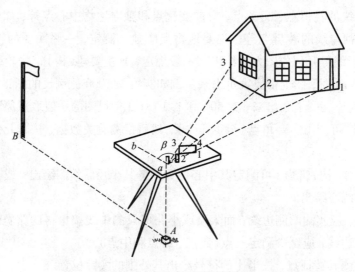

图 9 – 22　极坐标法测绘碎部点

对于已测定的地物点应根据相互间的关系连线，随测随连，例如房屋的轮廓线 3—2、2—1 等，以便将图上测得的地物与地面上的实体相对照。如有错误或遗漏，可以及时发现，并及时修正或补测。

极坐标法施测的范围较大，适用于通视条件良好的开阔地区。利用极坐标法测定地物时，碎部点的位置都是独立观测的，不会产生误差的积累。少数碎部点出错时，在描绘地物、地貌时一般能从对比中发现，便于现场改正。

（2）直角坐标法

直角坐标法又称支距法。如图 9 – 23 所示，P、Q 为已测地物点，欲测定 1、2、3，可以 PQ 为 y 轴，用卷尺沿 PQ 方向量 y_1、y_2、y_3 找出 1、2、3 在 PQ 上的垂足，然后在 PQ 垂直方向由垂足分别量支距 x_1、x_2、x_3，即可用几何作图绘出地物点 1、2、3 在图上的位置。此方法即为直角坐标法。

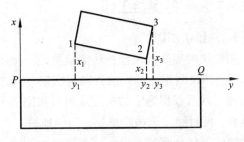

图 9 – 23　直角坐标法测绘碎部点

直角坐标法适用于地物靠近图根控制点的连线且垂距 y_i 较短的情况，特别适合于测量狭长小巷内两侧的地物。

（3）角度交会法

角度交会法是分别在两个已知图根控制点上对同一个碎部点进行角度交会以确定碎部点的位置的一种方法。

如图 9 – 24 所示，欲测定河对岸的特征点 1、2、3 等，由 A、B 控制点量 D_1、D_2、D_3 等不方便，可先将仪器安置于 A，测定 AB 与 A_1、A_2、A_3 方向间的水平角，并在图上绘出方向线；然后将仪器安置在 B，测定 BA 与 B_1、B_2、B_3 方向间的水平角，绘出方向线。相应点两方向线的交点即为 1、2、3 在图上的位置。此方法即为方向交会法。角度交会法常用于测绘目标明显、距离较远、不易到达、易于瞄准的碎部点。它的优点是可以不测距离而求得碎部点的位置，若使用恰当，可节省立尺点的数量，以提高作业速度。角度交会法常与极坐标法配合使用，以取得最佳效果。

（4）距离交会法

距离交会法是根据两个已定点对同一个碎部点进行距离交会以确定碎部点位置的一种方法。

如图 9 – 25 所示，从两已定点 1、2 分别量出到碎部点 P 的水平距离 $\overline{P_1}$、$\overline{P_2}$，按比例尺在图上用圆规即可交会出碎部点 P 的位置。此法适用于测量离已知点较近的碎部点。

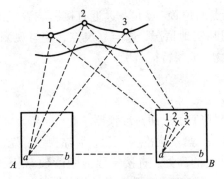

图 9 – 24　方向交会法测绘碎部点

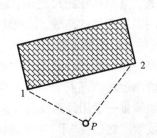

图 9 – 25　距离交会法测绘碎部点

9.2.4 测站的测绘工作

1. 测绘法测图

测绘法的实质是极坐标法定点测图。测图时先将经纬仪安置在测站上，测图板置于测站旁；用经纬仪测定碎部点的方向与已知方向之间的水平角、测站点至碎部点的距离和碎部点的高程。然后根据测定数据用量角器和比例尺把碎部点位展绘在图纸上，并在点的右侧注明其高程，再对照实地描绘地物，勾绘地貌。此法操作简单、灵活，适用于各类测区。一个测站的测绘工作步骤如下。

（1）测站上的准备工作

如图 9-26 所示，首先在测站 A 上安置经纬仪，对中、整平后，量取仪器高 i，测定仪器的竖盘指标差 x，盘左瞄准另一控制点 B（后视点），以 AB 为起始方向，使水平度盘读数为 $0°00'00''$，并将此记入手簿（表 9-7）。为了防止用错后视点，用视距法检查测站到后视点的距离和高差。

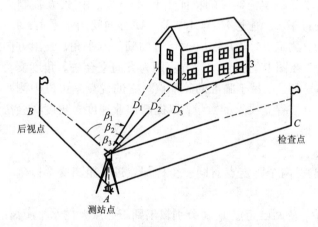

图 9-26　经纬仪测绘法测图

（2）跑尺

在地形特征点上立尺的工作通称为跑尺。立尺点的位置、密度、远近直接影响着成图的质量和功效。立尺员在跑尺之前，应弄清施测范围和实地情况，选定立尺点，并与观测员、绘图员共同商定跑尺的路线，依次将视距尺立于地物、地貌特征点上。

（3）测站上的观测工作

对于每一个待测的碎部点，其观测步骤如下所示：

①在待测定的碎部点上竖立视距尺，并使视距尺竖直，尺面对准仪器。

②视距测量一般用经纬仪盘左位置进行观测即可。盘左瞄准视距尺，消除视差，先读取水平度盘读数。然后使"十"字丝的横丝对准视距尺上的高处，直接读取视距读数 l（下丝—上丝）及中丝读数 v，并记入手簿；为便于读取视距读数，旋转望远镜微动螺旋，使视距丝上丝对准整分米处，然后读取下丝读数，这样只要减去一简单的数，就可以直接得出视距读数。

③转动竖盘指标水准管的调节螺旋，使竖盘指标水准管气泡居中，读取竖盘读数，记入手簿，并求得竖直角 α。

④利用视距测量计算公式求得碎部点至控制点的水平距离及高差，并计算碎部点高程，

填入手簿。

用同样的方法进行下一碎部点的观测。

(4)记录和计算

经纬仪测绘法的记录格式见表9-7。在每一测站开始时,应记录测站及后视点的点号仪器高 i、竖盘指标差 x 及测站高程 H_i。对每一个碎部点都应按顺序记录其编号,并要记下水平角、视距读数、中丝读数和竖盘读数,并在附注栏内注明点的地物、地貌特征。

计算工作直接在表格内进行,按照视距测量公式计算出测站点至每一碎部点的水平距离及高差,并计算该碎部点高程。

表 9-7　视距测量观测记录与计算手簿

点号	视距读数 l/m	中丝读数 v/m	竖盘读数/m	竖直角 $\alpha°$	高差 h/m	水平角 /(°)	水平距离 d/m	高程 H/m	附注
测站:A　后视点:B　仪器高 $i = 1.30$　指标差 $x = -1'$　测站高程 $H_1 = 81.00$(便利高)									
1	0.339	1.30	90　52	+0　53	+0.52	145　50	33.9	81.5	房角
2	0.425	"	90　54	+0　55	+0.68	152　49	42.6	81.7	房角
3	0.678	"	90　23	+0　24	+0.47	167　29	67.8	81.5	
4	0.860	"	91　40	+1　41	+2.53	178　28	85.9	83.5	路边
5	1.110	0.30	91　37	+1　38	+4.16	185　17	110.9	85.2	路边
6	0.960	1.30	92　45	+2　46	+4.63	230　03	95.8	85.6	路边
…									

在实际测量工作中,为了便于计算,可把测站高程改变成一整米数。如图9-27所示,实际测站高程为80.79 m,仪器高为1.51 m。若假定测站高程为81.00 m,相当于把桩顶升高了0.21 m,则仪器高将是1.30 m。观测时,若使 $v = 1.30$ m,计算高程时可用整数高程加上所得的高差,使计算更加简单。称这种假定的测站高程为"便利高"。

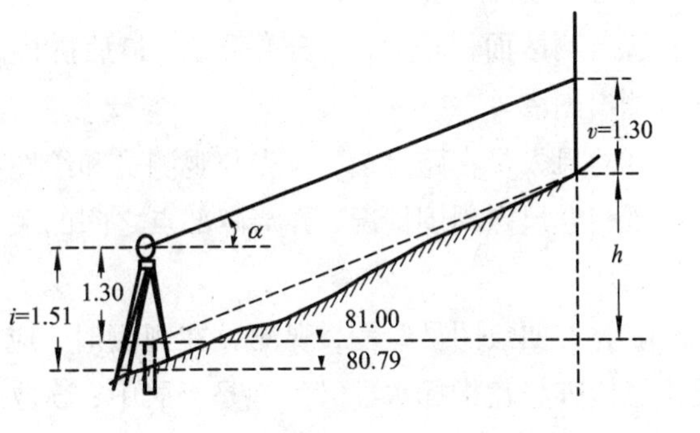

图 9-27

(5)绘图

经纬仪测绘法是在野外边测边绘。在测站上一般需要三人,一人观测,一人记录和计算,一人绘图。用测绘法时也可以不作记录。测绘法的特点是在实地绘图,故能真实而细致,不易有遗漏和错误,也能及时有效地发现观测及计算中的错误,因此,测绘法是最常用的方法。

2. 平板仪测图

平板仪是在野外直接测绘地形图的一种仪器。平板仪测图测绘大比例尺地形图是一种常用方法,与测绘法比较,不同的是水平角用图解法测定,水平距离用卷尺测量或视距测量,因此平板仪测量又称图解测量。

这种方法的特点是将大平板仪或光电测距平板仪安置在测站上，进行对点、整平、定向，用照准仪瞄准碎部点标尺，标定测站至碎部点的方向线，用视距测量获得距离与高程，而后以测图比例尺按测得的水平距离在方向线上定出碎部点位置。

若将小平板仪安置在测站上，以标定测站至碎部点的方向；而将经纬仪安置在测站旁，对碎部点作视距测量，最后用方向与距离交会法定出碎部点在图上的位置。称为经纬仪与小平板仪联合测图法，如图9-28所示。用该方法时，由于经纬仪不在测站上，因此应事先确定经纬仪在图上的位置和经纬仪处的高程。方法是经纬仪安置好后，

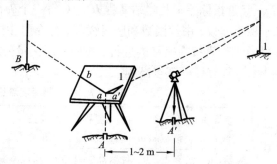

图9-28 经纬仪与平板仪联合测图

望远镜置平（水准管气泡居中，竖盘读数为90°00′00″），瞄准测站标尺，读取中丝读数，计算出仪器高程。小平板仪安置好后，用照准仪瞄准经纬仪，定出测站至经纬仪的方向，用皮尺量出测站至经纬仪的距离，依测图比例尺展绘出经纬仪在图上的位置。

3. 地形图测绘注意事项

地形图测绘注意事项如下所述：

①为了检查测图质量，仪器搬到下一测站时，应先观测前站所测的某些明显碎部点，以检查由两个测站测得该点的平面位置和高程是否相符。如相差较大，则应查明原因，纠正错误，再继续进行测绘。

②若测区面积较大，可分幅测绘，最后拼接成全区地形图。为了相邻图幅的拼接，每幅图应测出图廓外10 mm。

③立尺人员在跑点前，应先与观测员和绘图员商定跑尺路线；立尺时应将标尺竖直，并随时观察立尺点周围情况，弄清碎部点之间的关系，地形复杂时还需绘出草图，以协助绘图员绘图。

④为方便绘图员绘图，观测员在观测时，应先读取水平角再视距；在读取竖盘读数时，要注意检查竖盘指标水准管气泡是否居中；读数时，水平角估读至5′，竖盘读数估读至1′即可；每观测20~30个碎部点后，应重新瞄准起始方向检查，经纬仪测绘法起始方向水平度盘读数偏差不得超过3′。

⑤绘图人员要注意图面正确、整洁，注记清晰，并做到随测、随绘、随连线、随检查。当每站工作结束后，应检查、确认地物和地貌无错测或漏测时，方可迁站。

4. 测站点的增设

在测绘地形中，由于地形分布的复杂性，测站点有时会不够使用，常需要在已有控制点的基础上增补临时性的测站点，这一测量工作称为测站点增设（加密）。测站点的增设可根据实地情况选用，其方法有下列几种。

（1）支点法

在现场选定需要增设的测站点（用木桩标定），用极坐标法测定其在图上的位置，称为支点法。由于测站点的精度必须高于一般地物点，因此，增设支点前必须对仪器重新检查定向，支点边长不宜超过测站定向边的边长，且要进行往返丈量或两次测定，相对误差不得大于 1/200。对于增设测站点的高程，则可以根据已知高程的图根点用水准仪测量或经纬仪视距法测定，其往返高差的较差不得超过 1/7 等高距。

（2）图解交会法

平板测图时，用图解交会法增设临时测站是常用的方法。图解交会增设测站点和方向交会法测定地物点相同，但规定较严格。图解交会有前方交会、侧方交会和后方交会，后方交会只限大于 1∶5000 比例尺的测图。

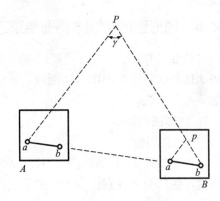

图 9 – 29　图解交会法增设测站

如图 9 – 29 所示，A、B 为两个已知控制点，P 为要增设的测站点。P 点选定后打木桩标定，立上标尺。一般在 A 点测图工作结束时，图板再次定向后，绘出 AP 方向线，测定 P 的高程。然后将平板仪安置在 B 点，同法绘出 BP 方向线，测定 P 的高程。两个方向线的交点即为 P 点在图上的位置。再取两个方向上高程的平均值作为 P 点的高程。两高程较差，在平地不应超过 1/5 等高距，在丘陵、山地不应超过 1/3 等高距。

（3）内、外分点法

内、外分点法，是一种在已知直线方向上按距离定位的方法。当需要增设的测站离控制点较近且相邻的控制点通视时，可采用内外分

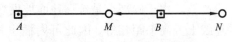

图 9 – 30　内、外分点法增设测站

点法测定测站点。如图 9 – 30 所示，在需要增设测站位置较近的控制点 B 上置镜，瞄准控制点 A，在 AB 方向上量取距离 BM，定出测站 M 点，这种方法称为内分点法；若瞄准 A 点后倒镜，在 AB 的延长线方向上量取距离 BN，定出测站 N 点，这种方法称为外分点法。

（4）视距导线法

若用支导线方法增设测站点还不能满足测图的要求，可采用视距导线方法。视距导线应布设成附合或闭合导线形式，增设的临时测站一般不超过 5 个。导线边和角的测量方法与视距支导线相同。按照导线边和角展绘导线点，当平面点位的闭合差不大于 1/200 时，用图解法调整。调整方法如图 9 – 31 所示，在图 9 – 31（a）中 A、B 为已知点，1′、2′、3′、B′ 为未经调整的导线点，闭合差为 BB′。各点的改正方向与闭合差 BB′ 的方向相同，改正量在 B′ 点为 BB′，其余各点改正量根据其离起点 A 的距离按比例用图解法求出。在图 9 – 31（b）中，按一定比例绘出各导线边长，在 B′ 点作垂线使 BB′ 等于闭合差的大小，连接 AB，分别过 1′、2′、3′ 点作垂线交于 AB 得 1、2、3，则 11′、22′、33′ 即为 1′、2′、3′ 的改正量。高程闭合差不大于 1/500，其闭合差的调整也可按图 9 – 31（b）同样的方法进行。

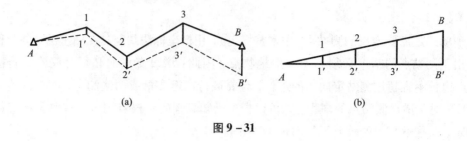

图 9 – 31

7.2.5 地形图的绘制与测图结束工作

在外业工作中，当碎部点展绘在图上后，就可在碎部测量对照实地描绘地物和等高线。如果测区较大，由多幅图拼接而成，还应及时对各图幅衔接处进行拼接、检查，最后再进行图的清绘与整饰。

1. 地形图的绘制

（1）地物描绘

地物要按地形图图式规定的符号表示。依比例描绘的房屋，轮廓要用直线连接，道路、河流的弯曲部分要逐点连成光滑的曲线。对于不能按比例描绘的地物，需按规定的非比例符号表示。

（2）等高线勾绘

在地形图上为了既能详细地表示地貌的变化情况，又不使等高线过密而影响地形图的清晰，等高线必须按表 9 – 5 规定的基本等高距进行勾绘。

勾绘等高线时，首先用铅笔轻轻描绘出山脊线、山谷线等地性线，再根据碎部点的高程勾绘等高线。由于碎部点是选在地面坡度变化处，相邻点间可视为等坡度倾斜，两相邻碎部点的连线上等高平距相等，因此可内插出相邻点间各条等高线通过的位置。对于绝壁、悬崖、冲沟等，应按图式规定的符号表示。下面介绍两种常见方法：

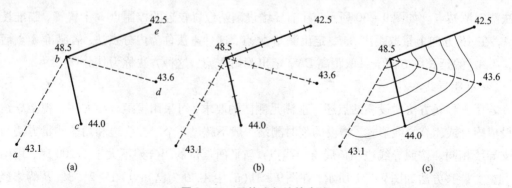

图 9 – 32　目估法勾绘等高线

①目估法。如图 9 – 32（a）所示，某局部地区地貌特征点的相对位置和高程，已测定在图之上。首先连接地性线上同坡段的相邻特征点 ba，bc 等，虚线表山脊线，实线表山谷线，然后在同坡段上，按高差与平距成比例的关系内差等高点，勾绘等高线。已知 a、b 点平距为 35

mm（图上量取），高差 $h_{ab}=48.5\text{ m}-43.1\text{ m}=5.4\text{ m}$，如勾绘等高距为 1 m 的等高线，共有五根线穿过 ab 段，两根间的平距 $d=6.7\text{ mm}$（由 $d:35=1:5.4$ 求得）。a 点至第一根等高线的高差为 0.9 m，不是 1 m，按高差 1 m 的平距 d 为标准，适当缩短（将 d 分为 10 份，取 9 份），目估定出 44 m 的点；同法在 b 点定出 48 m 的点。然后将首尾点间的平距 4 等分定出 45 m、46 m、47 m 各点；同理，在 bc、bd、be 段上定出相应的点[图 9 - 32(b)]。最后将相邻等高的点，参照实地的地貌用圆滑的曲线徒手连接起来，就构成一簇等高线[图 9 - 32(c)]。

②图解法。绘一张等间隔若干条平行线的透明纸，蒙在勾绘等高线的图上，转动透明纸，使 a、b 两点分别位于平行线间的 0.9 和 0.5 的位置上，如图 9 - 33 所示，则直线 ab 和五条平行线的交点，便是高程为 44 m、45 m、46 m、47 m 及 48 m 的等高线位置。

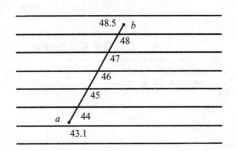

图 9 - 33　图解法内插等高线

（3）地形图上各种要素配合表示原则

①当两个地物中心重合或接近，难以同时准确表示时，将较重要的地物准确表示，次要地物移位 0.2 mm 表示。房屋或围墙等高出地面的建（构）筑物，直接建筑在陡坎或斜坡上的，建（构）筑物按正确位置绘出，坡坎无法准确绘出时，可移位间隔 0.2 mm 表示。

②独立地物与房屋、道路、水系等其他地物重合时，中断其他地物符号，间隔 0.2 mm 将独立地物完整绘出。两个独立地物相距很近，同时绘出有困难时，将高大突出的一个准确表示，另一个保持相互的关系位置移位表示。

③悬空建筑在水上的房屋与水涯线重合时，间断水涯线，将房屋照常绘出。水涯线与陡坎重合时，以陡坎边线代替水涯线；水涯线与斜坡脚重合时，应在坡脚绘出水涯线。

④双线道路与房屋、围墙等高出地面的建（构）筑物边线重合时，以建（构）筑物边线代替道路边线。道路边线与建（构）筑物相接处应间隔 0.2 mm。公路路堤（堑）应分别绘出路边线与堤（堑）边线，二者重合时，将其中之一移位 0.2 mm 表示。

⑤城市建筑区内的电力线、通信线可不连线，但应在杆架处绘出连线方向。等高线遇到房屋及其他建（构）筑物、双线道路、路堤、路堑、陡坎、斜坡、湖泊、双线河以及注记等均应中断表示。

2. 地形图的拼接

由于测量和绘图误差的存在，分幅测图在相邻图幅的连接处，地物轮廓线和等高线都不会完全吻合，图 9 - 34 为相邻两幅图的局部衔接情况。如相邻图幅地物和等高线的偏差，不超过表 9 - 8 规定值的 $2\sqrt{2}$ 倍，取平均位置加以修正。修正时，通常用宽 5~6 cm 的透明纸蒙在左图幅的接图边上，用铅笔把坐标格网线、地物、地貌描绘在透明纸上，然后再把透明纸按坐标格网线位置蒙在右图幅衔接边上，同样用铅笔描绘地物、地貌。若接边差在限差内，则在透明纸上用彩色笔平均分配，并将纠正后的地物地貌分别刺在相邻图边上，以此修正图内的地物、地貌。

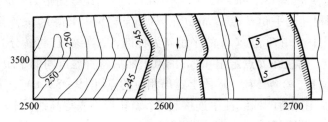

图 9 - 34 地形图的拼接

表 9 - 8 地物点平面位置中误差和地形点高程中误差

测区类别	点位中误差	平地	丘陵地	山地	高山地	备注
山地、高山地	图上 0.8 mm	高程注记点的高程中误差				h 为基本等高距
		$h/3$	$h/2$	$2h/3$	h	
城镇与工况建筑区、平地、丘陵地	图上 0.6 mm	等高线插求点的高程中误差				
		$h/2$	$2h/3$	h	h	

3. 地形图的检查

为了确保地形图的质量,除施测过程中做好经常性检查外,在地形图测完后,必须对成图质量进行全面检查。地形图的检查包括室内检查、野外巡查和仪器检查。

(1)室内检查

检查图上地物、地貌表现是否清晰易读,各种符号、注记是否正确、轮廓线有无矛盾等;等高线描绘是否合理、地形点高程是否相符、名称注记是否弄错或遗漏,各种植被的表示是否恰当,综合取舍是否合理;各类高程注记点的位置、数量是否符合要求;如发现错误或疑点,应到野外进行实地检查修改。同时还要检查各种控制资料是否齐全、成果精度是否满足要求;各种记录、观测和计算手簿中的记载是否齐全、正确、清晰,有无连环涂改,是否合乎要求。

(2)野外巡查

将地形图带到现场与实际地形对照,核对地物和地貌的表示是否清晰合理,检查是否存在遗漏或错误。对图面检查发现的疑问必须重点检查。如果等高线表示的与实际地貌略有差异,可立即修改,重大错误必须用仪器检查后再修改。

(3)仪器检查

在内业检查和野外巡查基础上进行。根据室内检查和巡查发现的问题,到野外设站检查,除对发现的问题进行修正和补测外,还要对本测站所测地形用散点法进行检查,即在测站周围选择一些地形点,测定其位置和高程,看所测地形图是否符合要求,如果发现点位的误差超限,应按正确的观测结果修正。

4. 测图的结束工作

(1)地形图的整饰

当原图经过拼接和检查后,要进行清绘和整饰,使图面更加合理、清晰、美观。整饰应遵循先图内后图外,先地物后地貌,先注记后符号的原则进行。工作顺序为:内图廓、坐标格网，控制点、地形点符号及高程注记，独立物体及各种名称、数字的绘注，居民地等建（构）筑物，各种线路、水系等，植被与地类界，等高线及各种地貌符号等。图外的整饰包括外图廓线、坐标网、经纬度、接图表、图名、图号、比例尺，坐标系统及高程系统、施测单位、测绘者及施测日期等。图上地物以及等高线的线条粗细、注记字体大小均按规定的图式进行绘制。

现代测绘部门大多已采用计算机绘图工序，经外业测绘的地形图，只需用铅笔完成清绘，然后用扫描仪使地图矢量化，便可通过 AutoCAD 等绘图软件进行地形图的绘制。

（2）测量成果的整理

测图工作结束后，应将各种资料予以整理并装订成册，以便提交验收和保存。这些资料包括平面和高程控制测量、地形测图两部分。主要有控制点分布略图、控制测量观测手簿、计算手簿、控制点成果表、地形原图、地形测量手簿等。

（3）成果验收与提交

成果资料整理完成后，应交业务主管部门或委托单位组织有关专家进行检查验收，对全部成果质量做出正确评价。若验收符合质量要求，提交业务主管部门或委托单位归档或使用。否则，应返工重测，并要承担相应的经济责任。

9.3　数字测图原理

9.3.1　数字测图概述

传统的地形测图实质上是将测得的观测数据（角度、距离、高差），经过内业数据处理，而后图解绘制出地形图。随着科学技术的进步与电子、计算机和测绘新仪器、新技术的发展及其在测绘领域的广泛应用，20 世纪 80 年代逐步形成野外测量数据采集系统与内业机助成图系统结合，建立了从野外数据采集到内业绘图全过程的实现数字化和自动化的测量成图系统，通常称为数字化测图（简称数字测图）或机助成图系统。使得测量的成果不仅可在纸上绘制地形图，更重要的是提交可供传输、处理、共享的数字地形信息。

传统测图一般是人工在野外实现的，劳动强度大，从外业观测到成图的技术过程使观测数据所达到的精度降低。同时，测图质量管理难，尤其在信息剧增的今天，一纸之图难以反映诸多地形信息，变更、修改也极不方便，难以适应经济建设的需要。数字测图外业实现了地形信息采集自动记录、自动解算处理、缩短野外作业时间；内业将大量手工作业转化为计算机控制下的自动成图，效率高、劳动强度小、错误机率小、观测精度损失大大降低。所绘地形图精确、美观、规范。

数字测图的实质是将图形模拟量（地面模型）转换为数字量，这一转化过程通常称为数据采集。然后由计算机对其进行处理，得到内容丰富的电子图件，需要时由计算机的图形输出设备（如显示器、绘图仪）恢复地形图或各种专题图。因此，数字测图系统是以计算机为核心，在硬、软件的支持下，对地形空间数据进行采集、输入、成图、绘图、输出、管理的测绘系统。全过程可归纳为数据采集、数据处理与成图、成果输出与存储三个阶段。

广义的数字测图包括地面数字测图、数字化仪成图、摄影与遥感数字化测图。其作业程序如图 9 - 35 所示。大比例尺数字测图一般是指地面数字测图，也称全野外数字测图。

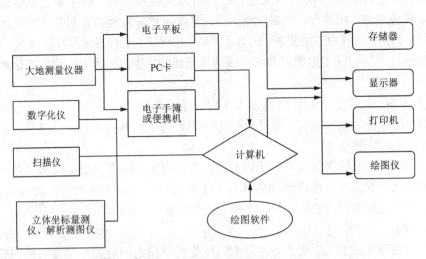

图 9 – 35   数字测图作业程序示意图

可见，数字测图就是通过采集有关地物、地貌的各种信息并记录在记录设备（便携机、PC 卡、电子手簿等）中，在室内通过数据接口将采集的数据输入计算机，由成图软件进行处理、成图、显示，经过编辑修改，形成符合国标的绘图数据文件，最后由计算机控制绘图仪自动绘制所需的地形图，并可由储存介质（软盘、光盘、闪存等）保存绘图数据文件，供归档、即时编辑或输出所需要的图件。若有原图或像片（航摄、地面摄影、遥感等）则可在室内用专用设备（数字化仪、扫描仪等）直接将地形信息采集到计算机中，经过数据处理、编辑等工序，最后成图。

由上述可见，数字测图具有诸多的优点，如下所述。

（1）点位精度高

传统的测图，影响地物点平面位置精度的因素多，图上点位误差大，主要误差源有图根点的展绘误差和测定误差、测定地物点的视距误差、方向误差、刺点误差等。数字测图的点位精度会大幅度提高。

（2）便于成果更新

数字测图的成果是以点的定位信息（三维坐标 x, y, H）和绘图信息的形式存入计算机，当实地有变化时，只需输入变化信息，经过编辑处理，即可得到更新的图，从而可以确保地面形态的可靠性和现势性。

（3）避免图纸伸缩影响

图纸上的地理信息随着时间的推移图纸产生变形而产生误差。数字测图的成果以数字信息保存，可以直接在计算机上进行量测或其他需要的测算、绘图等作业，无需依赖图纸。

（4）成果输出多样化

计算机与显示器、打印机、绘图仪联机，可以显示或输出各种需要的资料信息、不同比例尺的地形图、专题图，以满足不同的专业需要。

（5）方便成果的深加工利用

数字测图分层存放，可使地表信息无限存放，不受图面负载量的限制，从而便于成果的深加工利用，拓宽测绘工作的服务面，开拓市场。比如 CASS 软件中共定义 26 个层(用户还可根据需要定义新层)，房屋、电力线、铁路、植被、道路、水系、地貌等均存于不同的层中，通过关闭层、打开层等操作来提取相关信息，便可方便地得到所需的测区内各类专题图、综合图，如路网图、电网图、管线图，地形图等。又如在数字地籍图的基础上，可以综合相关内容补充加工成不同用户所需要的城市规划用图、城市建设用图、房地产图以及各种管理用图和工程用图。

(6)可实现信息资源共享

地理信息系统(GIS)方便的信息查询检索功能、空间分析功能以及辅助决策功能，在国民经济建设、办公自动化及人们日常生活中都有广泛的应用。数字测图能提供现势性强的地理基础信息作为它的重要信息资源，为 GIS 的建立节约人力、物力。同时也可利用现代通信工具非常便利地为其他数据库提供数据资源，实现地理信息资源共享。

9.3.2　数字测图作业过程

由于设备、绘图软件设计不同，数字测图作业模式不尽相同，有普通测量仪器＋电子手簿、平板仪测图＋数字化仪、原图数字化、电子平板、镜站遥控电子平板、航测相片量测等测(成)图模式。由于作业模式、数据采集方法、使用的软件等不同，数字测图的作业过程有很大区别。目前，以全站仪＋电子手簿测图模式(称测记式)和电子平板测图模式应用最为广泛。由于电子平板测图模式与传统的大平板测图模式作业过程相似，这里着重介绍测记式数字测图的基本作业过程。

(1)资料准备

收集高级控制点成果资料，将其代码及三维坐标(x, y, H)及其他成果录入电子手簿或记录卡。

(2)控制测量

数字测图一般不必按常规控制测量逐级发展。对于大测区($\geqslant 15\ km^2$)通常先用 GPS 或导线网进行二等或四等控制测量，而后布设二级导线网。对于小测区($< 15\ km^2$)，通常直接布设二级导线网，作为首级控制。等级控制点的密度，根据地形复杂、稀疏程度，可有很大差别。等级控制点应尽量选在制高点或主要街区中，最后进行整体平差。对于图根点和局部地段用单一导线测量和辐射法布设，其密度通常比传统测图小得多。一般用电子手簿及时解算各图根点的三维坐标(x, y, H)，并记录图根点。

(3)测图准备

目前绝大多数测图系统在野外数据采集时，要求绘制较详细的草图。绘制草图一般在准备的工作底图上进行。工作底图最好用旧地形图、平面图复制件，也可用航片放大影像图。另外，为了便于野外观测，在野外采集数据之前，通常要在工作底图上对测区进行分区。一般以沟渠、道路等明显线状地物将测区划分为若干个作业区。

(4)野外数据采集

野外数据(碎部点三维坐标)采集的方法随仪器配置不同及编码方式不同而有所区别。一般用"测算法"采集碎部点定位信息及其绘图信息，并用电子手簿记录下来。记录时的点号每次自动生成并顺序加 1。绘图信息输入主要区分为全码输入、简码输入、无码输入 3 种。大部分情况下采集数据时要及时绘制观测图。

（5）数据传输

用专用电缆将电子手簿与计算机连接起来，通过键盘操作，将外业采集的数据传输到计算机，每天野外作业后都要及时进行数据传输。

（6）数据处理

首先进行数据预处理，即对外业数据的各种可能的错误检查修改和将野外采集的数据格式转换成图形编辑系统要求的格式（即生成内部码）。接着对外业数据进行分幅处理、生成平面图形、建立图形文件等操作；再进行等高线数据处理，即生成三角网数字高程模型（DTM）、自动勾绘等高线等。

（7）图形编辑

一般采用人机交互图形编辑技术，对照外业草图，将漏测或错测的部分进行补测或重测，消除一些地物、地形的矛盾，进行文字注记说明及地形符号的填充，进行图廓整饰等。也可对图形的地形、地物进行增加或删除、修改。

（8）内业绘图

经过编辑后用绘图仪绘制出不同要求、目的的图件。

（9）检查验收

按照数字化测图规范的要求，对数字地图及由绘图仪输出的模拟图，进行检查验收。对于数字化测图，明显地物点的精度很高。外业检查主要检查隐蔽点的精度和有无漏测。内业验收主要看采集的信息是否丰富与满足要求，分层情况是否符合要求，能否输出不同目的的图件。

用全站仪进行数字测图，除了按上述的作业程序进行施测以外，还可以采用图根导线与碎部测量同时作业的"同步施测法"，即在一个测站上，先测导线的数据，接着就测碎部点，能提高外业工作效率。

9.3.3 数字测图内业简介

1. 数字测图成图软件

数字测图的图件绘制，除有计算机、绘图仪等硬件设备外，还必须有相应成图软件支持。国内市场上成图软件较多，具有代表性的有：南方测绘仪器公司的 CASS、清华山维公司的 EPSW 电子平板、武汉瑞得公司的 RDMS、中翰测绘仪器公司的 Map 等。

各种软件一般是以 AutoCAD 为开发和运行平台，具有使用方便、扩充性强、接口丰富的特点。它们能测绘地形图、地籍图、房产图，都有多种数据采集接口，成果都能被 GIS 软件所接受，彼此有自己的特色。并具有丰富的图形编辑功能和一定的图形管理功能，操作界面友好。CASS、EPSW、Map 是在 Windows 环境下用 C++语言开发和运行，具有界面美观、可现测现绘、不易漏测、操作直观方便的优点；武汉瑞得公司的 RDMS 全部用高级语言开发，可以直接在 DOS 环境下运行，具有结构紧凑、运行速度快的特点。

2. 内业处理的主要作业过程

数据采集过程完成之后，即进入到数据处理与图形处理阶段，亦称内业处理阶段。内业处理主要包括数据传输、数据转换、数据计算、图形编辑与整饰直至最后的图形输出。其作业流程用框图表示，如图 9-36 所示。

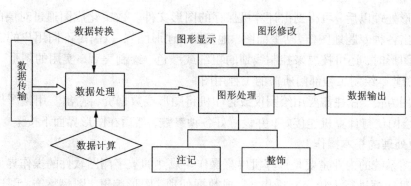

图 9-36　内业处理工作流程

数据传输是将采集的数据按一定的格式传送到装有绘图软件的计算机中,生成数据文件,供内业处理使用。数据处理中的数据转换是将信息数据文件,按格式与软件需要由计算机生成其可识别的内部码。数据计算主要是等高线通过点的插值计算和加权平均法进行等高线的光滑处理。在此过程的最后建立图形数据文件,为图形处理做好准备。图形处理主要包括图形的显示、修改、注记、整饰和最后的图形输出。

3. 数据处理

用某种数据采集方法获取了野外观测信息(点号、编码、三维坐标等)后,将这些数据传输到计算机中,并对这些数据进行适当的加工处理,才能形成适合于图形生成的绘图数据文件。

数据处理主要包括两个方面的内容:数据转换和数据计算。数据转换是将野外采集到的带简码的数据文件或无码数据文件转换为带绘图编码的数据文件,供计算机识别绘图使用。对于简码数据文件的转换,软件可自动实现;对于无码数据文件,则还需要通过地物关系(草图)编制引导文件来实现转换。数据计算主要是针对地貌关系的,当数据输入到计算机后,为建立数字地面模型绘制等高线,需要进行插值模型建立、插值计算、等高线光滑 3 个过程的工作。在计算过程中,需要给计算机输入必要的数据,如插值等高距、光滑的拟合步距等。必要时需对插值模型进行修改,其余的工作都由计算机自动完成。数据计算还包括对房屋类呈直角拐弯的地物进行误差调整,消除非直角化误差。

经过数据处理即可建立绘图文件,未经整饰的地形图即可显示在计算机屏幕上,同时计算机将自动生成以数字形式表示的各种绘图数据文件,存于计算机储存设备中供后续工作调用。

4. 图形处理

图形处理就是对经数据处理后所生成的图形数据文件进行编辑、整理。要想得到一幅规范的地形图,除要对数据处理后生成的"原始"图形进行修改、整理外,还需要加上汉字注记、高程注记,进行图幅整饰和图廓整饰,并填充各种地物符号。利用编辑功能菜单项,对图形进行删除、断开、修改、移动、比例缩放、剪切、复制等操作,补充插入图形符号、汉字注记和图廓整饰等,最后编辑好的图形即为我们所需要的地形图。编辑好的图形存入记录介质或用绘图仪输出。

5. 图形输出

经过图形处理以后，可得到由计算机保存的图形文件。数字化成图通过对层的控制，可以编制和输出各种专题地图(包括平面图、地籍图、地形图)，以满足不同用户的需要。在用绘图仪输出图形时，还可按层来控制线划的粗细或颜色，绘制美观、实用的图形。还可通过图形旋转、剪辑、绘制工程部门所需的工程用图。

为了使用方便，往往需要用绘图仪或打印机将图形或数据资料输出。用绘图仪输出图形时，首先将绘图仪与计算机连接好，并设置好各种参数，然后在图形界面下按菜单提示操作。

6. 内业处理的基本操作

数字测图系统的内业主要是计算机屏幕操作。成熟的数字测图软件的操作界面都是采用屏幕菜单和对话框进行人机交互操作，完成数据处理、图形编辑、图幅整饰、图形输出及图形管理。下面以 CASS 3.0 为例，介绍数字测图内业的基本操作。

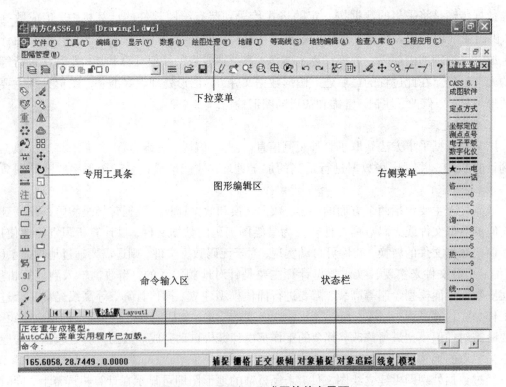

图 9 - 37 CASS 3.0 成图软件主界面

如图 9 - 37 所示是 CASS 3.0 的主操作界面，包括顶部下拉菜单(专用工具菜单)、通用工具条、左侧专业快捷工具条、屏幕右侧菜单区、底部提示区和图形编辑区等。下拉菜单区汇集了 CAD 的图形绘制"工具""编辑""显示"等项，及 CASS 所增加的"数据处理""绘图处理""等高线""地物编辑"、"地籍图纸管理"项目。运用它可完成图形的显示、缩放、删除、修剪、移动、旋转、绘地形图、绘地籍图、图形修饰、文件管理、图形管理等工作。右侧菜单区是一个测绘专用交互绘图菜单，控制点、居民地、道路、管线、水系、植被等图式符号均放在其中，使用时只需用鼠标直接点击所需要的项目，即可将符号绘制在屏幕上。图形编辑区显示所绘图形，可在此区用各种编辑功能对图形进行编辑加工。命令区是 AutoCAD 的命令提示区，在图形进行编辑的过程中，要随时注意此区中所给出的提示，只有按提示要求输入相应的命令内容后才可完成一个操作。把鼠标移到屏幕顶部，单击"绘图处理"就出现下拉菜单，如图 9 – 38 所示。在下拉菜单子项中，标记"▶"表示有二级菜单，标记"……"表示有对话框。操作"绘图处理"的下拉菜单，基本上可完成地形图形和地籍图的制作。右侧菜单有 4 种定点方式，即"坐标定位"定点、"测点点号"定点、"电子平板"定点与"数字化仪"定点。若用鼠标单击"测点点号"，就出现如图 9 – 38 所示的右侧菜单，根据屏幕测点点号和外业草图，操作右侧菜单也可绘制地形图和地籍图。

要完成图形的绘制与编辑工作，主要与有关的菜单、对话框及文件打交道。不同的测图软件，其内业处理方法、操作差别很大。要使用好一套测图系统，掌握具体的操作方法，必须对照操作说明书反复练习。

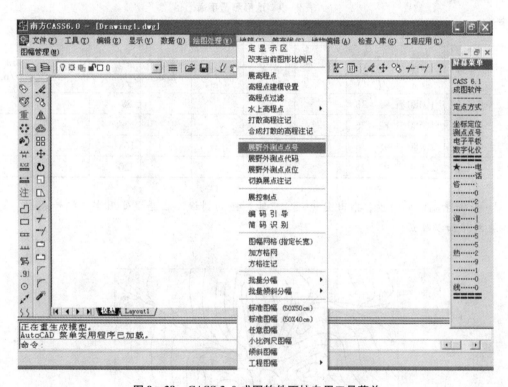

图 9 – 38　CASS 3.0 成图软件下拉专用工具菜单

思 考 题

1. 名词解释：比例尺精度、地物、地貌、等高线、等高距、等高平距、地形图。
2. 比例尺精度在测绘工作中有何作用？地物符号有几类？各有何特点？同一幅图上，等高距选用的原则是什么？等高距、等高线平距与地面坡度的关系如何？
3. 测图前有哪些准备工作？控制点展绘后，怎样检查其正确性？
4. 等高线分哪几类？在图上怎样表示？等高线有哪些基本特性？

5. 在地形测图时,在测站上平板仪的安置包括哪几项内容?在小平板与经纬联合测图时,是怎样工作的?

6. 如何进行地形图检查?确保地形图质量应采取哪些主要措施?

7. 测站点加密的方法有哪些?如何作业?各中方法适应什么情况?

8. 什么是数字化测图?数字化测图主要有哪些优点?数字化测图的硬件主要有哪些?

9. 试述数字化测图的作业过程?

习 题

1. 根据表9-9中数据,计算各碎部点的水平距离和高程。

表9-9 地形测量手簿

			测站点:A		定向点:B	测站高:40.95 m		$i=1.48$ m	$x=0''$	
点号	视距间隔 l/m	中丝读数 v/m	竖盘读数 /(° ′)	竖直角 /(° ′)	初算高差 h'/m	改正数 $i-v$ /m	高差 h/m	水平角 β /(° ′)	水平距离 D/m	高程 H/m
1	0.557	1.480	93 28					88 45		
2	0.435	1.480	82 26					124 42		
3	0.736	2.480	95 36					168 45		
4	1.202	2.080	97 25					320 24		

2. 根据等高线的特性,指出图9-39中地形图的错误。在错误处用字母编号表出,说明错误原因并加以改正。

图9-39 习题2

3. 图 9 - 40 为某丘陵区测得得各地貌特征点, 图中实线表示山脊线, 虚线表示山谷线。试按等高距为 1 m 勾绘等高线。

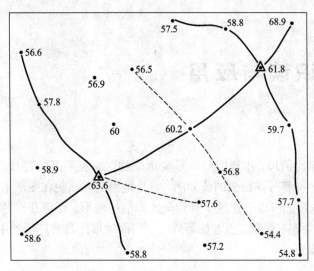

图 9 - 40 习题 3

第 10 章

地形图的识读与应用

　　地形图是按一定比例尺，用规定的符号表示地物、地貌平面位置和高程的正射投影图。地形图都是用各种地形符号描绘成的线划图，它是地面实际面貌在图纸上的反映。地形图上有着丰富的信息，从图上可以迅速地了解到全区详细的地形，还可获得各项建设中所需的坐标、高程、方位角、距离、面积、土方量等数据。因而地形图具有广泛的用途，它是进行基本建设不可缺少的重要资料。

10.1　地形图的识读

10.1.1　图廓外附注的识读

　　根据地形图图廓元素，可以获取地形图图名、图号、比例尺、坐标系统、高程系统、等高距、接合图、测图时间及测图单位等基本信息。依据地形图的图名、接合图和图廓坐标可以确定该图所在的位置及其范围；根据比例尺可以知道图形所反映的地物和地貌的详略情况；从测图时间可以判断图的新旧程度，了解地面变化情况。

　　对于大比例尺地形图，目前一般采用 1980 年西安坐标系，一些老地形图上采用的是1954 年北京坐标系，部分城市采用自己的独立坐标系。我国 1988 年开始启用"1985 国家高程基准"，原来的"1956 年黄海高程系统"不再使用。识读地形图时，要注意区分图上使用的坐标系统及高程系统，避免工程应用上的混淆。

10.1.2　地物和地貌的识读

　　地球表面的物体和地表形状，在测量中可以分成地物和地貌两大类。地物是指地球表面上有明显轮廓的物体，既可以是自然形成的，如河流、湖泊、植被等，也可以是人工建成的，如道路、房屋等。地貌是指地面的高低变化和起伏形状，如山脉、丘陵、平原等。

　　对地物的识读，主要依靠地物符号，因此一定要熟悉常用地物的表示方法。根据图上的地物符号及其位置，可以了解地物分布情况，从中获取居民点、水系、交通、通信、管线、农林等方面的信息。

　　对地貌的识读，主要是根据地貌符号(等高线)和地性线(山脊线和山谷线)来辨认和分析。首先根据地性线构成地貌的主体，对地貌有一个比较全面的认识，不致于被复杂的等高线所迷惑，再根据等高线分布密集程度来分析地形的陡缓状况，并找出图上分布的主要山头、洼地、鞍部等典型地貌的位置。

地形图上包含的地物和地貌，主要有以下内容。

1. 测量控制点

测量控制点是测绘地形图和工程测量的重要依据，包括三角点、导线点、图根点、水准点、GPS 点、天文点等。控制点旁一般注记有点名、等级及高程。

2. 居民地和垣栅

居民和垣栅是大比例尺地形图上的主要地物要素。居民地包括一般房屋、简单房屋、建筑中的房屋、破坏房屋、棚房、架空房屋、廊房、窑洞、蒙古包及房屋附属设施。垣栅包括城墙、围墙、栅栏、栏杆、篱笆、铁丝网等。

3. 工矿建(构)筑物及其他设施

这是国民经济建设的主要设施，地形图能准确地表示其位置、形状和性质等特性。这些设施包括矿井、探井、水塔、粮仓、气象站、学校、卫生所、游泳池、路灯等。

①交通及附属设施。包括铁路、火车站、公路、桥梁、码头等。

②管线及附属设施。管线是各类管道、电力线和通信线等的总称，包括输电线、通信线、管道、检修井等。

③水系及附属设施。水系是江、河、湖、海、井、泉、水库、池塘、沟渠等自然和人工水体的总称，包括河流、水库、沟渠、水闸、土堤、沙滩、礁石等。

④境界。境界是区域范围的分界线，包括国界、省界、县界、自然保护区界等。

⑤地貌和土质。地貌是指地球表面起伏的形态，它利用等高线及其注记、示坡线来表示，特殊地貌如陡崖、冲沟、斜坡、山洞也有相应的表示符号。土质指地面表层覆盖物的类别和性质，如沙田、石块地、沼泽地、盐田等。

⑥植被。植被是指覆盖在地表上的各类植物的总称，包括耕地、园地、林地、草地、花圃等。

⑦注记。注记是判读和使用地形图的主要依据，包括居民地名称、说明注记、山名、水系名称等。

10.2　地形图应用的基本内容

地形图是国家各个部门、各项工程建设中必需的基础资料，在地形图上可以获取多种、大量的所需信息。并且，从地形图上确定地物的位置和相互关系及地貌的起伏形态等情况，比实地更准确、更全面、更方便、更迅速。

10.2.1　点的平面坐标的确定

1. 求点的直角坐标

欲求地形图中某点的直角坐标，可根据格网坐标用图解法求得。如图 10 – 1 所示，欲求图中 A 点的直角坐标，首先将 A 点所在方格网的顶点 a、b、c、d 分别用直线连接，已知其西南角 a 点的坐标为 (x_a, y_a)，然后过 A 点作平行于直角坐标格网的直线，交格网线于 e、f、g、h 点，再用比例尺(或直尺)量出 ae 和 ag 的长度，则 A 点的坐标为

$$
\left.\begin{array}{l}
x_A = x_a + ag \cdot M \\
y_A = y_a + ae \cdot M
\end{array}\right\} \qquad (10-1)
$$

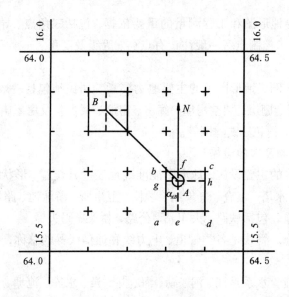

图 10 - 1　确定图上点的坐标

如果考虑图纸因温度影响而产生伸缩变形带来的误差，还应该量取 ab 和 ad 的长度，按下式计算 A 点的坐标

$$
\left.\begin{array}{l}
x_A = x_a + \dfrac{10}{ab} \cdot ag \cdot M \\[2mm]
y_A = y_a + \dfrac{10}{ad} \cdot ae \cdot M
\end{array}\right\} \qquad (10-2)
$$

式中：M 为比例尺分母；x_a、y_a 为 a 点坐标；ab、ad、ag、ae 为用比例尺（或直尺）在图上量取的长度，cm。

2. 求点的大地坐标

在求某点的大地坐标时，首先根据地形图内外图廓中的分度带，绘出大地坐标格网。接着，作平行于大地坐标格网的纵横直线，交于大地坐标格网。然后，按照上面求点直角坐标的方法计算出点的大地坐标。

10.2.2　点的高程的确定

根据地形图上的等高线，可确定任一地面点的高程。如果地面点正好在某等高线上，则根据等高线的高程注记或基本等高距，便可直接确定该点高程。如图 10 - 2 所示，A 点的高程为 26 m。

如果地面点不在某等高线上，即需要确定位于相邻两等高线之间的地面点的高程，通常可以根据相邻的两等高线的高程目估确定。例如图 10 - 2 中的 B 点可以目估为 27.8 m。更精确的方法是，根据比例内插法确定该点的高程。图 10 - 2 中 B 点位于两等高线之间，则可以通过 B 点作一条大致垂直于两相邻等高线的线段 MN，则 B 点的高程为

$$H_B = H_M + \frac{MB}{MN}h \qquad (10-3)$$

式中：H_B 为 B 点的高程；H_M 为 M 点的高程；h 为等高距。

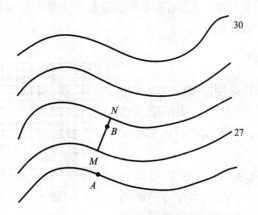

图 10-2　确定图上点的高程

10.2.3　直线的长度和方位的确定

如图 10-1 所示，欲确定直线 AB 的长度和方位角，先用式（10-1）或式（10-2）求出 A 点和 B 点的坐标，则直线 AB 的距离 D_{AB} 和方位角 α_{AB} 可参照式（4-33）和下式计算

$$\left.\begin{aligned} D_{AB} &= \sqrt{(X_B - X_A)^2 + (Y_B - Y_A)^2} \\ \alpha_{AB} &= \arctan \frac{Y_B - Y_A}{X_B - X_A} \end{aligned}\right\} \qquad (10-4)$$

如果 A、B 两点在同一幅图中，可以用比例尺或量角器，直接在图上量取距离或者坐标方位角。

10.2.4　两点间平均坡度的确定

由等高线的特性可知，地形图上某处等高线之间的平距越小，则地面坡度越大。反之，等高线间平距越大，坡度越小。当等高线为一组等间距平行直线时，则该地区地貌为斜平面。

如图 10-2 所示，欲求直线 AB 的地面坡度，用前述的方法先求出 A、B 两点的高程 H_A 和 H_B，然后求出高差 $H_{AB} = H_B - H_A$，以及 A、B 两点的水平距离，则直线 AB 的平均坡度为

$$i = \frac{H_{AB}}{D} = \frac{H_B - H_A}{\mathrm{d}M} \qquad (10-5)$$

式中：H_{AB} 为 A、B 两点间的高差；D 为 A、B 两点间的实地水平距离；d 为 A、B 两点在图上的距离；M 为比例尺分母。

坡度常以百分率或千分率表示。

10.3　图形面积的量算

在规划设计中，常需要量算一定范围内图形的面积，常用的量算方法有透明方格纸法、平行线法、解析法和求积仪法。

10.3.1　透明方格纸法

对于不规则图形，可以采用图解法求算图形面积。通常使用绘有单元图形的透明纸蒙在待测图形上，统计落在待测图形轮廓线以内的单元图形个数来量测面积。

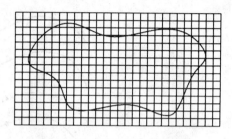

图 10 – 3　方格纸法面积量算

透明方格法通常是在透明纸上绘出边长为 1 mm 的小方格，如图 10 – 3 所示，每个方格的面积为 1 mm^2，而所代表的实际面积则由地形图的比例尺决定。量测图上面积时，将透明方格纸固定在图纸上，数出图形内完整的方格数 n_1 和不完整的方格数 n_2。然后，按下式计算整个图形的实际面积：

$$A = \left(n_1 + \frac{1}{2}n_2 \right)\frac{M^2}{10^6} \tag{10 – 6}$$

式中：M 为地形图比例尺分母。

10.3.2　平行线法

透明方格纸法的缺点是数方格困难，为此，可以使用图 10 – 4 所示的平行线法。被测图形被平行线分割成若干个等高的长条，每个长条的面积可以近似为梯形的面积，按照梯形公式进行计算。用尺量出各平行线在曲线内的长度 l_1、l_2、$\cdots$、l_n，则各梯形面积分别为

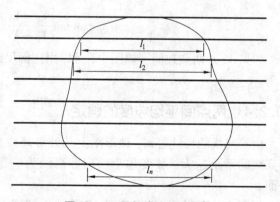

图 10 – 4　平行线法面积量算

$$\left. \begin{aligned} A_1 &= \frac{1}{2}h(0 + l_1) \\ A_2 &= \frac{1}{2}h(l_1 + l_2) \\ &\cdots \\ A_{n+1} &= \frac{1}{2}h(l_n + 0) \end{aligned} \right\} \tag{10 – 7}$$

则总面积为

$$A = A_1 + A_2 + \cdots + A_n + A_{n+1} = h\sum_{i=1}^{n} l_i \tag{10 – 8}$$

10.3.3　坐标计算法

如果图形为任意多边形，则可以在地形图上求出各顶点的坐标(或全站仪测得)，进而可以利用坐标计算法精确求算该图形的面积。

如图 10 - 5 所示，将任意多边形各顶点按顺时针方向编号为 1、2、3、4、5，其坐标分别为 (x_1,y_1)、(x_2,y_2)、(x_3,y_3)、(x_4,y_4)、(x_5,y_5)。由图可知：

五边形 12345 的面积等于梯形 $4'455'$ 的面积加上梯形 $5'511'$ 的面积减去梯形 $4'433'$ 的面积减去梯 $3'322'$ 的面积，再减去梯形 $2'211'$ 的面积。用坐标表示即为

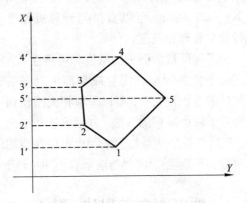

图 10 - 5　坐标计算法面积量算

$$A = \frac{1}{2}\big[(x_4-x_5)(y_4-y_5)+(x_5-x_1)(y_5-y_1)+(x_4-x_3)(y_4-y_3)-$$
$$(x_3-x_2)(y_3-y_2)-(x_2-x_1)(y_2-y_1)\big]$$

整理后得

$$A = \frac{1}{2}\big[x_1(y_2-y_5)+x_2(y_3-y_1)+x_3(y_4-y_2)+x_4(y_5-y_3)+x_5(y_1-y_4)\big]$$

若图形有 n 个顶点，则一般形式为

$$A = \frac{1}{2}\sum_{i=1}^{n} x_i(y_{i+1}-y_{i-1}) \tag{10-9}$$

上式是将各顶点投影于 x 轴算得的，若将各顶点投影于 y 轴，则一般形式为

$$A = \frac{1}{2}\sum_{i=1}^{n} y_i(x_{i-1}-x_{i+1}) \tag{10-10}$$

式(10-9)和式(10-10)中，n 为多边形的边数，当 $i=1$ 时，y_{i-1} 和 x_{i-1} 分别用 y_n 和 x_n 代入；当 $i=n$ 时，y_{i+1} 和 x_{i+1} 分别用 y_1 和 x_1 代入。此两公式计算的结果可以相互检核。

10.3.4　求积仪法

求积仪是一种测定图形面积的仪器，由于其量测速度快，操作简便，能较为精确地测定任意形状的图形面积，因此得到广泛应用。

求积仪有机械求积仪和电子求积仪两种。机械求积仪是根据机械传动原理设计，主要依靠游标读数获取图形面积。随着电子技术的迅速发展，在机械求积仪的基础上增加了脉冲计数设备和微处理器，从而形成了电子求积仪，它具有高精度、高效率、直观性强等特点，越来越受人们的青睐，已逐步取代了机械求积仪。

电子求积仪是一种用来测定任意形状图形面积的仪器，如图 10 - 6 所示。

在地形图上求取图形面积时，先在求积仪的面板上设置地形图的比例尺和使用单位，再利用求积仪一端的跟踪透镜的"十"字中心点绕图形一周来求算面积。电子求积仪具有自动显示量测面积结果、储存测得的数据、计算周围边长、数据打印、边界自动闭合等功能，计算

精度可以达到 0.2%。同时，具备各种计量单位，例如，公制、英制，有计算功能，当数据量溢出时会自动移位处理。由于采用了 RS – 232 接口，可以直接与计算机相连进行数据管理和处理。

图 10 – 6　电子求积仪

为了保证量测面积的精度和可靠性，应将图纸平整地固定在图板或桌面上。当需要测量的面积较大时，可以采取将大面积划分为若干块小面积的方法，分别求这些小面积，最后把量测结果加起来。也可以在待测的大面积内划出一个或若干个规则图形（四边形、三角形、圆等等），用解析法求算面积，剩下的边、角小块面积用求积仪求取。

10.4　地形图在工程建设中的应用

10.4.1　利用地形图确定汇水面积

在修建交通线路的涵洞、桥梁或水库的堤坝等工程建设中，都需要确定有多大面积的雨水汇集到桥涵或水库，即需要确定汇水面积，以便进行桥涵和堤坝的设计工作。通常是在地形图上确定汇水面积。

汇水面积是由分水线（山脊线）所构成的区域。如图 10 – 7 所示，公路 SE 通过山谷，在 M 处要修建一涵洞，为了设计孔径的大小，需要确定该处汇水面积，即由图中分水线 MA、AB、BC、CD、DN 与 NM 线段所围成的面积。可用格网法、平行线法或求积仪测定该面积的大小。

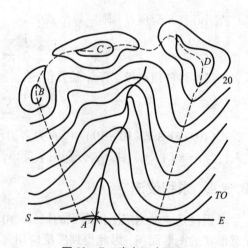

图 10 – 7　确定汇水面积

10.4.2　按即定坡度在地形图上选线

在道路、管线、渠道等工程进行初步设计时，通常先在地形图上选线。按照技术要求，都要求选定的线路坡度不能超过规定的限制坡度，并且线路最短。

如图 10 – 8 所示，需在该地形图上选出一条由车站 A 至某工地 B 的最短线路，并要求其坡度不大于 $i = 4\%$（限制坡度）。设计用的地形图比例尺为 $1/M = 1:2000$，等高距为 $h = 2$ m。

常见的做法是将两脚规在坡度尺上截取坡度为 4% 时相邻两等高线间的平距；也可以按下式计算相邻等高线间的最小平距（地形图上距离）

$$d = \frac{h}{i \cdot M} = \frac{2}{2000 \cdot 4\%} = 25 \text{ mm} \tag{10 – 11}$$

然后，将两脚规的脚尖设置为 25 mm，把一脚尖立在以点 A 为圆心上作弧，交另一等高线 1′点，再以 1′点为圆心，另一脚尖交相邻等高线 2′点。如此继续直到 B 点。这样，由 A、1′、2′、3′至 B 连接的 AB 线路，就是所选定的坡度不超过 4% 的最短线路。

从图 10 – 8 中看出，如果平距 d 小于图上等高线间的平距，则说明该处地面最大坡度小于设计坡度，这时可以在两等高线间用垂线连接。此外，从 A 到 B 的线路可采用上述方法选择多条，例如，由 A、1″、2″、3″至 B 所确定的线路。在比较方案进行决策时，主要根据线形、地质条件、占用耕地、拆迁量、施工方便、工程费用等因素综合考虑，最终确定路线的最佳方案。

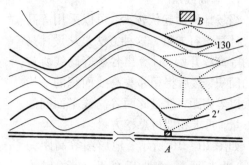

图 10 – 8　选定等坡路线

10.4.3　按设计线路绘制断面图

地形断面图是指沿某一方向描绘地面起伏状态的竖直面图。在交通、渠道以及各种管线工程中，可根据断面图地面起伏状态，量取有关数据进行线路设计。断面图可以在实地直接测定，也可根据地形图绘制。

绘制断面图时，首先要确定断面图的水平方向和垂直方向的比例尺。通常，在水平方向采用与所用地形图相同的比例尺，而垂直方向的比例尺通常要比水平方向大 10 倍，以突出地形起伏状况。

如图 10 – 9 所示，欲沿 AB 方向绘制断面图，可在绘图纸或方格纸上绘两垂直的直线，横轴表示距离，纵轴表示高程。然后在地形图上，从 A 点开始，沿路线的方向量取两相邻等高线间的水平距离，按一定比例尺将各点依次绘在横轴上，得 A、1、2、…、10、B 点的位置。再从地形图上求出各点高程，按一定比例尺(一般为距离比例尺的 10 或 20 倍)绘在横轴相应各点的垂线上，最后将相邻的高程点用平滑的曲线连接起来，即得到路线 AB 的纵断面图。

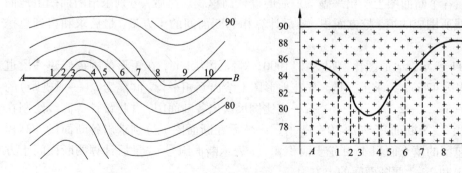

图 10 – 9　纵断面绘制

10.4.4　平整场地中的土方计算

为了使起伏不平的地形满足一定工程的要求，需要把地表平整成为一块水平面或斜平面。在进行工程量的预算时，可以利用地形图进行填、挖土石方量的概算。

1. 等高线法

当场地地面起伏较大，可以采用等高线法计算土石方量。这种方法是从设计高程的等高线开始，计算出各条等高线所包围的面积，然后将相邻等高线面积的平均值乘以等高距，就是此两等高线平面间的土方量，再求和即得总挖方量。

如图 10 – 10 所示，地形图等高距为 1 m，要求平整场地后的设计高程为 74.5 m，首先在地形图中内插出设计高程 74.5 m 的等高线，然后分别求出 74.5 m、75 m、76 m、77 m 四条等高线所围成的面积 $A_{74.5}$、A_{75}、A_{76}、A_{77}，即可算出每层土石方的挖方量为

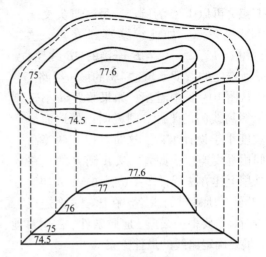

图 10 – 10　等高线法估算土方量

$$
\left.
\begin{aligned}
V_1 &= \frac{1}{2}(A_{74.5} + A_{75}) \times 0.5 \\
V_2 &= \frac{1}{2}(A_{75} + A_{76}) \times 1 \\
V_3 &= \frac{1}{2}(A_{76} + A_{77}) \times 1 \\
V_4 &= \frac{1}{3}A_{77} \times 0.6
\end{aligned}
\right\}
\tag{10 – 12}
$$

总挖方为

$$
\sum V_W = V_1 + V_2 + V_3 + V_4 \tag{10 – 13}
$$

2. 断面法

此法适用于带状地形的土方量计算，在施工场地范围内，利用地形图以一定间距绘出地形断面图，并在各个断面图上绘出平整场地后的设计高程线。然后，分别求出断面图上地面线与设计高程线所围成的填、挖方面积，然后计算相邻断面间的土方量，最后求和得到总挖方量和填方量。

如图 10 – 11 所示，地形图比例尺为 1∶1000，等高距为 1 m，在矩形范围欲修建一段道路，其设计高程为 47 m，为求土方量。先在地形图上绘出互相平行、间隔为 l_0（一般桩距）的断面方向线 1 — 1、2 — 2、…、6 — 6；按一定比例尺绘出各断面图，并将设计等高线绘制在断面图上（1 – 1、2 – 2 断面），如图 10 – 11 所示。然后在断面图上分别求出各断面设计高程线与断面图所包围的填土面积 A_{Ti} 和挖土面积 A_{Tw}（i 表示断面编号），最后计算两断面间土方量。例如，1 – 1 和 2 – 2 两断面间的土方为

$$
\left.
\begin{aligned}
\text{填方}\quad V_T &= \frac{1}{2}(A_{T1} + A_{T2})l \\
\text{挖方}\quad V_W &= \frac{1}{2}(A_{W1} + A_{W2})l
\end{aligned}
\right\}
\tag{10 – 14}
$$

同理依次计算出每相邻断面间的土方量，最后将填方量和挖方量分别累加，即得到总土方量。

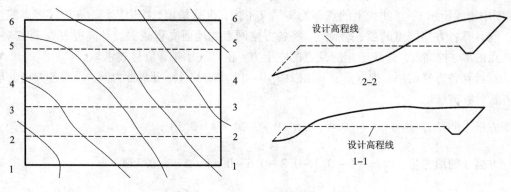

图 10 - 11　断面法计算土方

3. 方格网法

大面积的土方量计算常用此法。

如果地面坡度较平缓,可以将地面平整为某一高程的水平面。如图 10 - 12 所示,计算步骤如下:

①绘制方格网:方格的边长取决于地形的复杂程度和土石方量估算的精度要求,一般取 10 m 或 20 m。然后,根据地形图的比例尺在图上绘出方格网。

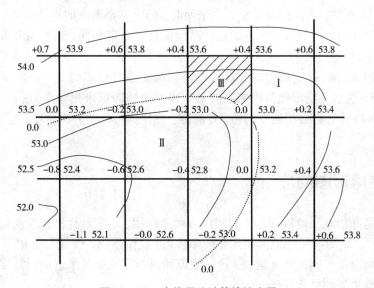

图 10 - 12　方格网法计算填挖方量

②求各方格角点的高程:根据地形图上的等高线和其他地形点高程,采用目估法内插出各方格角点的地面高程值,并标注于相应顶点的右上方。

③计算设计高程:将每个方格角点的地面高程值相加,并除以 4,则得到各方格的平均高程,再把每个方格的平均高程相加除以方格总数就得到设计高程 $H_设$。$H_设$ 也可以根据工程要求直接给出。

④确定填、挖边界线：根据设计高程 $H_设$，在地形图 10 - 12 上绘出高程为 H 设的高程线（如图中虚线所示），在此线上的点即为不填又不挖，也就是填、挖边界线，亦称零等高线。

⑤计算各方格网点的填、挖高度：将各方格网点的地面高程减去设计高程 $H_设$，即得各方格网点的填、挖高度，并注于相应顶点的左上方，正号表示挖，负号表示填。

⑥计算各方格的填、挖方量：下面以图 10 - 12 中方格 I 、II 、III 为例，说明各方格的填、挖方量计算方法。

方格 I 的挖方量：$V_1 = \dfrac{1}{4}(0.4 + 0.6 + 0 + 0.2) \cdot A = 0.3A$

方格 II 的填方量：$V_2 = \dfrac{1}{4}(-0.2 - 0.2 - 0.6 - 0.4) \cdot A = -0.35A$

方格 III 的填、挖方量：$V_3 = \dfrac{1}{4}(0.4 + 0.4 + 0 + 0) \cdot A_挖 - \dfrac{1}{4}(0 - 0.2 - 0) \cdot A_填$

$$= 0.2A_挖 - 0.05A_填$$

式中：A 为每个方格的实际面积，$A_挖$、$A_填$ 分别为方格 III 中挖方区域和填方区域的实际面积。

⑦计算总的填、挖方量：将所有方格的填方量和挖方量分别求和，即得总的填、挖土石方量。如果设计高程 $H_设$ 是各方格的平均高程值，则最后计算出来的总填方量和总挖方量基本相等。

当地面坡度较大时，可以按照填、挖土石方量基本平衡的原则，将地形整理成某一坡度的倾斜面。

由图 10 - 12 可知，当把地面平整为水平面时，每个方格角点的设计高程值相同。而当把地面平整为倾斜面时，每个方格角点的设计高程值则不一定相同，这就需要在图上绘出一组代表倾斜面的平行等高线。绘制这组等高线必备的条件是：等高距、平距、平行等高线的方向（或最大坡度线方向）以及高程的起算值。它们都是通过具体的设计要求直接或间接提供的，如图 10 - 12 所示。绘出倾斜面等高线后，通过内插即可求出每个方格角点的设计高程值。这样，便可以计算各方格网点的填、挖高度，并计算出每个方格的填、挖方量及总填、挖方量。

10.5 数字地形图的应用

前面几节是介绍纸质地形图在工程建设方面的应用，随着计算机技术和数字化测绘技术的迅速发展，数字地图与传统地图相比有诸多优点（载体不同，管理与维护不同），因此，数字地形图广泛地应用于国民经济建设、国防建设和科学研究等各个方面。数字测图已经逐步取代以手工描绘为主的平板仪测图。

在数字化成图软件环境下，利用数字地形图可以非常方便地获取各种地形信息，如量测各个点的坐标，量测点与点之间的水平距离，量测直线的方位角、确定点的高差和计算两点间坡度等。而且查询速度快，精度高。下面以数字化测图软件 CASS5.0 为例，介绍数字地形图在工程建设方面的应用。

10.5.1 用数字地形图查询基本几何要素

基本几何要素的查询包括指定点坐标、两点间距离及方位、线长、实体面积等。

1. 查询指定点坐标

用鼠标点取"工程应用"菜单中的"查询指定点坐标",用鼠标点取所要查询的点即可,也可先进入点号定位方式,再输入要查询的点号。

2. 查询两点间距离及方位

用鼠标点取"工程应用"菜单下的"查询两点距离及方位"。用鼠标分别选取所要查询的两点即可,也可先进入点号定位方式,再输入两点的点号。

注意:CASS5.0 所显示的坐标为实地坐标,因此所显示的两点间的距离为实地距离。

3. 查询线长

用鼠标点取"工程应用"菜单下的"查询线长"。用鼠标选取图上曲线即可。

4. 查询实体面积

用鼠标点取"工程应用"菜单下的"查询实体面积"。用鼠标选取待查询的实体的边界线即可,要注意实体应该是闭合的。

10.5.2 利用数字地形图计算土方量

如图 10 – 13 所示,土方量计算方法有 5 种:DTM 法土方计算、断面法土方计算、方格网法土方计算、等高线法土方计算和区域土方量平衡计算。

1. DTM 法土方计算

由 DTM 模型来计算土方量是根据实地测定的地面点坐标(X, Y, Z)和设计高程,通过生成三角网来计算每一个三棱锥的填挖方量,最后累计得到指定范围内填方和挖方的土方量,并绘出填挖方分界线。

DTM 法土方计算方法有三种方式:

①由坐标数据文件计算。

②依照图上高程点进行计算。

③依照图上的三角网进行计算。

常用的为坐标文件计算法,如图 10 – 14 所示。

根据坐标文件计算的步骤如下:

①用复合线画出所要计算土方的区域,一定要闭合,但是尽量不要拟合。

②鼠标点取"工程应用\DTM 法土方计算\根据坐标文件",命令行提示如下。

选择边界线:(单击封闭边界对象)

请输入边界插值间隔(米):< 20 > Enter(直接回车选用默认值 20 m)

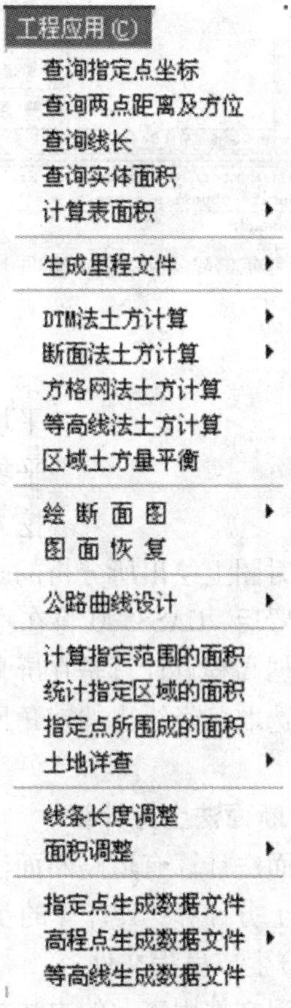

屏幕上将弹出选择高程坐标文件的对话框,在对话框中选择所需坐标文件。命令行提示如下

图 10 – 13 "工程应用"菜单

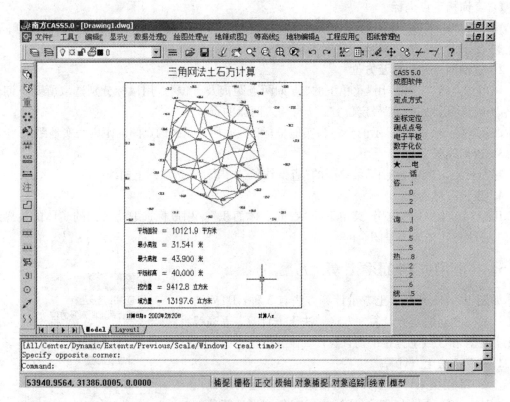

图 10−14   DTM 法土方计算

平场面积 = 10121.9 m^2

平场标高(m) = (输入 35)

挖方量 = 9412.8 m^3, 填方量 = 13197.6 m^3

同时图上绘出所分析的三角网、填挖方的分界线(白色线条)。在屏幕上指定了表格左下角的位置后, CASS5.0 将在指定点处绘制土方专用表格。

根据高程点计算是在屏幕上选取已展绘的高程点来计算土方量。根据图上三角网计算是在图上选取已经绘出的三角网来计算。这是与根据坐标文件计算的不同之处, 其他操作基本一致。

2. 断面法土方计算

断面法计算有道路断面法土方计算和场地断面法土方计算两种类型, 本节主要讲述道路断面法土方计算, 其计算的步骤如下。

(1)生成里程文件

里程文件用离散的方法描述了实际地形, 生成里程文件常用的有 4 种方法: 图面生成、等高线生成、纵断面生成和坐标文件生成。由纵断面生成是 4 种方法中速度最快的, 这种方法只要展出点, 绘出纵断面线, 就可以在极短的时间里生成所有横断面的里程文件。

执行下拉菜单"工程应用|生成里程文件|由纵断面生成"命令, 屏幕上弹出"输入断面里程数据文件名"对话框, 来选择断面里程数据文件, 这个文件将保存要生成的里程数据。接着屏幕上弹出"输入坐标数据文件名"的对话框, 来选择原始坐标数据文件。命令窗口提示:

请选取纵断面线：（用鼠标单击所绘纵断面线）

输入横断面间距：（m）＜20.0＞Enter（直接回车使用默认值 20 m）

输入横断面线上点距：（m）＜5.0＞Enter

输入带状区域的宽度：（m）＜40.0＞Enter

系统自动根据上面几步给定的参数在图上绘出所有横断面线，同时生成每个横断面的里程数据，写入里程文件。

（2）设定计算参数

执行下拉菜单"工程应用 | 断面法土方计算 | 道路断面"后，弹出"断面设计参数"对话框，如图 10 - 15 所示。在对话框中选择里程文件并输入计算参数。

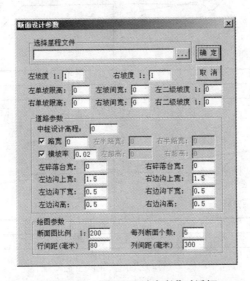

图 10 - 15　"断面设计参数"对话框

（3）绘制断面图

设置完对话框中的参数后，命令窗口提示：

横向比例为 1∶＜500＞Enter（直接回车使用默认值 500）

纵向比例为 1∶＜100＞Enter

请输入隔多少里程绘一个标尺（米）＜直接回车只在两端绘标尺＞Enter

指定横断面图起始位置：（用鼠标左键在窗口上单击）

至此，图上已绘出道路的纵断面图及每一个横断面图，如图 10 - 16 所示。如果道路设计时断面的设计高程不一样，就需要手工编辑断面。

（4）计算工程量

执行下拉菜"工程应用 | 断面法土方计算 | 图面土方计算"，命令行提示：

选择要计算土方的断面图：（在窗口中选择参与计算的道路横断面图）

指定土石方计算表左上角位置：（用鼠标左键在窗口上单击）

系统自动在图上绘出土石方计算表，如图 10.17 所示。命令行提示：

总挖方 = 1641.0 m^3，总填方 = 1234.8 m^3 立方米

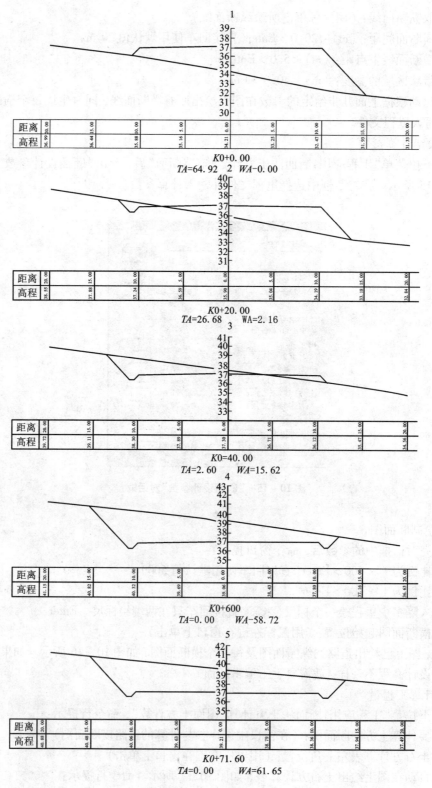

1

距离	20.00	15.00	10.00	5.00	0.00	5.00	10.00	15.00	20.00
高程	36.99	36.44	35.88	35.16	34.21	33.25	32.47	31.93	31.33

K0+0.00
TA=64.92　2　WA-0.00

距离	20.00	15.00	10.00	5.00	0.00	5.00	10.00	15.00	20.00
高程	38.55	37.88	37.24	36.59	35.90	35.04	34.19	33.18	32.84

K0+20.00
TA=26.68　3　WA=2.16

距离	20.00	15.00	10.00	5.00	0.00	5.00	10.00	15.00	20.00
高程	39.72	39.11	38.30	37.89	37.30	36.71	36.12	35.47	34.56

K0=40.00
TA=2.60　WA=15.62

4

距离	20.00	15.00	10.00	5.00	0.00	5.00	10.00	15.00	20.00
高程	41.15	40.82	40.32	39.69	39.06	38.43	37.80	37.16	36.63

K0+600
TA=0.00　WA-58.72

5

距离	20.00	15.00	10.00	5.00	0.00	5.00	10.00	15.00	20.00
高程	40.88	40.48	40.06	39.63	39.21	38.79	38.36	37.94	37.49

K0+71.60
TA=0.00　WA=61.65

图 10 – 16　横断面图

里程	中心高/m		横断面积/m²		平均面积/m²		距离 /m	总数量/m³	
	填	挖	填	挖	填	挖		填	挖
K0 + 0.00	2.79		64.92	0.00					
					45.80	1.08	20.00	915.98	21.64
K0 + 20.00	1.10		26.68	2.16					
					14.64	8.89	20.00	292.77	177.87
K0 + 40.00		0.30	2.60	15.62					
					1.30	37.17	20.00	26.00	743.43
K0 + 60.00	2.06		0.00	58.72					
					0.00	60.18	11.60	0.00	698.07
K0 + 71.60		2.21	0.00	61.65					
合计								1234.8	1641.0

图 10 – 17　土石方计算表

3. 方格网法土方计算

由方格网来计算土方量是根据实地测定的地面点坐标(X, Y, Z)和设计高程，通过生成方格网来计算每一个长方体的填挖方量，最后累计得到指定范围内填方和挖方的土方量，并绘出填挖方分界线。

系统首先将方格的四个角上的高程相加(如果角上没有高程点，通过周围高程点内插得出其高程)，取平均值与设计高程相减。然后通过指定的方格边长得到每个方格的面积，再用长方体的体积计算公式得到填挖方量。方格网法简便直观，易于操作，因此这一方法在实际工作中应用非常广泛。

用方格网法算土方量，设计面可以是平面，也可以是斜面，还可以是三角网。

设计面是水平时，操作步骤如下：

①用复合线画出所要计算土方的闭合区域。

②执行下拉菜单"工程应用|方格网法土方计算"，屏幕上将弹出选择高程坐标文件的对话框，在对话框中选择所需的坐标文件。系统提示：

选择土方计算边界线：(用鼠标单击所画的闭合复合线)

输入方格宽度：(米) <20> Enter

最小高程 = 24.368，最大高程 = 43.9

设计面是：(1)平面(2)斜面 <1> Enter

输入目标高程：(米) <35> Enter

挖方量 = 8727.6 立方米，填方量 = 2949.3 立方米

如图 10 – 18 所示，图上绘出所分析的方格网和填挖方的分界线(点线)，并给出每个方格的填挖方，每行的挖方和每列的填方，计算出总填方和总挖方。

用方格网法算土方量时，设计面也可以是倾斜的。计算的不同点是要输入设计面坡度和基准线设计高程位置，其余的操作基本一致。

4. 等高线法土方计算

用户将白纸图扫描矢量化后可以得到数字地形图，但这样的图都没有高程数据文件，所

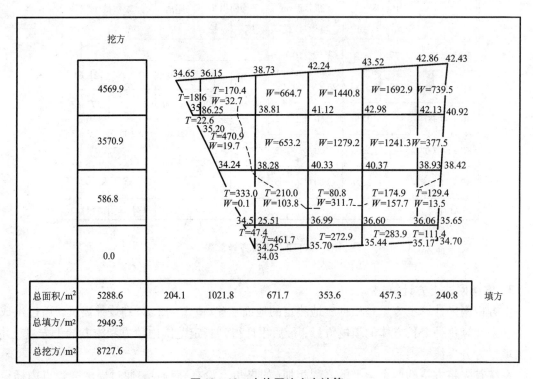

图 10 – 18　方格网法土方计算

以无法用前面的几种方法来计算土方量。但一般来说，这些图上都会有等高线，可以根据等高线来计算土方量。

用等高线法可计算任两条等高线之间的土方量，但所选等高线必须闭合。由于两条等高线所围面积可求，两条等高线之间的高差也已知，因此可计算出这两条等高线之间的土方量。

执行下拉菜单"工程应用|等高线法土方计算"，屏幕提示：

选择参与计算的封闭等高线：Enter

输入最高点高程：< 直接回车不考虑最高点 > Enter

请指定表格左上角位置：< 直接回车不绘制表格 >（在图上空白区域单击鼠标左键，系统将在该点绘出计算成果表格）

窗口上自动生成等高线法计算土方成果表。

5. 区域土方量平衡计算

大多数工程要求挖方量和填方量大致相等，这样可以大幅度减少运输费用，降低工程造价。计算指定区域填挖平衡的设计高程和土方量时，执行下拉菜单"工程应用|区域土方量平衡"命令，提示如下：

①根据坐标数据文件；②根据图上高程点 < 1 > ：Enter（在弹出的对话框中选择文件）

选择边界线：（单击边界线，要求边界线是闭合的复合线）

输入边界插值间隔（米）： < 20 > Enter

平场面积 = 8002.3 平方米

土方平衡高度 = 38.106 米，挖方量 = 24898 立方米，填方量 = 24898 立方米

请指定表格左下角位置：< 直接回车不绘表格 >

完成响应后，CASS5.0 在指定点绘制一个土方量专用表格，如图 10 - 19 所示。

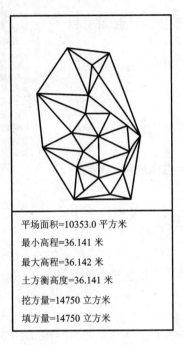

平场面积=10353.0 平方米

最小高程=36.141 米

最大高程=36.142 米

土方衡高度=36.141 米

挖方量=14750 立方米

填方量=14750 立方米

图 10 - 19　区域土方量平衡成果图

10.5.3　利用数字地形图绘制断面图

利用数字地形图绘制断面图的方法有四种：①由图面生成，②根据里程文件，③根据等高线，④根据三角网。

1. 由图面生成

（1）由坐标文件生成

坐标文件指野外观测得的包含高程点文件，方法如下：

①用复合线生成断面线，点取"工程应用\绘断面图\根据已知坐标"功能。

②提示：选择断面线用鼠标点取上步所绘断面线。屏幕上弹出"断面线上取值"的对话框，如图 10 - 20 所示，如果"坐标获取方式"栏中选择"由数据文件生成"，则在"坐标数据文件名"栏中选择高程点数据文件。

图 10 - 20　根据已知坐标绘断面图

③输入采样点间距：输入采样点的间距，系统的默认值为 20 米。采样点的间距的含义是复合线上两顶点之间若大于此间距，则每隔此间距内插一个点。

④输入起始里程 < 0.0 > 系统默认起始里程为 0。

⑤点击"确定"之后，屏幕弹出绘制纵断面图对话框，如图 10 - 21 所示。

输入相关参数，如：

横向比例为 1：< 500 > 输入横向比例，系统的默认值为 1：500。

纵向比例为 1：< 100 > 输入纵向比例，系统的默认值为 1：100。

断面图位置：可以手工输入，亦可在图面上拾取。

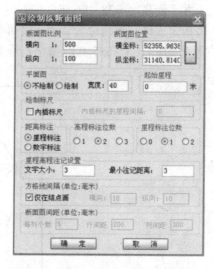

图 10 - 21　绘制纵断面图对话框

可以选择是否绘制平面图、标尺、标注；还有一些关于注记的设置。

⑥点击"确定"之后，在屏幕上出现所选断面线的断面图。如图 10 - 22 所示。

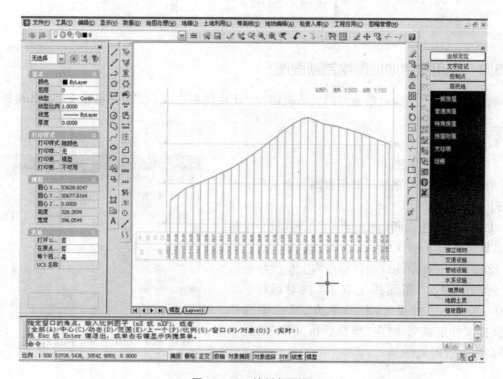

图 10 - 22　绘制断面图

（2）由图面高程点生成

如图 10 – 20 所示，选"由图面高程点生成"，此步则为在图上选取高程点，前提是图面存在高程点，否则此方法无法生成断面图，其他步骤与上述方法完全相同。

2. 根据里程文件

一个里程文件可包含多个断面的信息，此时绘断面图就可一次绘出多个断面。

里程文件的一个断面信息内允许有该断面不同时期的断面数据，这样绘制这个断面时就可以同时绘出实际断面线和设计断面线。

3. 根据等高线

如果图面存在等高线，则可以根据断面线与等高线的交点来绘制纵断面图。

选择"工程应用\绘断面图\根据等高线"命令，命令行提示：

请选取断面线：选择要绘制断面图的断面线；

屏幕弹出绘制纵断面图对话框，如图 10 – 21 所示；操作方法详见 1。

4. 根据三角网

如果图面存在三角网，则可以根据断面线与三角网的交点来绘制纵断面图。

选择"工程应用\绘断面图\根据三角网"命令，命令行提示：

请选取断面线：选择要绘制断面图的断面线；

屏幕弹出绘制纵断面图对话框，如图 10 – 21 所示；操作方法详见 1。

10.5.4　道路曲线设计

可以直接利用数字绘图软件绘制道路的圆曲线和缓和曲线，在图上注记曲线特征点并绘出平曲线要素表。在绘制曲线前需要用户准备好公路曲线要素文件，数据文件结构如下。

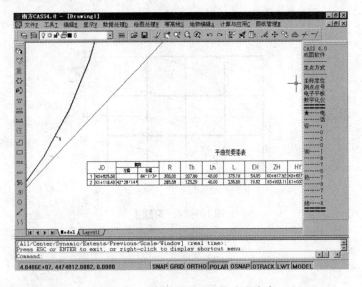

图 10 – 23　道路曲线和平曲线要素表

JD1，$K0 + 825.58$，$X = 447$，$Y = 404$，$A = -64.0103$，$R = 300$，$T = 207.66$，$L_S = 40$

JD2，$K1 + 116.4$，$X = 447$，$Y = 404$，$A = 42.2814$，$R = 265.58$，$T = 123.29$，$L_S = 40$

END

每一行第一项 JD 为公路的交点；第二项为交点里程；随后为其 X、Y 坐标；A 为偏角，格式为度分秒，左偏为正，右偏为负；R 为设计半径；T 为切线长；L_S 为缓和曲线长度。该文件可以手工录入，也可以利用交互界面录入。绘制曲线具体步骤如下。

执行下拉菜单"工程应用|公路曲线设计"，屏幕上弹出"输入平曲线已知要素文件名对话框"的对话框，来选择曲线要素文件。系统提示：

选择曲线类型：①缓和曲线；②圆曲线 <1>：Enter

选定平曲线要素表左上角点：（用鼠标在屏幕上单击平曲线要素表所要显示的位置）

屏幕上会显示道路曲线和平曲线要素表，如图 10-23 所示。

思 考 题

1. 白纸图上面积量算的方法有几种，各适合哪种情况？

2. 利用纸质地形图估算土方有哪些方法？利用数字地形图估算土方有哪些方法？在这两种地形图上估算土方各有说明特点？

3. 如何在数字地图上求某点的高程？

4. 数字地形图与传统地形图相比有何特点？

习 题

1. 如图 10-24 所示为 1:1000 比例尺的地形图，拟将方格内的场地平整为水平场地，图中格网为 10 m × 10 m，请用方格网法计算土方量。

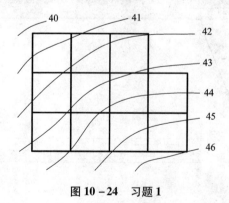

图 10-24　习题 1

第 11 章
施工测量的基本工作

11.1　施工测量概述

　　施工测量(Construction Survey)是指把图纸上设计好的建(构)筑物位置(包括平面和高程位置)在实地标定出来的工作,即按设计的要求将建(构)筑物各轴线的交点、道路中线、桥墩等点位标定在相应的地面上。这项工作又称为测设或放样。这些待测设的点位是根据控制点或已有建(构)筑物特征点与待测设点之间的角度、距离和高差等几何关系,应用测绘仪器和工具标定出来的。因此,测设已知水平距离、测设已知水平角、测设已知高程是施工测量的基本工作。

11.1.1　施工测量的目的与任务

　　施工测量的目的与一般测图工作相反,它是按照设计和施工的要求将设计的建(构)筑物的平面位置和高程测设在地面上,作为施工的依据,并在施工过程中进行一系列的测量工作,以衔接和指导各工序之间的施工。

　　施工测量的主要任务是将图纸上设计好的建(构)筑物的平面位置和高程,按设计要求,通过定位、放线和检查,标定到施工的作业面上,以指导施工。施工测量贯穿于整个施工过程中。对于一些高大或特殊的建(构)筑物,为了监视它的安全性和稳定性,还要进行变形观测,以便及时发现和处理相关问题,确保施工和建(构)筑物的安全。

11.1.2　施工测量的原则与要求

　　为了保证施工能满足设计要求,施工测量与一般测图工作一样,也必须遵循"由整体到局部,先控制后碎部"的原则。首先建立施工控制网,然后进行细部施工放样工作。采用这种由总体到局部的放样程序能确保放样元素间的几何关系,保证整体工程达到设计要求。施工测量也遵循"步步工作有检核"的原则,保证放样工作步步到位,防止差错发生。

　　此外,施工测量责任重大,稍有差错,就会酿成工程事故,造成重大损失,因此,必须加强外业和内业的检核工作。检核是测量工作的灵魂。

11.1.3　施工测量的精度

　　施工测量的精度取决于建(构)筑物的大小、材料、用途和施工方法等因素。施工控制网的精度一般要高于测图控制网，控制的范围小、密度大。在施工过程中，测量控制点的使用是频繁的。因此，测量控制点应埋没在稳固、安全、醒目、便于使用和保存的地方。施工放样的精度不取决于设计图比例尺，而取决于建(构)筑物的建筑结构、大小、材料、用途和施工方法。高层建(构)筑物的测设精度应高于低层建筑，钢结构工程的测设精度应高于钢筋混凝土工程，装配式建(构)筑物的测设精度应高于非装配式建(构)筑物。

另外，建(构)筑物施工期间和建成后的变形测量，关系到施工安全和建(构)筑物的质量以及建成后的使用维护，所以，变形测量一般需要有较高的精度，并应及时提供变形数据，以便做出变形分析和预报。

11.1.4 施工测量的施测程序

施工测量遵循"由整体到局部，先控制后碎部"的原则，首先在图纸上布设施工控制网，施工控制网有三角网、导线网、建筑基线、建筑方格网等形式，并将施工控制网测设到施工现场，这个过程所进行的测量叫施工控制测量；然后以现场施工控制网为基础，测设建(构)筑物的细部位置。

11.2 测设的基本工作

11.2.1 已知水平距离的测设

在施工放样中，经常要把建(构)筑物的轴线(或边线)设计长度在地面上标定出来，这个工作称为已知距离测设。测设已知距离不同于测量未知距离。测设已知水平距离是从地面上一已知点开始，沿已知方向按给定的长度在地面上测设出另一端点的位置。测设已知距离所用的工具与丈量地面两点间的水平距离相同。采用的方法有钢尺法和光电测距法。根据测设的精度要求不同，又分为一般测设方法和精确测设方法。

1. 用钢尺放样已知水平距离

1) 一般方法

从已知起点开始，沿给定的方向，根据给定的距离值，用钢尺直接丈量定出线段的另一端点。为了检核，应往返丈量测设的距离，若往返丈量的较差在限差之内，则取其平均值作为最终结果。

2) 精确方法

当放样精度要求较高时，应按钢尺量距的精密方法进行测设，即根据已知的水平距离，结合地面的起伏情况、所用钢尺的实际长度和测设时的温度等，进行尺长、温度和倾斜三项改正。但要注意三项改正数的符号与量距相反，距离测量计算公式可改写为

$$D_{\text{放}} = D - \Delta D_{\text{d}} - \Delta D_{\text{t}} - \Delta D_{\text{h}} \qquad (11-1)$$

例 11.1 设欲测设 AB 的水平距离 $D = 29.9100$ m，使用的钢尺名义长度为 30 m，实际长度为 29.9950 m，钢尺检定时的温度为 20℃，钢尺膨胀系数为 1.25×10^{-5}，以 A、B 两点的高差为 $h = 0.385$ m，实测时温度为 28.5℃。求放样时在地面上应量出的长度为多少？

解：

尺长改正为

$$\Delta D_d = \frac{29.9950 - 30}{30} \times 29.9100 = -0.005 \text{ m}$$

温度改正为

$$\Delta D_t = 1.25 \times 10^{-5} \times (28.5 - 20) \times 29.9100 = 0.0032 \text{ m}$$

倾斜改正为

$$\Delta D_h = -\frac{0.385^2}{2 \times 29.9100} = -0.0025 \text{ m}$$

则放样长度为

$$D_{放} = D - \Delta D_d - \Delta D_t - \Delta D_h = 29.9143 \text{ m}$$

2. 光电测距仪放样已知水平距离

用光电测距仪放样已知水平距离与用钢尺放样已知水平距离的方法大致相同,先用跟踪法放出终点的概略位置,再精确测定其长度,最后进行改正。

如图 11-1 所示,安置光电测距仪于 A 点,沿已知方向 AB 移动反光镜,使仪器显示的距离大致等于待测设距离 D,定出 B' 点,测出 B' 点反光镜的竖直角及斜距,计算出水平距离 D'。再计算出 D' 与需要测设的水平距离 D 之间的改正数 $\Delta D = D - D'$。根据 ΔD 的符号在实地沿已知方向用钢尺由 B' 点量 ΔD 定出 B 点, AB 即为测设的水平距离 D。

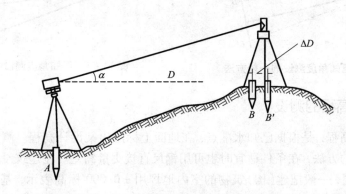

图 11-1　光电测距仪放样已知水平距离

11.2.2　已知角度的测设

测设已知水平角就是根据一已知方向测设出另一方向,使它们的夹角等于已知的水平角值。按测设精度要求不同分为一般方法和精确方法。测设方法如下所述。

1. 一般方法

当测设水平角的精度要求不高时,可用盘左盘右分中法。如图 11-2 所示, O 为角的顶点, OA 为已知方向,今需从 OA 向右放样已知水平角 β,要求在地面上定出 OB 的方向。

在 O 点安置经纬仪,对中、整平后,用盘左位置瞄准 A 点,并使水平度盘读数为 $0°00'00''$ (归零)。松开水平制动螺旋,顺时针方向旋转照准部,使水平度盘读数为 β 值,在此视线方向上于地面定出一点 B' 点。为了消除仪器误差,在盘右位置同法定出 B'' 点,若 B'、B'' 不能重合,则取 B'、B'' 的中心点 B 标定于地面,则 $\angle AOB$ 就是要放样的已知水平角 β。

2. 精确方法

当测设水平角的精度要求较高时,可按下述步骤进行。

①如图 11－3 所示，先按一般方法放样定出 B' 点。

②反复观测水平角 $\angle AOB'$ 若干个测回，取其平均值 β_1，并计算出它与已知水平角的差值 $\Delta\beta = \beta - \beta_1$。

③计算改正距离：

$$BB' \approx OB' \cdot \frac{\Delta\beta}{\rho}$$

式中：OB' 为测站点 O 至放样点 B' 的距离；$\rho = 206265''$。

④从 B' 点沿 OB' 的垂直方向量出 BB'，定出 B 点，则 $\angle AOB$ 就是要放样的已知水平角。

测设 $B'B$ 时应注意测设的方向，当 $\Delta\beta$ 为正时，$B'B$ 应向角的外侧测设，反之 $\Delta\beta$ 为负时，$B'B$ 应向角的内侧测设。为检查测设是否正确，还需要进行检查测量。

当前，随着科学技术的日新月异，全站仪的智能化水平越来越高，能同时放样已知水平角和水平距离。若用全站仪放样，可自动显示需要修正的距离和移动的方向。

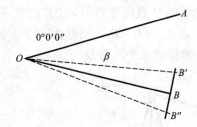

图 11－2　已知角度测设的一般方法

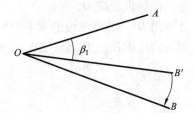

图 11－3　已知角度测设的精确方法

11.2.3　已知高程的测设

测设已知的高程，是根据已知水准点，在地面上标定出某设计高程。测设高程最常用的方法是水准测量的方法，在条件适宜时也可用钢尺直接丈量高差。在建筑设计和施工的过程中，为了计算方便，一般把建（构）筑物的室内地坪用 ± 0.000 标高表示，基础、门窗等的标高都是以 ± 0.000 为依据，相对于 ± 0.000 测设的。

用水准测量方法测设高程的一般方法如图 11－4所示。设 A 为邻近已知其高程的水准点。其高程为 H_A，现要求在 B 点测设出设计高程为 H_B 的点。在 A、B 两点间安置水准仪，读出在 A 点的后视读数 a，再计算出在 B 点水准尺应有的前视读数 b。由图 11－4 可得

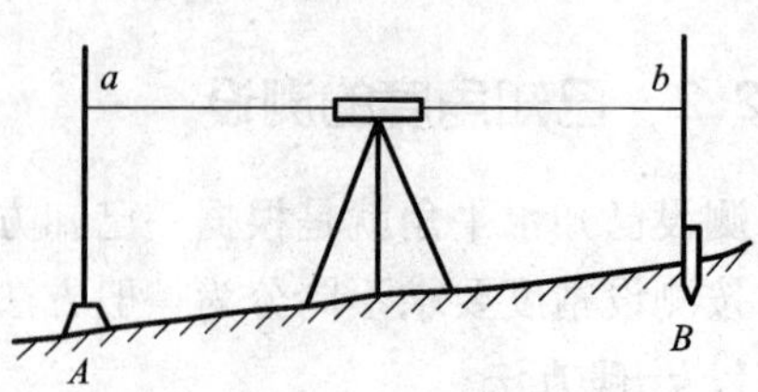

$$b = (H_A + a) - H_B \qquad (11-2)$$

图 11－4　已知高程的测设

然后在 B 点立水准尺，从水准仪中观测并指挥水准尺上下移动，直到水平视线读数正好为 b 时，紧靠尺底划出一条标志线，此线就是所需测设的高程为 H_B 的线。

当需要测设的点与已知水准点的高程相差很大（如在深基坑内或在较高的楼层面上测设高程）时，即计算出的应有前视读数超过水准尺的长度，这时，可在坑底或楼层面上先设置临时水准点，然后将地面高程点传递到临时水准点上，再放样所需高程。

如图 11－5 所示，欲根据地面水准点 A 测设坑内水准点 B 的高程，可在坑边架设吊杆，

杆顶吊一根零点向下的钢尺，尺的下端挂上重锤，在地面和坑内各安置一台水准仪。则 B 点的高程为

$$H_B = H_A + a_1 - (b_1 - a_2) - b_2$$

式中：a_1、a_2、b_1、b_2 为钢尺和水准尺读数。然后，改变钢尺悬挂位置，再次观测，以便检核。

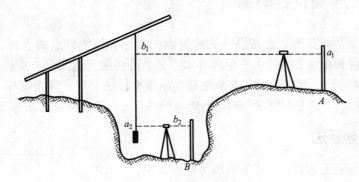

图 11 - 5　高程传递测设

11.2.4　已知坡度的直线测设

在修筑道路、敷设排水管道等工程中，经常要测设设计的坡度线。如图 11 - 6 所示，A、B 为设计坡度线的两端点，若已知 A 点的设计高程和设计坡度，则可求出 B 点的设计高程为

$$H_B = H_A + i_{AB} \cdot D_{AB}$$

式中：H_A 为 A 点的设计高程；i_{AB} 为 A 点的设计坡度；H_B 为 B 点的设计高程。

当测设 B 点时，在 A 点安置水准仪，在 B 点竖立水准尺，使视线在水准尺上截取的读数恰好等于 $H_B - H_A = i_{AB} \cdot D_{AB}$ 时，紧靠尺底在木桩侧面划一道横线，此线即为 B 点的设计高程。

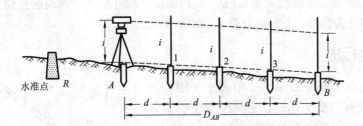

图 11 - 6　已知坡度的直线测设

为了施工方便，每隔一定距离 d（一般取 $d = 10$ m）打一木桩，测设方法可用水准仪（若地面坡度较大，亦可用经纬仪）设置倾斜视线法，其测设步骤如下。

①先用已知高程测设方法，根据附近已知水准点 R 将设计坡度线两端点的设计高程 H_A、H_B 测设于地上，并打下木桩。

②将水准仪安置在 A 点上，并量取仪器高 i，安置时使一个脚螺旋在 AB 方向上，另两个脚螺旋的连线大致与 AB 方向线垂直。

③旋转 AB 方向上的脚螺旋和微倾螺旋，使视线在 B 点标尺上所截取的读数等于仪器高 i，此时水准仪的倾斜视线与设计坡度线平行，当中间各桩点 1、2、3 上的标尺读数都为 i 时，

尺底即为该桩的设计高程。则各桩顶的连线就是要测设的设计坡度线。若各桩顶的水准尺实际读数为 $b_i(i=l,2,3,\cdots)$，则各桩的填挖高度为 $i-b_i$。

当 $i=b_i$，不填不挖；$i>b_i$，需挖；反之需填。

11.3　地面点平面位置的测设

点的平面位置测设是根据已布设好的控制点的坐标和待测设点的坐标，反算出测设数据，即控制点和待测设点之间的水平距离和水平角，再利用上述测设方法标定出设计点位。常用方法有直角坐标法、极坐标法、交会法和全站仪坐标法。至于选用哪种方法，应根据所用的仪器设备、控制点的分布情况、测设场地地形条件及测设点精度要求等条件进行选择。

11.3.1　直角坐标法

当在施工现场有互相垂直的主轴线或方格网线时，可采用直角坐标法测设点的平面位置。如图 11-7 所示，A、B、C、D 为建筑方格网中的控制点，1、2、3、4 为待测设的点，它们的坐标均为已知。则测设点 1 可利用距离 $A1'$ 及 $1'1$。由于建（构）筑物均平行于建筑方格网，所以测设数据 $A1'$ 及 $1'1$ 可利用已知的坐标求得，"十"分方便，例如

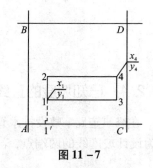

图 11-7

$$A1' = y_1 - y_A$$
$$1'1 = x_1 - x_A$$

测设时经纬仪先安置在控制点 A，照准 C 点，在 AC 方向上量出 $A1'$ 的长度得点 $1'$。然后将仪器安置在点 $1'$，照准较远的控制点 C，旋转 $90°$ 角，在此方向上测设长度 $1'1$ 得出点 1。用同样方法测设其他点。最后根据建（构）筑物的设计尺寸检查所测设的点位，若满足设计或规范要求，则测设为合格；否则应查明原因重新测设。

11.3.2　极坐标法

在已有控制点上根据已知水平角和水平距离测设点的平面位置称为极坐标法，是测设点位中最常用的方法。测设前须根据施工控制点（例如导线点）及测设点的坐标，按坐标反算公式求出 ij 方向的坐标方位角 α_{ij} 和水平距离 D_{ij}，再根据坐标方位角求出水平角。如图 11-8 所示，水平角 $\beta = \alpha_{AP} - \alpha_{AB}$，水平距离为 D_{AP}。求出放样数据 β、D_{AP} 后，即可安置经纬仪于控制点 A，以 AB 方向为起始方向，向右测设 β 角，以定出 AP 方向。在 AP 方向上，以 A 为起点用钢尺测设水平距离 D_{AP} 定出 P 点的位置。各点测设完成后，应按预设建（构）筑物的形状、尺寸检核各角度和长度误差，若满足设计或规范要求，则测设为合格；否则应查明原因重新测设。

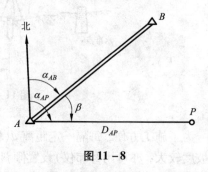

图 11-8

11.3.3　交会法

1. 角度交会法

当待测设的点位于量距困难地区或距控制点较远之处时，常采用角度交会法。但必须有第三个方向进行检核，以免错误。

如图 11-9 所示，根据 P 点的设计坐标及控制点 A、B、C 的坐标，先用坐标反算求出 α_{AP}、α_{BP} 和 α_{CP}，然后由相应坐标方位角之差求出测设数据 β_1、β_2、β_3 和 β_4，并按下述步骤进行测设。

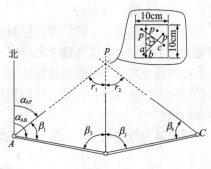

图 11-9

用经纬仪先定出 P 点的概略位置，在概略位置处打一个顶面积约为 10 cm × 10 cm 的大木桩，然后在大木桩的顶面上精确测设。由观测者指挥，用铅笔在桩顶面分别在 AP、BP、CP 方向上各标定两点(见小图中 a，p；b，p；c，p)，将各方向上的两点连起来，就得 ap、bp、cp 三个方向线。三个方向线理应交于一点，但由于测设误差存在，三条方向线通常不交于一点，会出现一个很小的三角形，称为误差三角形，当误差三角形边长在允许范围内时，可取误差三角形内切圆的圆心或误差三角形角平分线的交点作为 P 点的最后位置。若超限，则应重新交会。

应用此法测设时，宜使交会角 γ_1、γ_2 为 30°～150°，最好使交会角 γ 接近 90°，以提高交会点的精度。

2. 距离交会法

在便于量距的地区，且边长较短时(如边长不超过一钢尺长)，宜用此法。

如图 11-10 所示，由已知控制点 A、B、C 测设房角点 1、2，根据控制点的已知坐标及 1、2 点的设计坐标，反算出放样数据：D_1 和 D_2、D_3 和 D_4。分别从 A、B、C 点用钢尺测设已知距离 D_1 和 D_2；D_3 和 D_4。D_1 和 D_2 的交点即为点 1、D_3 和 D_4 的交点即为点 2。最后测量 1、2 的距离，与设计距离比较作为校核。

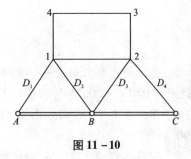

图 11-10

3. 方向线交会法

方向线交会法就是利用两条相互垂直的方向线相交来定出测设点。如图 11-11 所示，设 A、B、C 及 D 为一个基坑的范围，P 点为该基坑的中心点位，在挖基坑时，P 点则会遭到破坏。为了随时恢复 P 点的位置，则可以采用"十"字方向线法重新测设 P 点。

首先，在 P 点架设经纬仪，设置两条相互垂直的直线，并分别用两个桩点来固定。当 P 点被破坏后需要恢复时，则利用桩点 $A'A''$ 和 $B'B''$ 拉出两条相互垂直的直线，根据其交点重新定出 P 点。

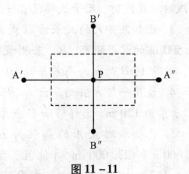

图 11-11

为了防止由于桩点发生移动而导致 P 点测设误差，可以在每条直线的两端各设置两个桩点，以便能够发现错误。

11.3.4　全站仪坐标法

全站仪坐标法测设的本质是极坐标法，它能适应各类地形情况，而且精度高、操作简便，在生产实践中已被广泛采用。

全站仪坐标测设法，就是根据控制点和待测设点的坐标定出点位的一种方法。首先，仪器安置在控制点上，使仪器置于测设模式，然后输入控制点和测设点的坐标，一人持反光棱镜立在待测设点附近，用望远镜照准棱镜，按坐标测设功能键，全站仪显示出棱镜位置与测设点的坐标差。根据坐标差值，移动棱镜位置，直到坐标差值等于零，此时，棱镜位置即为测设点的点位。

为了能够发现错误，每个测设点位置确定后，可以再测定其坐标作为检核。

思 考 题

1. 施工测量遵循的基本原则是什么？
2. 施工测量的内容及其特点是什么？
3. 什么叫测设？测设的基本工作有哪些？
4. 测设点的平面位置有哪几种方法？各适用于什么情况下？
5. 试述测绘与测设的异同点。

习　题

1. 在地面上要求测设一个直角，先用一般方法测设出 $\angle AOB$，再测量该角若干测回取平均值为 $\angle AOB = 90°00'30''$，如图 11-12 所示。又知 OB 长度为 150 m，问在垂直于 OB 的方向上，B 点应该移动多少距离才能得到 $90°$ 的角？

2. 利用高程为 7.531 m 的水准点，测设高程为 7.831 m 的室内 ±0.000 标高。设尺立在水准点上时，按水准仪的水平视线在尺上画了一条线，问在该尺上的什么地方再画一条线，才能使视线对准此线时，尺子底部就在 ±0.000 高程的位置？

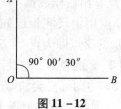

图 11-12

3. 已知某钢尺的尺长方程式为 $l_t = 30 + 0.0035 + 1.2 \times 10^{-5} \times (t - 20℃) l_i$，用它测设 22.500 m 的水平距离 AB。若测设时温度为 25℃，施测时所用拉力与钢尺检定时的拉力相同，测得 A、B 两点的高差 $h = -0.60$ m，试计算测设时地面所需量出的长度。

4. 设用一般方法测设出 $\angle ABC$ 后，精确测得 $\angle ABC$ 为 $45°00'24''$（设计值为 $45°00'00''$），BC 长度为 120 m，怎样移动 C 点才能使 $\angle ABC$ 等于设计值？试绘略图表示。

5. 已知水准点 A 的高程为 $H_A = 20.355$ m，若在 B 点处墙面上测设出高程分别为 21.000 m 和 23.000 m 的位置，设在 A、B 中间安置水准仪，后视 A 点水准尺得读数 $a = 1.452$ m，怎样测设才能在 B 处墙面得到设计标高？

6. 已知控制点 A、B 和待测设点 P 的坐标为

$$\begin{cases} x_A = 1500.000 \text{ m} \\ y_A = 2247.360 \text{ m} \end{cases}; \begin{cases} x_B = 1500.000 \text{ m} \\ y_B = 2305.777 \text{ m} \end{cases}; \begin{cases} x_P = 1520.000 \text{ m} \\ y_P = 2280.500 \text{ m} \end{cases}$$

现用直角坐标法测设 P 点，试计算测设数据和简述测设步骤，并绘略图表示。

第 12 章

线路工程测量

12.1　线路工程测量概述

　　呈线型的建设工程称为线路工程，它们的中线称为线路。线路工程有的建设在地面（如公路、铁路、管道等），有的在地下（如隧道、地铁、地下管道等），有的在空中（如输电线、索道、输送管道等）。线路在勘测设计阶段的测量工作，称为线路测量。线路测量与施工建设阶段及竣工阶段所进行的测量工作，统称为线路工程测量。

12.1.1　线路工程测量的任务和内容

　　线路工程测量的主要任务：一是为工程项目的方案选择、立项决策、设计等提供地形图、断面图及其相关数据资料；二是按设计要求提供点、线、面指导施工进行施工测量以及编制竣工图的竣工测量，例如线路中线的标定、桥梁基础定位、地下建筑贯通测量等；三是为保证施工质量、安全以及运营过程中的管理，需对工程项目或建（构）筑物进行施工监测和变形测量。

　　线路测量的基本技术内容有：

　　①项目区域各种比例尺地形图、平面图和断面图、沿线水文与地质以及控制点等数据。

　　②根据规划设计要求，在选用中小比例尺地形图上确定规划线路的走向及相应控制点位，进行方案比较、编制项目可行性论证书和设计方案拟订。

　　③根据图上的设计在实地标出线型工程的基本走向，沿着基本走向进行必要的控制测量（平面控制和高程控制），必要时，根据工程建设需要，测绘比例尺合适的带状地形图或平面图，典型结构物（如特大桥梁、服务设施等）等的局部大比例尺地形或平面图，为初步设计提供数据。

　　④结合线型工程的需要，沿着线型工程的基本走向进行带状或平面图的测绘。比例尺按据不同线型工程的实际情况按表 12 - 1 的要求选定。

　　⑤根据规划设计的线路把路线点位测设到实地中。

　　⑥测量线型工程的基本走向的地面点位高程，绘制线路基本走向的纵断面图。根据线型工程的需要绘制横断面图。比例尺按表 12 - 1 的要求选定。

　　⑦按线型工程的详细设计进行施工测量。

　　⑧根据建设项目的营运安全需要，对特殊工程进行变形观测。

表 12 –1　线型工程测图比例尺

线路工程类型	带状地形图	工点地形图	纵断面图		横断面图	
			水平	垂直	水平	垂直
铁路	1:1000 1:2000 1:5000	1:200 1:200 1:500	1:1000 1:2000 1:10000	1:100 1:200 1:1000	1:100 1:200	1:100 1:200
公路	1:2000 1:5000	1:200 1:500 1:1000	1:2000 1:5000	1:200 1:500	1:100 1:200	1:100 1:200
架空索道	1:2000 1:5000	1:200 1:500	1:2000 1:5000	1:200 1:500	—	—
自流管线	1:1000 1:2000	1:500	1:1000 1:2000	1:100 1:200	—	—
压力管线	1:2000 1:5000	1:500	1:2000 1:5000	1:200 1:500	—	—
架空送电线路	—	1:200 1:500	1:2000 1:5000	1:200 1:500	—	—

12.1.2　线路工程测量的特点和基本程序

1. 特点

（1）全局性

测量工作贯穿于线路工程建设的全过程。例如公路工程从项目立项、决策、勘测设计、施工、竣工图编制、营运监测等都需进行必要的测量工作。

（2）阶段性

阶段性体现了测量技术的自我特点，在不同的实施阶段，所进行的测量工作内容与要求也不同，并要反复进行，而且各阶段之间测量工作不连续。

（3）渐近性

渐近性说明了线路工程测量在项目建设的全过程中，历经由粗到细、由高到低的过程。线路工程项目必须是严肃、认真、全面的勘察，科学、合理、经济、完美的设计，精心、高质的施工等的有机结合。因此测量工作必须遵循"由高级到低级"的原则，既按渐进的规律，同时也必须顾及到典型结构物对测量的特殊要求。

2. 基本程序

线路工程的勘测设计一般采用初步设计和施工图设计两阶段的设计。对任务紧迫、方案明确、技术要求低的线路，也可采用一阶段设计。为初步设计提供图件和数据所进行的测量工作称为初测，为施工图设计提供图件和数据所进行的测量工作称为定测。

初测是在所定的规划线路上进行的勘测工作，主要技术工作内容有：控制测量和带状地形图的测量。目的是为交通线路提供完整的控制基准及详细的地形资料。

定测是将纸上定线设计的道路中线(直线段及曲线)放样于实地;进行线路的纵、横断面测量,为线路纵坡设计、路基路面设计提供详细的高程资料。综上所述,线路工程测量的基本程序见表12-2。

表 12 -2 线路工程测量程序

阶段	规划设计阶段	勘测设计阶段		施工阶段	竣工阶段及其他
		初测	定测		
工作内容	收集资料 图上选线 实地勘察 方案比较与论证	平面控制测量 高程控制测量 地形测量 特殊用途地形测量	实地定线 中线测量 曲线测设 纵、横断面测量 纵、横断面图绘制	恢复定线 线路边线放样 施工放样 施工监测 验收测量	竣工测量 竣工图编制 工程营运状况监测 安全性评价

12.2 线路中线测量

线路中线测量是线路定测阶段的主要工作,它的任务是把在带状地形图上设计好的线路中线测设到地面上,并用木桩标定出来。其主要内容有交点(JD)与转点(ZD)测设、距离和转角测量、曲线测设、中桩设置等。

12.2.1 交点的测设

两相邻直线段延长线的相交点称为线路的交点,用 JD 表示,它是详细测设中线的控制点。将图上设计线路的交点测设到实地上,常用方法有:交会法、穿线交点法、拨角放线法、解析法。

1. 交会法

如图 12 -1 所示,JD_8已在地形图上选定,可先在图上量测出建(构)筑物两角点和电线杆的距离 d_i,d_i 在现场依据相应的地物点,用距离交会法测设出 JD_8。

2. 穿线交点法

这种方法是以带状地形图上就近的导线点为依据,按照地形图上设计的路线与导线点间的角度和距离关系,将线路直线段测设到地上,然后将相邻两直线段延长相交,定出交点。测设步骤如下:

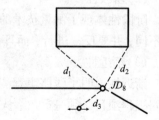

图 12 -1 交会法测设交点

①放点。如图 12 -2 所示,用支距法定出图上中线欲放的直线段临时点 P_1、P_2、P_3、P_4,它是通过图上就近导线点 3、4、5、6 作导线边的垂线与线段相交所得。在图上用比例尺量取支距 l_1、l_2、l_3、l_4,而后在现场以相应的导线点为垂足,用经纬仪或方向架和卷尺,按支距法测设。

图 12 -3 是用极坐标法定出图纸上的临时点 P_1、P_2、P_3、P_4,以图上导线点 D_7、D_8 为极

点，首先在图上用量角器或六分仪和比例尺分别在图上量取极角和极距 β_1、l_1、β_2、l_2…放样数据。实地放点时，分别在导线点 D_7、D_8 上设站，用经纬仪和钢尺按极坐标法定出各点的位置。

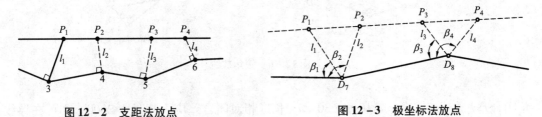

图 12-2　支距法放点　　　　　　　　　　　　图 12-3　极坐标法放点

为了检查和比较，一条直线要放出三个以上的临时点，这些点应选在地势较高、通视良好、离导线点较近、便于测设的地方。

②穿线。理论上讲，上述各段上所放临时点应在同一直线，由于图解数据和测设误差的影响，所放各点一般不在一条直线上，如图 12-4 所示，这时可采用目估法或经纬仪视准法穿线，使定出一条尽可能多地穿过或靠近临时点的直线 AB。最后在 A、B 或 AB 方向线上打下两个以上的转点桩(ZD)，随即取消临时桩点。

③交点。如图 12-5 所示，当相邻两直线 AB 和 CD 测设于实地后，即可延长直线交会定交点。将经纬仪安置在 ZD_2 点，后视 ZD_1 点，倒镜后沿视线方向在交点 JD 的大概位置前后各打下一个木桩(称骑马桩)，采用正倒镜分中法在两桩上定出 a、b 两点，拉上细线；仪器搬到 ZD_3 点，后视 ZD_4 点，同法定出 c、d 两点，拉上细线，在两线交点处打下木桩，并钉上小钉，即为交点 JD。

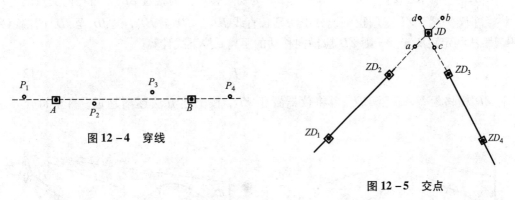

图 12-4　穿线　　　　　　　　　　　　　　　图 12-5　交点

3. 拨角放线法

根据在图上量测的交点和导线点坐标，反标出相邻交点间的距离 D_{ij} 和中线方位角 α_{ij}，计算出 JD 的转角 α_z 或 α_y。而后在实地将经纬仪安置于中线起点或已确定的交点上，现场直接拨转角 α_z 或 α_y，测定交点间的距离 D_{ij}，定出交点的位置。如图 12-6 所示，N_i 为导线点，在 N_1 安置经纬仪，拨角 β_1，量距离 D_1，定出交点 JD_1。在 JD_1 安置经纬仪，拨角 β_2，量距离 D_2，定出 JD_2。同法定出其他交点。

该方法实际上是极坐标法延伸测设交点，施测简便、工效高，适用于测量控制点较少的线路。缺点是放线误差容易累积，因此一般连续放出若干个点后应与导线点连测，求出方位

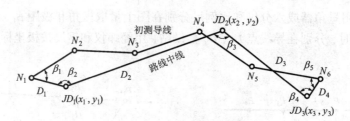

图 12 − 6　拨角放线

角闭合差，方位角闭合差不超过 $\pm 30''\sqrt{n}$，长度相对闭合差应不超过 1/2000。亦可在导线点用图 12 − 3 所示的方法直接施放 JD，可减少误差累积。

4. 解析法

如果线路中线是用解析法设计的，线路各交点均有设计坐标，则可根据布设的导线点坐标反算出导线点与线路交点的距离与方向，然后在实地把它们标定出来。亦可用全站仪直接采取坐标法施放交点，从而大大提高放线效率。

12.2.2　转点的测设

相邻两交点互不通视或直线较长，为了方便测量距离和角度等，需要在两点连线或延线上设置若干点，把这样的点称为转点。当两交点间距离较远但能通视时，可直接采用经纬仪定线或正倒镜分中法测设转点来加密转点。若相邻两交点互不通视，可采用下述方法测设转点。

1. 在两交点间设转点

如图 12 − 7 所示，JD_5、JD_6 互不通视，ZD' 为初定转点。为检查 ZD' 是否在两交点的连线上，将经纬仪安置于 ZD'，用正倒镜分中法延长直线 JD_5—ZD' 至 JD_6'，设 JD_6' 至 JD_6 的偏距为 f，用视距法测定距离 a、b，则 ZD' 应横向移动的距离 e 按下式计算

$$e = \frac{a}{a+b} \cdot f \tag{12-1}$$

将 ZD' 横移距离 e 后至 ZD，再将仪器置于 ZD，按上述方法逐渐趋近，直至符合要求为止。

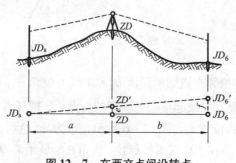

图 12 − 7　在两交点间设转点

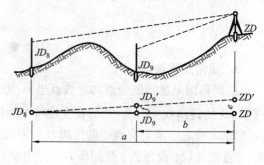

图 12 − 8　在延长线上设转点

2. 在两交点延长线上设转点

如图 12 - 8 所示，JD_8、JD_9 互不通视，ZD' 为延长线上的初定转点。将经纬仪安置于 ZD'，照准 JD_8，用正倒镜分中法定出 JD_9'。设 JD_9' 至 JD_9 的偏距为 f，用视距法测定距离 a、b，则 ZD' 应横向移动的距离 e 按下式计算

$$e = \frac{a}{a - b} \cdot f \qquad (12 - 2)$$

将 ZD' 横移 e 值至 ZD，再将仪器置于 ZD，按上述方法逐渐趋近，直至符合要求为止。

12.2.3 线路转角测定

线路从一个方向转向另一个方向时，其间偏转的角度 α 称为转角(又称为偏角)。通常是用 DJ_6 型经纬仪观测线路前进方向的右角 β 一个测回，在满足测量规范后，再根据 β 算出 α。如图 12 - 9 所示，当 $\beta < 180°$ 时，线路右转，其转角为右转角，用 $\alpha_右$ 表示；当 $\beta > 180°$ 时，线路左转，其转角为左转角，用 $\alpha_左$ 表示。转角按下式计算：

$$\left. \begin{array}{l} \alpha_右 = 180° - \beta \\ \alpha_左 = \beta - 180° \end{array} \right\} \qquad (12 - 3)$$

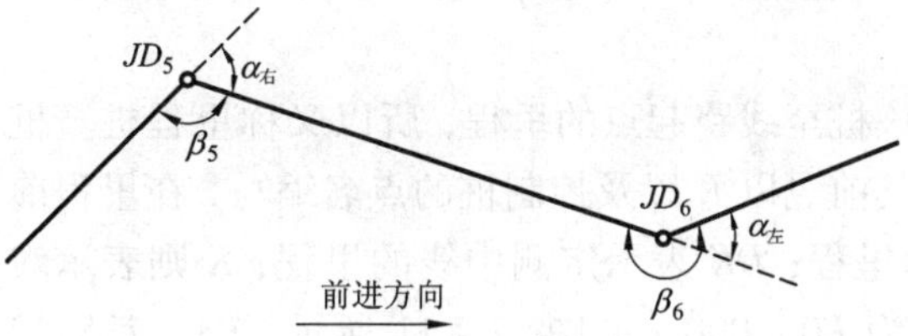

图 12 - 9 转角 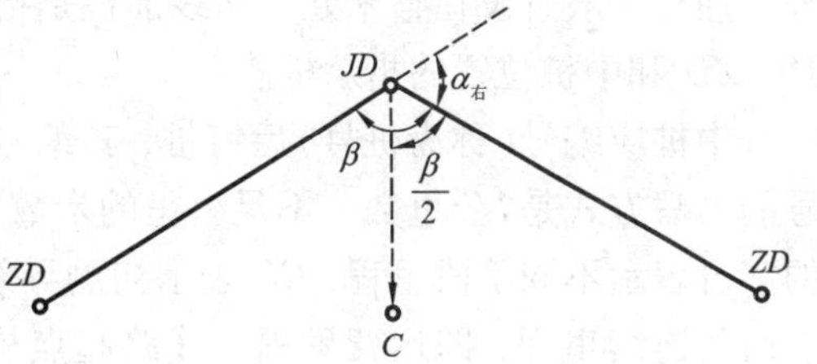   图 12 - 10 分角线方向

由于曲线的测设需要，在测定右角 β 后，不变动水平度盘位置，测定出 β 的分角线方向。如图 12 - 10 所示，设观测时后视水平度盘读数为 a，前视水平度盘数为 b，分角线方向的读数为 c，则

$$c = \frac{a + b}{2} \qquad (12 - 4)$$

然后在分角线方向上定出 C 点并钉桩标定，以便以后测设曲线中点。若线路左转，分角线应水平度盘设置读数为 c 后，倒镜在线路左侧视线方向上标定 C。

12.2.4 中桩设置

在测定了线路的交点和转点后，线路的方向与位置被确定了，但为了满足线路设计和施工的需要，需要沿着线路中线以一定距离在地面上设置一些桩来标定中心线位置和里程，称为线路中线桩，简称中桩。中桩分为控制桩、整桩和加桩，中桩是线路纵横断面测量和施工测量的依据。中桩的设置，是从线路起点开始，用经纬仪定线，距离测量可使用测距仪或钢尺，精度要求较低时也可使用皮尺进行。

控制桩为线路的骨干点。线路的起点、交点、转点、终点、曲线的起点、中点、终点以及桥涵、隧道的端点设置的桩统称为控制桩。目前采用的控制桩符号为汉语拼音标识，见表 12 - 3。

表 12 - 3　　线路标志点名称

标志名称	简称	缩写	标志名称	简称	缩写
交点		JD	公切点		GQ
转点		ZD	第一缓和曲线起点		ZH
圆曲线起点	直圆点	ZY	第一缓和曲线终点		HY
圆曲线中点	曲中点	QZ	第二缓和曲线起点		YH
圆曲线终点	圆直点	YZ	第二缓和曲线终点		HZ

整桩是由线路的起点开始，间隔规定的桩距 $l0$ 设置的中桩，$l0$ 对于直线段一般为 20 m、40 m 或 50 m，曲线上根据曲线半径 R 选择，一般为 5 m、10 m、20 m。百米桩、公里桩均为整桩。

加桩分为地形加桩、地物加桩、曲线加桩及关系加桩。加桩应设置在沿线路纵、横向地面坡度变化处，地质不良地段变化处，线路与其他道路、管线、通信线路或输电线路交叉处等。加桩一般宜设在整米处。曲线加桩是指除曲线主点以外设置的中桩。关系加桩是指表示 JD、ZD 和中桩位置的指示桩。

中桩应编号（称为桩号）后钉桩，其编号为该桩至线路起点的里程，所以又称里程桩。桩号的书写方式是"公里数 + 不足公里的米数"，其前冠以 K 以及控制桩的点名缩写，在里程前的字母表示不同阶段里程，CK 表示初测导线的里程；DK 表示定测中线的里程；K 则表示竣工后的连续里程，即运营里程。线路起点桩号为 $K0 + 000$。如图 12 - 11 所示，$K3 + 135.12$ 表示该桩距线路起点 3135.12 m，涵 $K4 + 752.8$ 表示该涵洞中心距起点 4752.8 m。

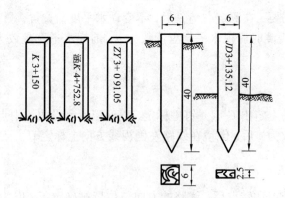

图 12 - 11　中桩及其桩号

钉桩时，对于控制桩均打下方桩，桩顶钉一小钉表示点位，桩顶露出地面约 2 cm。在方桩一侧约 20 cm 处设置板桩（指示桩），上面写明桩名和桩号。其他里程桩一律用板桩钉在点位上，高出地面约 10 cm，露出桩号，字面背向路线前进方向。

12.3　线路的曲线及其测设

线路从一个方向转向另一个方向时,相邻直线的交点处必须设置曲线。根据线路技术等级要求和转角 α 的大小,设置的曲线形式也不相同。最基本的平面曲线就是单一半径的圆曲线(又称单曲线),同一段曲线具有两个及其以上半径的同向曲线称为复曲线,缓和曲线是设置在直线与圆曲线或两不同半径的圆曲线之间的一种线型,它起到缓和与过渡的作用,从而使车辆能安全、舒适、快速地运行。缓和曲线可采用螺旋线(回旋曲线)、三次抛物线、双纽线等空间曲线来设置。在山区公路中,由于转角 α 大,为便于线路展线还须设置回头曲线。

12.3.1　圆曲线及其测设

圆曲线的测设分主点测设和详细测设。标定曲线起点(ZY)、曲线中点(QZ)、曲线终点(YZ)称为圆曲线的主点测设;在主点间按一定桩距施测加桩称为圆曲线的详细测设。

1. 圆曲线的主点测设

(1)圆曲线主点元素的计算

如图 12 – 12 所示,设线路交点的转角为 α,选线时确定的圆曲线半径为 R,则圆曲线主点元素可按下式计算:

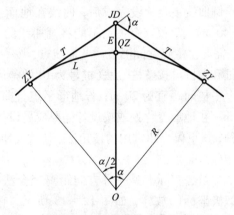

切线长　　　$T = R\tan\dfrac{\alpha}{2}$　　　　(12 – 5)

曲线长　　　$L = R\dfrac{\pi}{180°}\alpha$　　　(12 – 6)

外矢距　　　$E = R\left(\sec\dfrac{\alpha}{2} - 1\right)$　(12 – 7)

切曲差　　　$D = 2T - L$　　　　(12 – 8)

图 12 – 12　圆曲线主点元素

式中:T、E 用于主点测设;T、L、D 用于里程计算。主点元素 T、L、E、D 亦可以 R、α 为引数,从曲线测设用表中查得。

(2)主点桩号的计算

交点 JD 的里程已由中线测量获得,主点里程按以下顺序计算。

$$ZY\ 里程 = JD\ 里程 - T$$
$$YZ\ 里程 = ZY\ 里程 + L$$
$$QZ\ 里程 = YZ\ 里程 - L/2$$
$$JD\ 里程 = QZ\ 里程 + D/2(检核)$$

【例 12.1】某线路 JD_3 的里程桩号为 K3 + 528. 75,转角 α 右为 $40°24'$,半径 $R = 200$ m,计算的主点元素为:$T = 73.59$ m, $L = 141.02$ m, $E = 13.11$ m, $D = 6.16$ m,主点里程计算如下:

$$
\begin{array}{lr}
JD & K3 + 528.75 \\
-\,)\ T & 73.59 \\
\hline
ZY & K3 + 455.16
\end{array}
$$

$$+)\ L \qquad 141.02$$
$$YZ \qquad K3+596.18$$
$$-)\ L/2 \qquad 141.02/2$$
$$QZ \qquad K3+525.67$$
$$+)\ D/2 \qquad 3.08/2$$
$$JD \qquad K3+528.75 \qquad\qquad （计算无误）$$

（3）主点测设

将经纬仪安置在 JD 上，照准后方向的 ZD 或 JD 点，自 JD 沿视线方向量取切线长 T，桩钉曲线起点 ZY；再照准前方向的 ZD 或 JD 点，又沿视线方向量取切线长 T，桩钉曲线起点 YZ；然后沿分角线方向量取外矢距 E，桩钉曲线中点 QZ。

主点测设出来后，应钉设方桩，在其上钉上小钉标志点位，并在规定位置钉设相应的标志桩。

2. 圆曲线的详细测设

圆曲线主点测设完成后，曲线在地面上的位置就确定了。当地形变化较大、曲线较长（ >40 m）时，仅三个主点不能将圆曲线的线形准确地反映出来，为了满足设计和施工的需要，需要在主点之间测设一些曲线点，按一定桩距 l_0 沿曲线设置里程桩和加桩。圆曲线上里程桩和加桩可按整桩号法（桩号为 l_0 的整倍数）或整桩距法（相邻桩间的弧长为 l_0）设置。曲线上中桩间距宜为 20 m；若地形平坦且曲线半径大于 800 m 时，圆曲线内的中桩间距可为 40 m。在地形变化处或按设计需要应另设加桩，则加桩宜设在整米处。曲线详细测设方法有多种，这里仅介绍常用的偏角法、切线支距法和极坐标法。

（1）偏角法

偏角法实际上是一种方向距离交会法，类似极坐标的放样，如图 12 - 13 所示，它是以曲线的 ZY（或 YZ）至曲线上任一待定点 P_i 的弦线与切线间的弦切角 Δ_i（称为偏角）和相邻桩间的弦长 C_i 用边角交会的方式测设 P_i，根据几何学原理，偏角 Δ_i 等于相应弧（弦）所对圆心角 φ_i 的一半，即

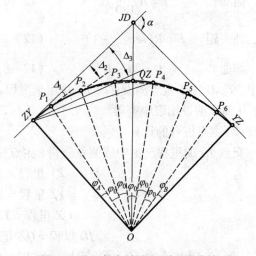

图 12 - 13　偏角法详细测设圆曲线

$$\Delta_i = \frac{\varphi_i}{2} = \frac{l_i}{2R} \qquad (12-9)$$

弦长

$$C_i = 2R\sin\frac{\varphi_i}{2} = 2R\sin\Delta_i \quad (12-10)$$

弦弧差

$$\delta_i = l_i - C_i = 2\frac{l_i^3}{24R^2} \qquad (12-11)$$

上述测设数据 Δ_i、C_i 和 δ_i 均可根据 R、α 从曲线测设用表中查取。

曲线详细测设时，可由 ZY 点测设至 YZ 点。为避免过长的距离测设，通常采用对称式，分别以 ZY 点和 YZ 点为起点向 QZ 点进行。所以在测设数据计算和测设过程中，其 Δ_i 分为

正拨与反拨。当曲线在切线的右侧时，Δ_i 应顺时针方向拨角，称为正拨；在左侧时，Δ_i 应逆时针方向拨角，称为反拨。

例 12.2　按例 12.1 的曲线元素及主点桩号，桩距 $l_0 = 20$ m，该曲线的偏角法测设数据见表 12 – 4（整桩号法）。

表 12 – 4　偏角法圆曲线测设数据表

仪器型号:_____　　　观测日期:_____　　　观测:_____　　　计算:_____
仪器编号:_____　　　天　气:_____　　　记录:_____　　　复核:_____

桩号	曲线长 /m	偏角值 /(° ′ ″)	拨角读数 /(° ′ ″)	相邻点间弧长/m	相邻点间弦长/m
ZY K3 + 455.16	0.00	0 00 00	0 00 00	4.84	4.84
+460	4.84	0 41 36	0 41 36	20.00	19.99
+480	24.84	3 33 29	3 33 29	20.00	19.99
+500	44.84	6 25 22	6 25 22	20.00	19.99
+520	64.84	9 17 16	9 17 16	5.67	19.99
QZ K3 + 525.67	70.51	10 06 00	10 06 00 349 54 00	14.33	5.67
+540	56.18	8 02 49	351 57 11	20.00	14.33
+560	36.18	5 10 56	354 49 04	20.00	19.99
+580	16.18	2 19 03	357 40 57	20.00	19.99
YZ K3 + 596.18	0.00	0 00 00	0 00 00	16.18	16.18

本例测设步骤如下：

①把经纬仪安置在 ZY 点，望远镜瞄准 JD，并将水平度盘读数设为 0°00′00″，拨角（正拨）Δ_1，当度盘读数为 0°41′36″时制动照准部。从 ZY 点沿视线方向测得距离（弦长）40.84 m 得到 K36 +460 桩。

②松开照准部并转动，使得水平度盘读数为 3°33′29″，由 K3 +460 点测设距离（弦长）19.99 m，视线与钢尺 19.99 m 分划相交的地方就是 K36 +460 桩。同法拨角、测设距离，依次测出其他各点直至 QZ 点，并与主点 QZ 点校核其位置。

③将经纬仪安置在 YZ 点，瞄准 JD 点，使水平度盘读数为 0°00′00″，拨角（反拨）Δ_i，使水平度盘读数为 360° −Δ_i(257°40′57″)。从 YZ 点沿视线方向测设距离（弦长）16.18 m，定出 K3 +580 桩。

④转动照准部拨角,使水平度盘数为 354°49′04″,由 K3 + 580 点测度距离(弦长)19.99 m 使与视线方向相交,定出 K3 + 560 桩。同法定出其他各点直至 QZ,并与 QZ 点校核其位置。

如果测设点与 QZ 点不重合,其闭合差不得超过如下规定,否则返工重测。

横向闭合差(半径方向) ±0.1 m
纵向闭合差(切线方向) L/2000(平地)(L 为曲线长)
L/1000(平地)

当曲线半径较大时,相邻桩间的弦弧差 δ_i 相差很小,实际测设中可直接用弧长代替弦长。

测设过程中,如果视线被障碍物阻挡时,可迁站到能与待定点相通视的已定桩上,根据同一圆弧段两端的弦切角相等的原理,找出新测站的切线方向,就可以继续测设。如图 12 – 14 所示,仪器在 ZY 点与 P_4 点不通视,此时可以将仪器迁至已测定的 P_3 点,瞄准 ZY 点并将水平度盘配置为 ZY 点的切线偏角读数 0°00′00″,然后倒镜正拨 P_4 点的偏角 Δ_4,则视线方向便是 P_3—P_4 方向。从 P_3 点起沿视线方向测设相应的弦长即可定出 P_4 点。以后仍按测站在 ZY 点时计算的偏角值测设其余各点。当 P_3 不宜设站时,可在 QZ 点设站照准 ZY 点,水平度盘置零,反拨 Δ_4,制动仪器,P_4 即在视线方向上。

(2)切线支距法

距法实际上就是直角坐标法,它是以 ZY 或 YZ 为坐标原点,以过 ZY(或 YZ)的切线为 x 轴,切线的垂线为 y 轴。x 轴指向 JD,y 轴指向圆心 O,建立直角坐标系,用曲线上任意一点 P_i 的坐标 x_i、y_i 来标定 P_i。一般采用对称法测设。

如图 12 – 15 所示,设 l_i 为待定点 P_i 至原点间的弧长,φ_i 为 l_i 所对的圆心角,R 为曲线半径,则 P_i 的坐标为

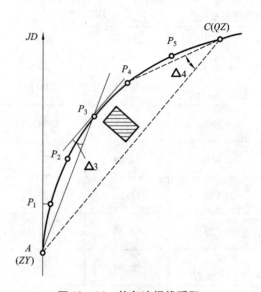

图 12 – 14 偏角法视线受阻

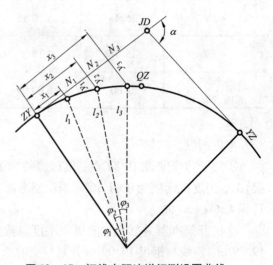

图 12 – 15 切线支距法详细测设圆曲线

$$\left.\begin{array}{l} x_i = R \cdot \sin\alpha_i \\ y_i = R(1 - \cos\alpha_i) \\ \alpha_i = \dfrac{L_i}{R} \cdot \dfrac{180°}{\pi} \end{array}\right\} \quad (12 – 12)$$

例 12.3　按例 12.1 的曲线元素及主点桩号，桩距 10 = 20 m，计算得曲线测设数据列于表 12 - 5(整桩距法)。

具体施测步骤如下：

①从 $ZY(YZ)$ 点开始，用钢尺沿切线方向量取 x_i 定出垂足点 N_i。

②在 N_i 点用经纬仪或方向架定出垂线方向，沿垂线方向量取 y_i，即可定出曲线点 p_i。

③曲线细部点测设完毕后，要量取相邻各桩点间的距离，以资检核。

表 12 - 5　切线支距法圆曲线测设数据表

仪器型号：＿＿＿＿＿　　观测日期：＿＿＿＿＿　　观测：＿＿＿＿＿　　计算：＿＿＿＿＿
仪器编号：＿＿＿＿＿　　天　　气：＿＿＿＿＿　　记录：＿＿＿＿＿　　复核：＿＿＿＿＿

桩号	曲线长 /m	纵距 x_i /m	横距 y_i /m	圆心角 /(°′″)	相邻点间弦长 /m
ZY K46 + 455.16	0.00	0.00	0.00	54 34 6	19.99
+ 475.16	20.00	19.97	1.00	11 27 33	19.99
+ 495.16	40.00	39.73	3.99	17 11 19	19.99
+ 515.16	60.00	59.10	8.93	20 11 59	19.99
QZ K3 + 525.67	70.51	69.06	12.03	20 11 59	10.50
+ 536.18	60.00	59.10	8.93	17 11 19	10.50
+ 556.18	40.00	39.73	3.99	11 27 33	19.99
+ 576.18	20.00	19.97	1.00	5 43 46	19.99
YZ K3 + 596.18	0.00	0.00	0.00		19.99

曲线点 p_i 的坐标也可以 R 和 l_i 为引数，从曲线测设用表中查取。用整桩距法进行曲线详细测设时，如遇到整百米时，还须加设百米桩。

(3)极坐标法

极坐标法采用的直角坐标系与切线支距法一样，根据式(12 - 13)可以计算曲线上各点的坐标 x_i、y_i(曲线位于切线左侧时，y_i 为负值)。如图 12 - 16 所示，在曲线附近选择极点 Q，做到与曲线点通视良好、便于安置仪器。将仪器安置于 ZY(或 YZ)点，测定 β 角和距离 s，然后按下式计算 Q 点和 P_i 点极坐标为

$$x_Q = s \cdot \cos\beta, \quad y_Q = s \cdot \sin\beta \qquad (12 - 13)$$

极角、极径为

$$\delta_i = \alpha_Q P_i - \alpha_Q A, \quad D_i = \sqrt{(x_i - x_Q)^2 + (y_i - y_Q)^2}$$

式中：$\alpha_Q A = \beta \pm 180°$，由 $R_Q P_i = \arctan \dfrac{|y_i - y_Q|}{|x_i - x_Q|}$ 按所在象限换算获得。上述计算可预先编程，在现场用便携机或掌上电脑计算放样数据。测设时，在 Q 点安置测距经纬仪，后视 ZY（或 YZ）并将水平度盘配置于 $0°00'00''$，依次转动照准部拨极角 δ_i，沿视线方向测设极径 D_i，定出曲线点 P_i，最后在曲线主点 YZ(ZY)点进行检核。

用测距仪或全站仪测设圆曲线时，仪器可安置在任何已知或未知坐标的点上，可以快速、准确地测设，操作也非常简便。

若使用全站仪内置的自由设站程序和坐标放样程序，就能迅速测定测站点的坐标，可进行包括曲线主点在内的曲线测设。如果自由设站在曲线主点，测设曲线就更方便。

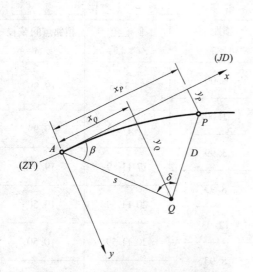

图 12 – 16　极坐标法详细测设圆曲线

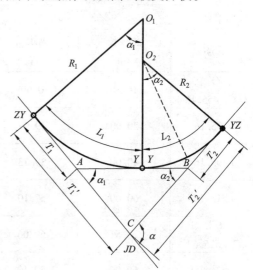

图 12 – 17　复曲线及其主点元素

12.3.2　复曲线及其测设

圆曲线分为单曲线和复曲线两种。具有单一半径的曲线称为单曲线，具有两个或两个以上同向的不同半径的曲线称为复曲线。两圆曲线之间可以用缓和曲线连接，也可以直接连接。当单曲线无法满足技术等级或线路平面线型要求时，需用两个或两个以上不同半径的同向曲线直接连接进行平面线型设计，即采用复曲线过渡到另一直线段。

如图 12 – 17 所示，半径为 R_1、R_2 的复曲线的交点为 JD、起点 ZY、终点 YZ 及公共切点 YY(GQ)。在设计确定 R_1、R_2 及 α_1、α_2 后，可计算得曲线主点元素 T_1、L_1、E_1 及 T_2、L_2、E_2。此时，$AB = T_1 + T_2$。由 $\triangle ABC$ 中可求得 A、B 到 JD 的距离 AC 与 BC。

在外业实施测设时，沿切线方向自 JD 起量取 CA、CB 得到交点 A、B。在 AB 上量取 T_1 及 T_2 得公共切点 YY。测设方法同圆曲线。

在实地线路测设时，由于地形、地物障碍，会遇到 JD 点虚交（JD、曲线主点处无法安置仪器及视线受阻），复曲线的 α_1、α_2 在实地测定。通常应先考虑受限制条件较严的一个曲率半径，另一曲率半径通过解算求得。给定半径的曲线称为主曲线，待定半径的曲线称为副曲线。

实地测设时，关键是按地形条件和技术要求在现场选定交点 A、B 的位置，并测定偏角 α_1、α_2 及距离 AB。依据观测数据和设计半径 R_1 算得 T_1、L_1、E_1，并按下式反算 T_2、R_2

$$T_2 = AB - T_1 \qquad\qquad (12-14)$$

$$R_2 = \frac{T_2}{\tan \dfrac{\alpha_2}{2}} \qquad\qquad (12-15)$$

再按 α_2、R_2 可求得副曲线要素 T_2、L_2、E_2。若使 $R_1 = R_2$，即成为单曲线，测设时可使 $T_1 = T_2$。复曲线的测设方法与圆曲线相同。

12.3.3　缓和曲线及其测设

缓和曲线是设置在直线与圆曲线或两不同半径的圆曲线之间的一种线型，它起到缓和与过渡的作用，从而使车辆能安全、舒适、快速地运行。

缓和曲线可用螺旋线(回旋曲线)、三次抛物线等来设置，我国采用螺旋线作为缓和曲线。当在直线与圆曲线之间嵌入缓和曲线后，其曲率半径由无穷大(与直线连接处)逐渐减小至圆曲线的半径 R(与圆曲线连接处)。

1. 基本公式

在直线与圆曲线间插入一段缓和曲线，该缓和曲线起点处的半径 $R_0 = \infty$，终点处的半径 $R_0 = R$，其特性是曲线上任一点的半径与该点至起点的曲线长 l 成反比，即

$$c = R_0 l = R l_0 \qquad\qquad (12-16)$$

式中：c 为常数，称为曲线半径变化率，其与车速有关，我国公路工程采用 $c = 0.035 V_3$，铁路采用 $c = 0.098 V_3$；l_0 为缓和曲线全长，V 为车辆平均车速，km/h。相应的缓和曲线长度为

$$l_0 \geqslant 0.035 V_3 / R \text{(公路)} \quad \text{或} \quad l_0 \geqslant 0.098 V_3 / R \text{(铁路)}$$

l_0 根据线路等级，其最小值在相关规范中有具体规定。测设时 l_0 可从曲线测设用表中查取。

当圆曲线两端加入缓和曲线后，圆曲线应内移一段距离，才能使缓和曲线与直线衔接。内移圆曲线可采用移动圆心或缩短半径的方法实现。我国在曲线测设中，一般采用内移圆心的方法。如图 12 - 18 所示，在圆曲线的两端插入缓和曲线，把圆曲线和直线平顺地连接起来。

具有缓和曲线的圆曲线，其主点如下：

ZH(直缓点)：直线与缓和曲线的连接点。

HY(缓圆点)：缓和曲线和圆曲线的连接点。

QZ(曲中点)：曲线的中点。

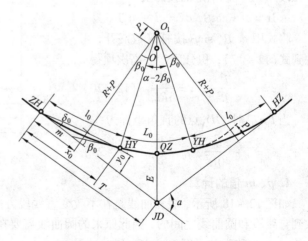

图 12 - 18　缓和曲线与主点要素

YH(圆缓点)：圆曲线和缓和曲线的连接点。

HZ(缓直点)：缓和曲线与直线的连接点。

2. 切线角公式

缓和曲线上任一点 P 处的切线与过起点切线的交角 β 称为切线角。如图 12 – 19 所示，切线角与缓和曲线上任一点 P 处弧长所对的中心角相等，在 P 处取一微分段 $\mathrm{d}l$，所对应的中心角为 $\mathrm{d}\beta$，则

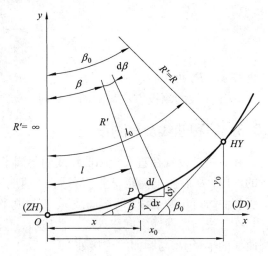

$$\mathrm{d}\beta = \frac{\mathrm{d}l}{R_0} = \frac{l}{c}\mathrm{d}l$$

上式积分得

$$\beta = \frac{l^2}{2c} = \frac{l^2}{2Rl_0} \qquad (12-17)$$

或

$$\beta = \frac{l^2}{2Rl_0}\rho \qquad (12-18)$$

当 $l = l_0$ 时，$\beta = \beta_0$ 即

$$\beta_0 = \frac{l_0}{2R}\rho \qquad (12-19)$$

图 12 – 19　缓和曲线常数

3. 参数方程

如图 12 – 20 所示，设以 ZH 为坐标原点，过 ZH 点的切线为 x 轴，半径方向为 y 轴，任一点 P 的坐标为 $(x、y)$，则微分弧段 $\mathrm{d}l$ 在坐标轴上的投影为

$$\mathrm{d}x = \mathrm{d}l \cdot \cos\beta, \quad \mathrm{d}y = \mathrm{d}l \cdot \sin\beta$$

将式中 $\cos\beta$、$\sin\beta$ 按幂级数展开，考虑到式(12 – 17)，积分后略去高次项得

$$x = l - \frac{l^5}{40R^2 l_0^2}, \quad y = \frac{l^3}{6Rl_0} \qquad (12-20)$$

当 $l = l_0$ 时，HY 点的直角坐标为

$$x_0 = l_0 - \frac{l_0^3}{40R^2}, \quad y_0 = \frac{l_0^2}{6R} \qquad (12-21)$$

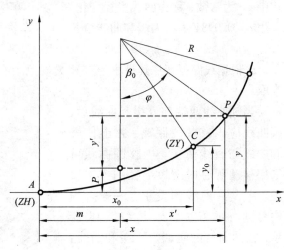

图 12 – 20　切线支距法测设缓和曲线

4. p、m 值的计算

如图 12 – 18 所示，缓和曲线是在不改变直线段方向和保持圆曲线半径不变的条件下，插入到直线段和圆曲线之间的，因此原来的圆曲线需要在垂直于其切线的方向上移动一段距离 p，称 p 为内移距。由图 12 – 18 可知

$$p + R = y_0 + R\cos\beta_0$$

即

$$p = y_0 - R(1 - \cos\beta_0)$$

将 $\cos\beta_0$ 按幂级数展开，并将 β_0、y_0 值代入得

$$p = \frac{l_0^2}{6R} - \frac{l_0^2}{8R} = \frac{l_0^2}{24R} = \frac{1}{4}y_0 \qquad (12-22)$$

加设缓和曲线后切线增长距离 m，称为切垂距，其关系式为

$$m = x_0 - R\sin\beta_0$$

将 x_0、β_0 值代入上式，并将 $\sin\beta_0$ 按幂级数展开，取至 l_0 的三次方有

$$m = \frac{l_0}{2} - \frac{l_0^3}{240R^2} \qquad (12-23)$$

以上 β_0、p、m、x_0、y_0 统称为缓和曲线常数。

5. 具有缓和曲线的曲线主点要素计算及主点测设

（1）主点要素计算

根据图 12-18，带有缓和曲线的主点要素，按下列公式计算：

$$\left.\begin{array}{ll} \text{外矢距} & T = m + (R+P)\tan\dfrac{\alpha}{2} \\[2ex] \text{切曲差} & L = R(\alpha - 2\beta_0)\dfrac{\pi}{180°} + 2l_0 \\[2ex] \text{曲线长} & E = (R+P)\sec\dfrac{\alpha}{2} - R \\[2ex] \text{切线长} & D = 2T - L \end{array}\right\} \qquad (12-24)$$

当 R、l_0、α 选定后，即可根据以上公式计算曲线要素。其中 $L = L_y + 2l_0$，L_y 为插入缓和曲线后的圆曲线长度。

（2）主点里程计算与测设

根据交点里程和曲线要素，即可按下式计算主点里程。

直缓点	ZH 里程 $= JD$ 里程 $- T$
缓圆点	HY 里程 $= ZH$ 里程 $+ l_0$
曲中点	QZ 里程 $= HY$ 里程 $+ \left(\dfrac{L}{2} - l_0\right)$
圆缓点	YH 里程 $= QZ$ 里程 $+ \left(\dfrac{L}{2} - l_0\right)$
缓直点	HZ 里程 $= YH$ 里程 $+ l_0$
计算检核	HZ 里程 $= JD$ 里程 $+ T - D$

（3）主点测设

ZH、HZ、QZ 三个主点的测设方法和前面圆曲线主点的测设一样。HY 点和 YH 点是一般是利用切线支距法或极坐标法进行测设。自 ZH（或 HZ）沿切线方向量取 x_0，打桩、钉小钉，然后将经纬仪架在该桩上，后视切线沿垂直方向量取 y_0，打桩、钉小钉，得 HY（或 YH）点。

6. 具有缓和曲线的曲线详细测设

（1）切线支距法

切线支距法是以 ZH 点或 HZ 点为坐标原点，以切线为 x 轴，过原点的半径为 y 轴，如图 12-19所示，缓和曲线段上各点坐标可按式（12-20）计算，即

$$x = l - \frac{l^5}{40R^2 l_0^2}, \quad y = \frac{l^3}{6Rl_0}$$

圆曲线上各点坐标，因坐标原点是缓和曲线起点，故先求出以圆曲线起点为原点的坐标 x'、y'，再分别加上 p、m 值，即可得到以 ZH 点为原点的圆曲线点的坐标，即

$$\left.\begin{array}{l} x = x' + m = R\sin\varphi + m \\ y = y' + p = R(1 - \cos\varphi) + p \end{array}\right\} \qquad (12-25)$$

式中：$\varphi = \frac{l_i - l_0}{R} \times \frac{180°}{\pi} + \beta_0$，$l_i$ 为曲线点 P_i 的曲线长。曲线上各点的测设方法与圆曲线切线支距法相同。

（2）偏角法

①测设缓和曲线部分：如图 12-21 所示，设缓和曲线上任一点 P 至 ZH 的弧长为 l，偏角为 δ_i，因 δ_i 较小，则

$$\delta_i = \tan\delta_i = \frac{y_i}{x_i}$$

将曲线参数方程式（12-20）x、y 代入上式，取第一项得

$$\delta_i = \frac{l_i^2}{6Rl_0} \qquad (12-26)$$

过 HY 点或 YH 点的偏角 δ_0 为缓和曲线段的总偏角。以 l_0 代入式（12-26），有

$$\delta_0 = \frac{l_0}{6R} \qquad (12-27)$$

因 $\beta_0 = \frac{l_0}{2R}$

所以 $\delta_0 = \frac{\beta_0}{3} \qquad (12-28)$

将（12-27）式代入（12-26）式，则有

$$\delta_i = \left(\frac{l_i}{l_0}\right)^2 \delta_0 \qquad (12-29)$$

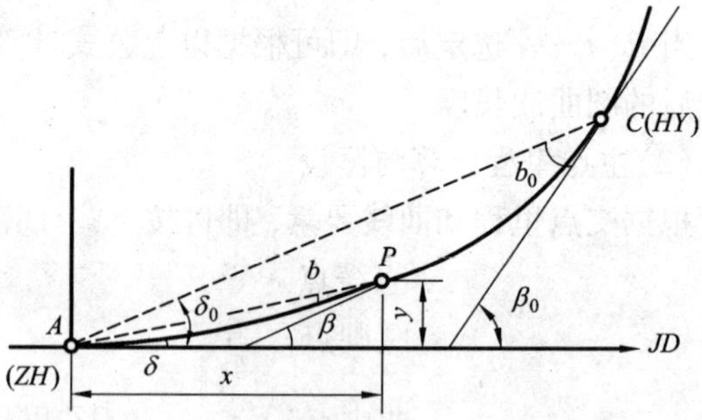

图 12-21 偏角法测设缓和曲线

当 R、l_0 确定之后，δ_0 为定值。由式（12-29）可知，缓和曲线上任意一点的偏角，与该点至 ZH 点或 HZ 点的曲线长的平方成正比。在实际测设中，偏角值可从"曲线测设用表"第六表中查得。

测设时，将经纬仪安置于 ZH 点，后视交点 JD，得切线为零方向，首先拨出偏角 δ_1，以弧长 l_1 代弦长相交定出 1 点。再依次拨出偏角 δ_2，δ_3，…，δ_n，同时从已测定的点上量出弦长定出 2，3…，直至 HY 点，并检核合格为止。

②测设圆曲线部分：如图 12-21 所示，将经纬仪置于 HY 点，先定出 HY 点的切线方向，即后视 ZH 点，并使水平度盘读数为 b_0（路线右转时，为 $360° - b_0$）

$$b_0 = \beta_0 - \delta_0 = 2\delta_0 \qquad (12-30)$$

然后转动仪器，使读数为 $0°00'00''$ 时，视线在 HY 点切线方向上，倒镜后，曲线各点的测设方法与前述的圆曲线偏角法相同。

12.4　全站仪测设线路中线

全站仪具有测量速度快、精度高的优点，因此广泛地应用在道路工程中。目前在高等级道路工程的设计文件中，要求编制中线逐桩坐标表。用全站仪进行线路勘测、施工能带来很多方便。

12.4.1　全站仪导线控制测量

对于高等级的道路工程，布设的导线一般应与附近的高级控制点进行联测，构成附合导线。通过联测可以得到起始数据——起始三维坐标和起始方位角，也可对观测的数据进行检核。全站仪测距精度高、测程远，利用全站仪坐标测量功能进行导线控制时，可将导线延长直接与高级控制点连接，并可直接观测坐标值，简化了运算，既方便快捷又增加了检核。

如图 12 – 22 所示为附合导线，用全站仪进行观测。观测时先置仪器于 B，观测 2 点坐标，再将仪器置于 2 点，观测 3 点坐标，依次观测最后得到 C 点的坐标观测值。

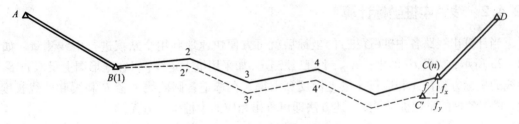

图 12 – 22　全站仪导线测量

设 C 点的坐标观测值为 x'_C、y'_C、H'_C，其已知坐标值为 x_C、y_C、H_C，则坐标闭合差 f_x、f_y、f_h 为

$$\left. \begin{array}{l} f_x = x'_C - x_C \\ f_y = y'_C - y_C \\ f_h = H'_C - H_C \end{array} \right\} \tag{12 – 31}$$

同样可算出导线全长闭合差

$$f = \sqrt{f_x^2 + f_y^2} \tag{12 – 32}$$

导线全长相对闭合差

$$K = \frac{1}{\dfrac{\sum S}{f}} \tag{12 – 33}$$

式中：S 为导线边长，在观测各点坐标时，利用调阅键即可得到。

当导线全长相对闭合差不大于规范规定的容许值时，即按下式计算各点坐标的改正值：

$$v_{x_i} = -\frac{f_x}{\sum S}\sum S_i$$
$$v_{y_i} = -\frac{f_y}{\sum S}\sum S_i$$
$$v_{h_i} = -\frac{f_h}{\sum S}\sum S_i$$

(12 – 34)

式中：$\sum S$ 为导线全长，而 $\sum S_i$ 则表示第 i 点之前导线边长之和。改正后各点坐标为

$$x_i = x_i' + v_{x_i}$$
$$y_i = y_i' + v_{y_i}$$
$$H_i = H_i' + v_{h_i}$$

(12 – 35)

式中：x_i'、y_i'、H_i' 为第 i 点的坐标观测值。

目前，理论与实践已经证明，用全站仪观测高程，如果采取对向观测，竖直角观测精度 $m_2 \leqslant \pm 2''$，测距精度不低于 $5 + 5 \times 10^{-6}D$（mm），边长控制在 2 km 之内，可达到四等水准的限差要求。

12.4.2　线路中桩坐标计算

当计算出线路各中桩(逐桩)的坐标后就可方便快速地利用全站仪进行中线测量。如图 12 – 23 所示，交点 JD 的坐标 X_{JD}、Y_{JD} 已经测定(如采用纸上定线，可在地形图上量取)，路线导线的坐标方位角 A 和边长 S 按坐标反算求得。在选定各圆曲线半径 R 和缓和曲线长度 l_s 后，根据各桩的里程桩号，按下述方法即可算出相应的中桩坐标值 X、Y。

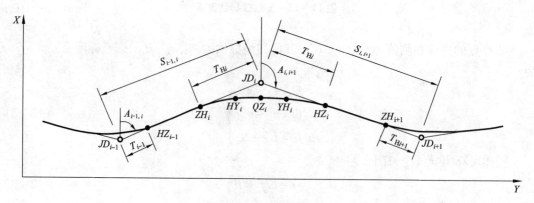

图 12 – 23　线路中桩坐标计算示意图

1. HZ 点(包括路线起点)至 ZH 点间的中桩坐标

如图 12 –23 所示，此段为直线，桩点的坐标按下式计算：

$$X_i = X_{HZ_{i-1}} + D_i\cos A_{i-1,i}$$
$$Y_i = Y_{HZ_{i-1}} + D_i\sin A_{i-1,i}$$

(12 – 36)

式中：$A_{i-1,i}$ 为路线导线 JD_{i-1} 至 JD_i 的坐标方位角；Di 为桩点至 HZ_{i-1} 点的距离，即里程桩号差；$X_{HZ_{i-1}}$、Y_{HZi-1} 为 HZ_{i-1} 点的坐标，由下式计算：

$$
\left.\begin{aligned}
X_{HZ_{i-1}} &= X_{JD_{i-1}} + T_{H_{i-1}} \cos A_{i-1,\,i} \\
Y_{HZ_{i-1}} &= Y_{JD_{i-1}} + T_{H_{i-1}} \cos A_{i-1,\,i}
\end{aligned}\right\} \tag{12-37}
$$

式中：$X_{JD_{i-1}}$、$Y_{JD_{i-1}}$ 为交点 JD_{i-1} 的坐标；$T_{H_{i-1}}$ 为切线长。

ZH 点为直线的终点，除上式亦可按下式计算：

$$
\left.\begin{aligned}
X_{ZH_i} &= X_{JD_{i-1}} + (S_{i-1,\,i} - T_{H_i}) \cos A_{i-1,\,i} \\
Y_{ZH_i} &= Y_{JD_{i-1}} + (S_{i-1,\,i} - T_{H_i}) \sin A_{i-1,\,i}
\end{aligned}\right\} \tag{12-38}
$$

式中：$S_{i-1,\,i}$ 为路线导线 JD_{i-1} 至 JD_i 的边长。

2. ZH 点至 YH 点之间的中桩坐标计算

该段包括第一缓和曲线及圆曲线，可按式（12-20）和式（12-25）先算出切线支距坐标 x、y，然后通过坐标变换将其转换为测量坐标 X、Y。变换公式为

$$
\begin{bmatrix} X_i \\ Y_i \end{bmatrix} = \begin{bmatrix} X_{ZH_i} \\ Y_{ZH_i} \end{bmatrix} + \begin{bmatrix} \cos A_{i-1,\,i} & -\sin A_{i-1,\,i} \\ \sin A_{i-1,\,i} & \cos A_{i-1,\,i} \end{bmatrix} \begin{bmatrix} x_i \\ y_i \end{bmatrix} \tag{12-39}
$$

当曲线为左转角时，上式应以 $y_i = -y_i$ 代入计算。

3. YH 点至 HZ 点之间的中桩坐标计算

该段为第二缓和曲线，仍按式（12-20）计算切线支距坐标 x、y，再按下式转换为测量坐标 X、Y。变换公式为

$$
\begin{bmatrix} X_i \\ Y_i \end{bmatrix} = \begin{bmatrix} X_{ZH_i} \\ Y_{ZH_i} \end{bmatrix} - \begin{bmatrix} \cos A_{i,\,i+1} & \sin A_{i,\,i+1} \\ \sin A_{i,\,i+1} & -\cos A_{i,\,i+1} \end{bmatrix} \begin{bmatrix} x_i \\ y_i \end{bmatrix} \tag{12-40}
$$

当曲线为右转角时，上式应以 $y_i = -y_i$ 代入计算。

例 12.7 路线交点 JD_2 的坐标为（2588711.270，20478702.880），JD_3 的坐标为（2591069.056，20478662.850），JD_4 的坐标为（2594145.875，20481070.750）。JD_3 的桩号为 $K6+790.306$，圆曲线半径 $R = 2000$ m，缓和曲线长 $l_0 = 100$ m。

4. 计算路线转角

$$
\tan A32 = \frac{Y_{JD_2} - Y_{JD_3}}{X_{JD_2} - X_{JD_3}} = \frac{+40.030}{-2357.786} = -0.016\,977\,792
$$

$$
A_{32} = 180° - 0°58'21.6'' = 179°1'38.4''
$$

$$
\tan A34 = \frac{Y_{JD_4} - Y_{JD_3}}{X_{JD_4} - X_{JD_3}} = \frac{+2407.900}{+3076.819} = 0.78259397
$$

$$
A_{34} = 38°02'47.5''
$$

右角

$$
\beta = 179°01'38.4'' - 38°02'47.5'' = 140°58'50.9''
$$

$\beta < 180°$，线路右转。于是

$$
\alpha_{右} = 180° - 140°58'50.9'' = 39°01'09.1''
$$

5. 计算曲线测设元素

$$
\beta_0 = 1°25'56''.6,\ p = 0.208\ \text{m},\ T = 758.687\ \text{m},
$$

$$
L = 1462.027\ \text{m},\ L_y = 1262.027\ \text{m},\ E = 122.044\ \text{m},\ D = 55.347\ \text{m}
$$

6. 计算曲线主点桩号

JD3	K6 + 790. 306
-) T	758. 687
ZH	K6 + 031. 619
+) l_0	100. 000
HY	K6 + 131. 619
+) Ly	1262. 027
YH	K7 + 393. 646
+) l_0	100. 000
HZ	K7 + 493. 646
-) L/2	1462. 027/2
QZ	K6 + 762. 632
+) D/2	55. 342/2
JD3	K6 + 790. 306

7. 计算曲线主点及其中桩(仅列举少数桩号)坐标

(1)ZH 点的坐标计算

$$S_{23} = \sqrt{\left(X_{JD_3} - X_{JD_2}\right)^2 + \left(Y_{JD_3} - Y_{JD_2}\right)^2} = 2358. 126$$

$$A_{23} = A_{32} + 180° = 359°01'38. 4''$$

$$X_{ZH_3} = X_{JD_2} + \left(S_{23} - T_{H_3}\right)\cos A_{23} = 2590310. 479$$

$$Y_{ZH_3} = Y_{JD_2} + \left(S_{23} - T_{H_3}\right)\sin A_{23} = 20478675. 729$$

(2)第一级缓和曲线上的中桩坐标的计算

如中桩 $K6 + 100$, $l = 6100 - 6031. 619$(ZH 桩号)$= 68. 381$,计算切线支距坐标

$$x = l - \frac{l^5}{40R^2 l_0^2} = 68. 380$$

$$y = \frac{l^3}{6Rl_0} = 0. 266$$

转换坐标

$$X = X_{ZH_3} + x\cos A_{23} - y\sin A_{23} = 2590378. 854$$

$$Y = Y_{ZH_3} + x\sin A_{23} + y\cos A_{23} = 20478674. 834$$

(3)HY 点计算切线支距坐标

$$x0 = l_0 - \frac{l_0^3}{40R^2} = 99. 994$$

$$y_0 = \frac{l_0}{6R} = 0. 833$$

转换坐标

$$X_{HY_3} = X_{ZH_3} + x_0 \cos A_{23} - y_0 \sin A_{23} = 2590410.473$$

$$Y_{HY_3} = Y_{ZH_3} + x_0 \sin A_{23} + y_0 \cos A_{23} = 20478674.864$$

（4）圆曲线部分的中桩坐标计算

如中桩 $K6+500$，计算切线支距坐标

$$l = 6500 - 6131.619(HY\ 桩号) = 368.381$$

$$\varphi = \frac{l}{R} \times \frac{180°}{\pi} + \beta_0 = 11°59'08.6''$$

$$x = R\sin\varphi + m = 465.335$$

$$y = R(1 - \cos\varphi) + p = 43.809$$

$K6+500$ 的坐标

$$X = X_{ZH_3} + x\cos A_{23} - y\sin A_{23} = 2590776.491$$

$$Y = Y_{ZH_3} + x\sin A_{23} + y\cos A_{23} = 20478711.632$$

（5）QZ 点位于圆曲线部分，故计算步骤与 $K6+500$ 相同

$$l = \frac{L_y}{2} = 631.014$$

$$\varphi = 19°30'34.6''$$

$$x = 717.929$$

$$y = 115.037$$

$$X_{QZ_3} = 2591030.257$$

$$Y_{QZ_3} = 20478778.562$$

（6）HZ 点的坐标计算

$$X_{HZ_3} = X_{JD_3} + T_{H_3}\cos A_{34} = 2591666.530$$

$$Y_{HZ_3} = Y_{JD_3} + T_{H_3}\sin A_{34} = 20479130.430$$

（7）YH 点的支距坐标与 HY 点完全相同

$$x_0 = 99.994$$

$$y_0 = 0.833$$

转换坐标，并顾及曲线为右转角，y 以 $-y_0$ 代入

$$X_{YH_3} = X_{HZ_3} + x_0\cos A_{34} + (-y_0)\sin A_{34} = 2591587.270$$

$$Y_{YH_3} = Y_{HZ_3} + x_0\sin A_{34} - (-y_0)\cos A_{34} = 20479069.460$$

（8）第二缓和曲线上的中桩坐标计算

如中桩 $K7+450$，$l = 7493.646(HZ\ 桩号) - 7450 = 43.646$，计算支距坐标

$$x = 43.646$$

$$y = 0.069$$

转换坐标，y 以负值代入得

$$X = 2591632.116$$

$$Y = 20479103.585$$

（9）直线上中桩坐标的计算。如 $K7+600$，$D = 7600 - 7493.646(HZ\ 桩号) = 106.354$，

即可求得

$$X = X_{HZ_3} + D\cos A_{34} = 2591750.285$$

$$Y = Y_{HZ_3} + D\sin A_{34} = 20479195.976$$

由于一条路线的中桩数以千计，通常中线逐桩坐标表都用计算机程序计算编制。

11.4.3　全站仪中线测量

利用全站仪进行道路中线测量时一般需要利用计算机程序在现场计算中桩坐标，打印出来后就可以按照坐标进行测设。也可以同时进行高程测量，这样就可以获得中桩的三维坐标。

在施工放样时，将仪器置于平面控制上，直接按逐桩坐标提供的中桩坐标进行测设。在测设过程中，往往需要在导线的基础上加密一些测站点，以便把中桩逐个定出。

12.5　线路纵断面测量

线路纵断面测量的首要任务是线路中桩地面高程测量，其次是纵断面图的绘制，为线路工程纵断面设计、填挖方计算、土方调配等提供线路竖面位置图。在线路纵断面测量中，为了保证精度和进行成果检核，仍必须遵循控制性原则，即线路水准测量分两步进行，首先是沿线设置水准点，建立高程控制，称为基平测量；而后根据各水准点，分段以附合水准路线形式，测定各中桩的地面高程，称为中平测量。

12.5.1　基平测量

1. 水准点的设置

在设置水准点的时候需要考虑设置的必要性和用途分为永久性或临时性的水准点。路线起点和终点、大桥与隧道两端、垭口、大型建(构)筑物和需长期观测高程的重点工程附近均应设置永久性水准点。一般地段每隔 25 ~ 30 km 布设一个永久性水准点，临时水准点一般 0.5 ~ 2.0 km 设置一个。水准点在恢复路线和施工方面发挥了重要作用，所以选择的点位需要满足稳固、醒目、安全(施工线外)、便于引测和布设易破坏的地段的特点。

2. 施测方法

首先将起始水准点与附近的国家水准点进行联测从而获得绝对高程。同时在沿线测量时，尽量做到与近期内国家水准点联测以获得检核条件。当引测有困难时，可参考地形图选定一个明显地物点的高程作为起始水准点的假定高程。基平测量应使用不低于 DS$_3$ 级的水准仪，采用往返或两次单程观测，其容许高差闭合差应满足

$$f_h = \pm 30\sqrt{L} \text{ mm 或 } f_h = \pm 9\sqrt{n} \text{ mm (二、三、四级公路)}$$

$$f_h = \pm 20\sqrt{L} \text{ mm 或 } f_h = \pm 6\sqrt{n} \text{ mm(一级公路)}$$

式中：L 为单程水准路线长度，km；n 为测站数。

12.5.2　中平测量

中平测量主要是利用基平测量布设的水准点及高程，引测出各中桩的地面高程，作为绘

制路线断面地面线的依据。中平测量一般以相邻两水准点为一测段,从一个水准点开始,用视线高法逐个测定中桩的地面高程,直至闭合于下一个水准点上。相邻两转点间观测的中桩,称为中间点。为了削弱高程传递的误差,观测时应先观测转点,后观测中间点。转点传递高程,因此转点水准尺应立在尺垫、稳固的固定点或坚石上,尺上读数至毫米,视线长度不大于 150 mm。中间点不传递高程,尺上读数至厘米。观测时,水准尺应立在紧靠中桩的地面上。

表 12 – 6　中线水准测量手簿

仪器型号:＿＿＿＿＿＿　　观测日期:＿＿＿＿＿＿　　观测:＿＿＿＿＿＿　　计算:＿＿＿＿＿＿

仪器编号:＿＿＿＿＿＿　　天　　气:＿＿＿＿＿＿　　记录:＿＿＿＿＿＿　　复核:＿＿＿＿＿＿

点号	水准尺读数			视线高程 /m	高程 /m	备注
	后视	中视	前视			
BM_1	2.191			57.606	55.415	$HBM_1 = 55.415$ m
$K0 + 00$		1.62			55.99	
$+200$		1.90			55.71	
$+040$		0.62			56.99	
$+060$		2.03			55.58	
$+080$		0.90			56.71	
ZD_1	2.162		1.006	58.762	56.600	
$+100$		0.5			58.26	
$+120$		0.52			58.24	
$+140$		0.82			57.94	
$+160$		1.20			57.56	
$+180$		1.01			57.75	
ZD_2	2.246		1.521		57.241	
...	...	...	...	...	...	...
$K1 + 380$		1.65			66.98	
BM_2			0.606		68.024	$HBM_2 = 68.062$ m
检核	$\sum a - \sum b = 12.609$ m $H_2' - H_1' = 68.024$ m $- 55.415$ m $= 12.609$ m $f_h = H_2' - H_1' = 68.024$ m $- 68.062$ m $= -38$ mm $f_{h容} = \pm 50 \sqrt{l} = \pm 50 \sqrt{1.4}$ mm $= \pm 59$ mm $f_h < f_{h容}$,符合精度要求					

如图 12 – 24 所示,水准仪置于 I 站,后视水准点 BM_1,读数 a_0;前视转点 ZD_1,读数 b_0,

记入表12-6中"后视"和"前视"栏内；而后扶尺员依次在中桩点 0+000，…，0+080 等各中桩点立尺，逐个观测中桩，将中视读数 b_i 分别记入"中视栏"。将仪器搬到 Ⅱ 站，后视转点 ZD_1，前视转点 ZD_2，然后观测 ZD_1 与 ZD_2 之间各中间点。用同法继续向前观测，直到附合到下一个水准点 BM_2，完成测段观测。高差闭合差限差：一级公路为 $\pm 30\sqrt{L}$ mm，二级以下公路为 $\pm 50\sqrt{L}$ mm(L 以 km 计)，在容许范围内，即可进行中桩地面高程的计算，但无需进行闭合差调整；否则重测。

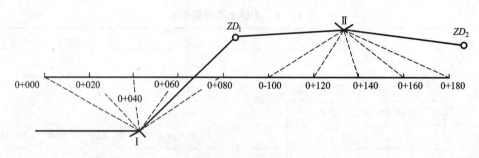

图 12-24　纵横断面测量

每一测站高程的计算按下列公式进行

$$视线高程 = 后视点高程 + 后视读数$$
$$转点高程 = 后线高程 - 前视读数$$
$$中桩高程 = 视线高程 - 中线读数$$

当路线经过沟谷时，为了减少测站数，提高施测速度和保证测量精度，一般可采用沟内外分开的方法进行测量，如图 12-25 所示。当测到沟谷边沿时，先前视沟谷两边的转点 ZD_A、ZD_{16}，将高程传递至沟谷对岸，通过 $ZD16$ 可沿线继续设站(如 Ⅳ)施测，即为沟外测量。施测沟内中桩时，迁站下沟，于测站 Ⅱ 后视 ZD_A，观测沟谷内两边的中桩及转点 ZD_B，再设站于 Ⅲ 后视 ZD_B，观测沟底中桩。沟内各桩测量实际上是以 ZD_A 为起始点的单程支线水准，缺少检核条件，故施测时应加倍注意。为了减少 Ⅰ 站前、后视距不等所引起的误差，仪器设置于 Ⅳ 站时，尽可能使 $l_3 = l_2$，$l_4 = l_1$。

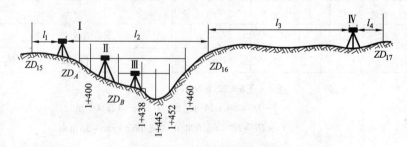

图 12-25　跨沟谷中平测量

12.5.3　纵断面图的绘制

按照线路中线里程和中桩高程，绘制出沿线路中线地面起伏变化的图，称纵断面图。纵断面图主要反映路段纵坡大小、中桩填挖高度以及设计结构物立面布局等。

如图 12－26 所示，线路纵断面图中，其横向表示里程，比例尺有 1∶10000、1∶5000、1∶2000、1∶1000；纵向表示高程，相应的中桩地面点高程的绘制比例比里程放大 10 倍，即为 1∶1000、1∶500、1∶200、1∶100，以突出地面的起伏变化。此外，图上还标注有水准点的位置、编号和高程，桥涵的类型、孔径、跨数、长度、里程桩号和设计水位，竖曲线元素和同其他公路、铁路交叉点的位置、里程和有关说明等。在图的下部几栏表格中，注记有关测量和纵坡设计的资料，主要包括以下内容。

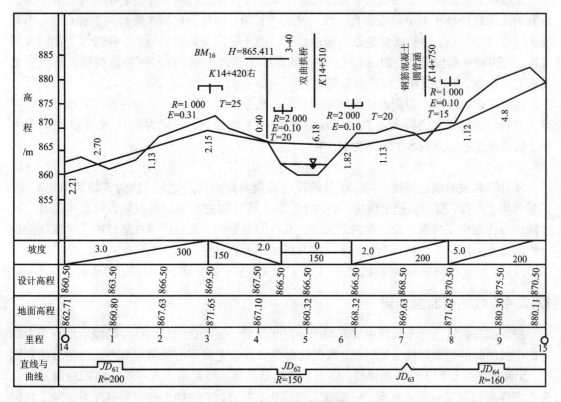

图 12－26　公路纵断面图

1. 直线与曲线

它是线路平面形状示意图，曲线部分用折线表示，向下凸者为左转，向上凸者为右转，并注明交点编号和曲线半径。圆曲线用直角折线，缓和曲线用钝角折线，在不设曲线的交点位置，用锐角折线表示。

2. 里程

按里程比例尺标注百米桩和公里桩，有时也须逐桩标注。

3. 地面高程

按中平测量成果填写相应里程桩的地面高程。

4. 设计高程

设计高程是设计路基的肩部标高。

5. 坡度

坡度是中线纵向的设计坡度,从左至右向上斜的线表示上坡(正坡),向下斜的线表示下坡(负坡),水平线表示平坡。斜或水平上的数字为坡度的百分数,水平路段坡度为零,下面数字为相应的水平距离,表示坡段长度,称为坡长。

纵断面图的绘制步骤如下:

①打格制表,填写有关测量资料。采用透明毫米方格纸,按照选定的里程比例尺和高程比例尺打格制表,填写直线与曲线、里程、地面高程等资料。

②绘地面线。为了方便绘图和阅读,首先需要选择合适的纵坐标的起始高程位置,保证绘制的地面线能处于图上适当位置。然后在图上按纵、横比例尺依次展绘各中桩点位,用直线顺序连接相邻点,该折线就是绘出的地面线。由于纵向受到图幅限制,在高差变化较大的地区,若按同一高程起点绘制地面线,往往地面线会逾越图幅,这时可将这些地段适当变更高程起算位置,地面线在此构成台阶形式。

③计算设计高程。根据设计纵坡和两点间的水平距离(坡长),可由一点的高程计算另一点的高程。设起算点的高程为 H_0,设计纵坡为 i(上坡为正,下坡为负),推算点的高程为 H_P,推算点至起算点的水平距离为 D,则

$$Hp = H_0 + iD \qquad\qquad (12-41)$$

④计算各桩的填挖高度。同一桩号的设计高程与地面高程之差,称为该桩的填挖高度,正号为填土高度,负号为挖土深度。在图上,填土高度写在相应点的纵坡设计线的上面,挖土深度写在相应点的纵坡设计线的下面。也有在图中专列一栏注明填挖高度的。地面线与设计线的交点为不填不挖的"零点",零点桩号可由图上直接量得。

最后,根据线路纵断面设计,在图上注记有关资料,如水准点、桥涵、构造物等。

12.5.4 线路横断面测量

横断面是指沿垂直于线路中线方向的地面断面线。横断面测量的任务是测定垂直于中线方向中桩两侧的地面起伏变化状况,依据地面变坡点与中桩间的距离和高差,绘制出横断面图,横断面图主要用于路基断面设计、土石方数量计算、路基施工放样等。横断面测量的宽度和密度应根据工程需要而定,一般在大中桥头、隧道洞口、挡土墙等重点工段,应适当加密断面。断面测量宽度,应根据路基宽度、中桩的填挖高度、边坡大小、地形复杂程度和工程要求而定,但必须满足横断面设计的需要。一般自中线向两侧各测 10~50 m。对于地面点距离和高差的测定,一般只需精确到 0.1 m。

1. 横断面方向的测定

(1)直线横断面方向的测定

直线段横断面方向与线路中线垂直,一般采用方向架测定。如图 12-27 所示,将方向架置于中桩点上,以其中一方向 ab 对准路线前方(或后方)某一中桩,则另一方向 cd 即为横断面施测方向。

(2)圆曲线横断面方向的测定

圆曲线上一点的横断面方向即是该点的半径方向。如图 12-28(a)所示,设 B 至 A、C 点的桩距相等,欲测定 B 点的横断面方向,将方向架立于待测断面 B 上,使其一个方向照准曲线上的 A 点,在另一方向上可标定出 D_1 点;再用方向架照准 C 点,同法可标定出 D_2 点,

使 $BD_1 = BD_2$，则 $D_1 \sim D_2$ 的中点 D 与 B
的连线即为横断面方向。

如图 12-28(b)所示，当欲测断面
处 1 与前后桩间距不等时，可采用安装
有活动定向杆的方向架测定(称为求心
方向架)。ab 和 cd 为相互垂直的"十"
字杆，ef 为活动定向杆。观测时先将方
向架立在 ZY 点上，用 ab 对准 JD 点(切
线方向)，cd 方向即为 ZY 点处的横断
面方向；转动定向杆 ef 对准曲线上前视
中桩 1，固定活动杆 ef；移动方向架至 1
点，用 cd 对准 ZY 点，按同弧切角相等
原理，则定向杆 ef 方向即为 1 点处的横
断面方向。在该方向竖立标杆，转动方
向架使 ef 对准标杆，则 ab 方向即为 1
点的切线方向。松开 ef 对准 2 点，固紧

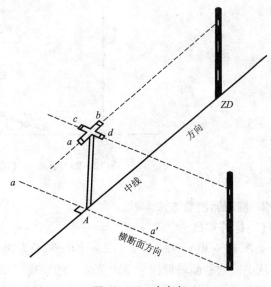

图 12-27　方向架

后将方向架移至 2 点，按测定 1 点的方法测定 2 点横断面方向。同法依次测定其他各点横断
面方向。

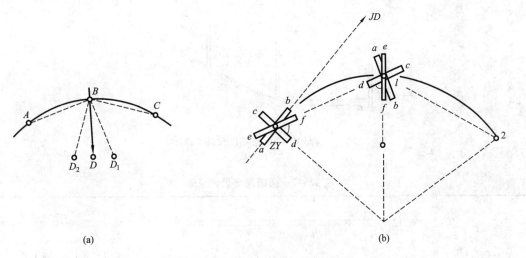

图 12-28　圆曲线横断面方向测定

(3)缓和曲线横断面方向测定

缓和曲线上任一点的横断面方向，就是该点的法线方向，或者说是该点切线的垂直方
向。如图 12-29 所示，测定时，可先计算出欲测定横断面的中桩点 D 至前视中桩点 Q(或后
视中桩 H)的弦线偏角 δq(或 δh)，然后在 D 点架设经纬仪，照准前视点 Q(或后视点 H)，配
置水平度盘为 $0°00'00''$，顺时针旋转照准部，使水平度盘读数为 $90° + \delta q$(或 $90° - \delta h$)，则望
远镜视线所指方向即为缓和曲线上 D 点横断面方向。

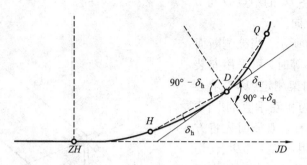

图 12 – 29　缓和曲线横断面方向测定

2. 横断面测量方法

（1）标杆皮尺法

如图 12 – 30 所示，A、B、C、…为横断面方向上所选定的变坡点，施测时，将花杆立于 A 点，从中桩处地面将尺拉平量出至 A 点的距离，并测出皮尺截于花杆位置的高度，即 A 相对于中桩地面的高差，同法可测得 A 至 B、B 至 C…的距离和高差，直至所需要的宽度为止。中桩一侧测完后再测另一侧。

记录如表 12 –7 所示，按路线前时方向分左侧与右侧，分母表示测段水平距离 d_i，分子表示测段高差 h_i，正号表示上坡，负号表示下坡。

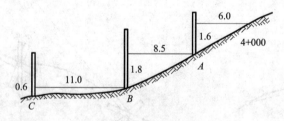

图 12 – 30 标杆皮尺法

表 12 – 7　横断面测量记录表

左侧			桩号	右侧			
…			…	…			
$\frac{-0.6}{11.0}$	$\frac{-1.8}{8.5}$	$\frac{-1.6}{6.0}$	4 +000	$\frac{+1.1}{4.6}$	$\frac{+0.7}{4.4}$	$\frac{+1.6}{7.0}$	$\frac{+1.6}{7.0}$
$\frac{-0.5}{7.8}$	$\frac{-1.2}{4.2}$	$\frac{-0.8}{6.0}$	3 +980	$\frac{+0.7}{7.2}$	$\frac{+1.1}{4.8}$	$\frac{-0.4}{7.0}$	$\frac{+0.9}{6.5}$

（2）水准仪法

当横断面测量精度要求较高，横断面方向高差变化较小时，采用此法。施测时选一适当位置安置水准仪，后视中桩水准尺读取后视读数，求得视线高后，前视横断面方向上各变坡点上水准尺得各前视读数，视线高程分别减去各前视读数即得各变坡点高程。用钢尺或皮尺分别量取各变坡点至中桩的水平距离。根据变坡点的高程和至中桩的距离即可绘制横断面。施测时，若仪器位置安置得当，一站可观测多个横断面。

（3）经纬仪法

在地形复杂、横坡较陡的地段，可采用此法。施测时，将经纬仪安置在中桩上，用视距法测出横断面方向各变坡点至中桩间的水平距 d_i 与高差 h_i。

12.5.5 横断面图的绘制

横断面图一般绘制在毫米方格纸上，为便于路基断面设计和面积计算，其水平距离和高程采用相同比例尺，一般为 1:200。横断面图最好采用现场边测边绘的方法，这样既可省去记录，又可实地核对检查，避免错误。若用全站仪测量、自动记录，则可在室内通过计算绘制横断面图，大大提高工效。

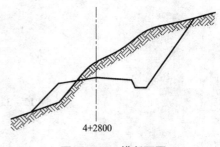

4+2800

图 12-31 横断面图

绘图时，先在图纸上标定中桩位置，然后在中桩左右两侧按各测点间的距离和高程逐一点绘于图纸上，并用直线连接相邻点，即得该中桩处横断面地面线。图 12-31 为一横断面图，并绘有路基横断面设计线（俗称戴帽子）。每幅图的横断面图应从下至上，由左到右依桩号顺序绘制。

12.6 公路施工测量

12.6.1 施工准备测量

路基开工前，测量工作是施工准备中的一项重要工作，其内容包括平面与高程控制网的复测、中线恢复测量、横断面检查与补测、施工控制点加密、施工控制桩的测设等。

由于施工与定测可能相隔时间较长，往往会造成定测桩点的丢失、损坏或位移，因此在施工开始之前，必须进行中线的恢复工作和水准点的检验工作，检查定测资料的可靠性和完整性。对于控制网复测和控制点（临时）加密要满足 $f_\beta \leq \pm 16'' \sqrt{n}$（$n$ 为测点数）和 $K \leq 1/10000$、$f_h \leq \pm 20 \text{ mm} \sqrt{L}$（高速和一级公路）或 $f_h \leq \pm 30 \text{ mm} \sqrt{L}$（其他公路）的要求。

由于施工中经常需要找出中线位置，而施工过程中经常发生中线桩被碰动或丢失的情况，为了迅速又准确地把中线恢复在原来位置，对路线的主要控制桩（如交点、转点、曲线主点以及百米桩、千米桩等），应视地形条件在填挖线以外不受施工破坏、便于引测和易于保存桩位的地方设置施工控制桩（也称护桩）。设置方法如下。

1. 平行线法

平行线法是在线路直线段路基填挖线以外测设两排平行于中线的施工控制桩，如图 12-32 中的 $K1+120$、$K1+140$、$K1+160$。控制桩间距可与中桩相同，一般为 20 m。

2. 延长线法

如图 12-32 所示，延长线法是在道路转弯处的中线延长线上以及曲线中点 QZ 至交点 JD 的延长线上，测设施工控制桩。控制桩设置后，应采用混凝土护桩，并以"点之记"记录。

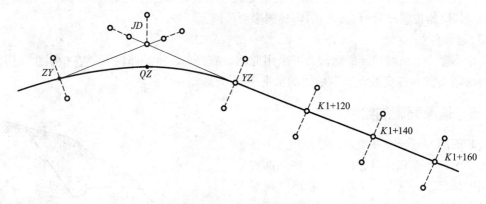

图 12 – 32   施工控制桩的测设

12.6.2   线路纵坡的测设

在施工现场，用水准仪后视就近水准点或转点得仪器高程，用它减去桩顶中视读数得桩高程。桩顶高程减去该桩的设计高即得该桩从桩顶起算的填挖高度，并将它写在桩上供施工用。也可直接引用纵断面图中从地面起算的填挖高度标注在桩上。

12.6.3   路基边桩与边坡的测设

设计路基的边坡与地面的交点，称为路基边桩。测设时，边桩的位置由边桩至中桩的距离来确定。其测设通常采用如下方法。

1. 图解法

在较平坦地区，当横断面的测量精度较高时，可以根据填挖高绘出路基断面图，由图上直接量出中桩至边桩的距离。根据量得的平距，然后在实地用尺沿横断面方向定出边桩的位置，这是测设边桩最常用的方法。

2. 解析法

路基边桩至中桩的平距通过计算求得，这种方法为解析法。

（1）平坦地段路基边桩的测设

填方路基称为路堤，如图 12 – 33（a）所示，路堤边桩至中桩的距离为

$$D = \frac{B}{2} + mh \qquad (12 - 42)$$

挖方路基称为路堑，如图 12 – 33（b）所示，路堑边桩至中桩的距离为

$$D = \frac{B}{2} + s + mh \qquad (12 - 43)$$

式中：B 为路基设计宽度；m 为设计的边坡系数；h 为路基中桩填填土高度；s 为路堑边沟顶面宽。

如果断面处于曲线上设有加宽时，按公式求出 D 值后，还需要在有曲线加宽的 D 上再加上加宽值。根据算得的 D 值，沿横断面方向丈量，便可定出路基边桩。

（2）倾斜地段路基边桩的测设

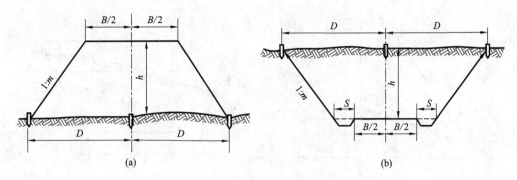

图 12 - 33　平坦地段路基边桩的测设

在倾斜地面上，考虑到地面横向坡度起伏的变化，不能利用上式计算。如图 12 - 34(a) 所示，路堤边桩至中桩的距离 D_s、D_x 为

$$\left.\begin{array}{l} D_s = \dfrac{B}{2} + m(h_z - h_s) \\[2mm] D_x = \dfrac{B}{2} + m(h_z + h_x) \end{array}\right\} \tag{12 - 44}$$

图 12 - 34(b)路堑边桩对中桩的距离 D_s、D_x 为

$$\left.\begin{array}{l} D_s = \dfrac{B}{2} + s + m(h_z + h_s) \\[2mm] D_x = \dfrac{B}{2} + s + m(h_z - h_x) \end{array}\right\} \tag{12 - 45}$$

式中：h_z 为中桩的填挖高度，B、s、m 的意义同前；h_s、h_x 为斜坡上、下侧边桩与中桩的高差。在边桩未定出之前则为未知数。因此，实际工作中采用逐渐趋近法测设边桩。首先参考路基横断面图并根据地面实际情况，估计边桩位置。然后测出估计边桩与中桩的高差，试算边桩位置。若计算与估计边桩不符，应重复上述工作，直至计算值与估计值基本相符为止。当填挖高度很大时，为了防止路基边坡坍塌，设计时在边坡一定高度处设置宽度为 d 的坠落平台，计算 D 时也应加进去。

12.6.4　路基边坡的测设

为了使得填、挖的边坡达到设计的坡度要求，在进行路基边桩的测设后，需要将设计边坡在实地标定出来，方便施工。

1. 用竹竿、绳索测设边坡

如图 12 - 35(a)所示，O 为中桩，A、B 为边桩，由中桩向两侧量出 $B/2$ 得 C、D 两点。在 C、D 处竖立竹竿，于竹竿上高度等于中桩填土高 h 的 C'、D' 处用绳索连接，同时由 C'、D' 用绳索连接到边桩 A、B 上，即给出路基边坡。当路堤填土较高时，如图 12 - 35(b)所示，可分层挂线。

2. 用边坡模板测设边坡

首先根据边坡坡度做好坡度模板，测设时比照着模板进行施工。活动边坡模板(带有水准器的边坡尺)如图 12 - 36(a)所示，当水准器气泡居中时，边坡尺的斜边所指示的坡度为设

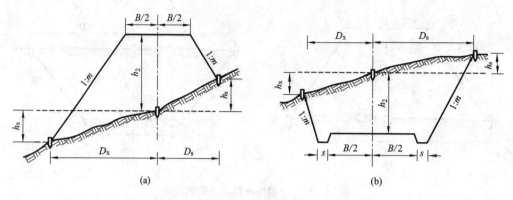

图 12 − 34　倾斜地段路基边桩的测设

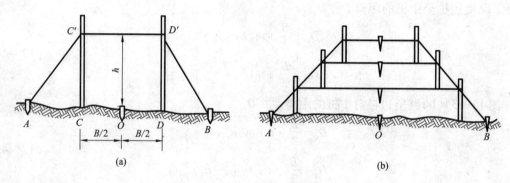

图 12 − 35　路堤边坡测设

计边坡坡度，借此可指示与检查路堤边坡的填筑。

　　固定边坡模板如图 12 − 36(b)所示，开挖路堑时，在坡顶边桩外侧按设计坡度设置固定边坡模板，施工时可随时指示并检核边坡的开挖与修整。

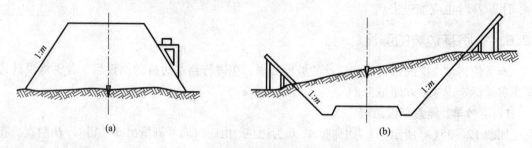

图 12 − 36　用边坡模板测设边坡

思 考 题

　　1. 名词解释：交点、转点、转角、整桩、加桩、正拨、反拨、圆曲线主点、基平测量、中平测量。

2. 线路中线测量的任务、内容是什么?

3. 定测阶段的测量工作包括哪些内容?

4. 在路线上测设转点的目的是什么? 试述放点穿线法测设交点的步骤。

5. 里程桩有何作用? 加桩有哪几种? 如何注记桩号?

6. 什么是整桩号法设桩? 什么是整桩距法设桩? 两者各有什么特点?

7. 曲线测设有哪些方法? 各适用于什么情况?

8. 用偏角法测设圆曲线时, 若视线遇障碍受阻, 迁站后怎样继续进行测设?

9. 在加设缓和曲线后, 曲线发生变化, 简述变化的条件和结果。

10. 什么是缓和曲线? 缓和曲线长如何确定? 何谓缓和曲线常数? 如何计算?

11. 在绘制线路纵断面图时, 里程桩的设计高程如何计算?

习　题

1. 已知 A、B 点在测量坐标系下的坐标为 $(260.500, 240.500)$、$(345.406, 187.670)$, A、B 点在施工坐标系下的坐标为 $(0, 0)$、$(100, 0)$, P 点在测量坐标的坐标为 $(329.368, 256.538)$, 求 P 点在施工坐标系下的坐标?

2. 什么是正拨? 什么是反拨? 如果某桩点的偏角值为 $3°18'24''$, 在反拨的情况下, 要试该桩点方向的水平度盘读数为 $3°18'24''$, 在瞄准切线方向时, 水平度盘读数应配置在多少?

3. 已知下列右角 β, 试计算路线的转角 α, 并判断是左转角还是右转角。

$(1)\beta_1 = 210°42'$; $(2)\beta_2 = 162°06'$

4 在路线右角测定后, 保持原度盘位置, 若后视方向的读数为 $32°40'00''$, 前视方向的读数为 $172°18'12''$, 试计算分角线方向的度盘读数。

5. 已知交点 JD 的桩号为 $K2+513.00$, 转角 $\alpha_右 = 40°20'$, 半径 $R = 200$ m。

(1)计算圆曲线测设元素;

(2)计算主点桩号。

6. 已知交点的里程桩号为 $K4+300.18$, 测得转角 $\alpha_左 = 17°30'$, 圆曲线半径 $R = 500$ m, 若采用切线支距法并按整桩号法设置中桩, 并说明测设步骤。

7. 已知交点的里程桩号为 $K10+100.88$, 测得转角 $\alpha_左 = 24°18'$, 圆曲线半径 $R = 400$ m, 若采用偏角法按整桩号设置中桩, 试计算各桩的偏角及弦长。并说明测设步骤。

8. 已知交点的里程桩号为 $K21+476.21$, 转角 $\alpha_右 = 37°16'$, 圆曲线半径 $R = 300$ m, 缓和曲线长 l_s 采用 60 m, 试计算该曲线的测设元素、主点里程以及缓和曲线终点的坐标, 并说明主点的测设方法。

第 13 章

桥梁、隧道测量

13.1　桥梁施工测量

　　为了发展铁路、公路和城市道路工程等交通运输事业，需要修建大量桥梁，有铁路桥梁、公路桥梁和铁路公路两用桥梁。为了保证桥梁施工质量达到设计要求，必须采用正确的测量方法和适宜的精度控制各分项工程的平面位置、高程和几何尺寸。桥梁测量的主要任务：在勘测设计阶段提供桥址地形图；在施工阶段保证墩、台中心的精确定位，墩、台细部以及梁部按规定的精度放样。桥梁按其轴长度一般分为特大型(>500 m)、大桥(100 ~ 500 m)、中型(30 ~ 100 m)、小型(<30 m)四类，其施工测量的方法和精度取决于桥梁轴线长度、桥梁结构和地形状况。

13.1.1　桥梁施工控制网的建立

　　建立桥梁施工控制网的目的，是为了按规定的精度求得桥梁轴线长度，并据此进行桥墩、桥台的定位。因此，在布网时既要充分考虑保证桥轴线长度测定和墩台中心放样的必要精度，又要为施工放样创造有利的条件。必要时还应加密控制点或重新布网。

　　1. 桥梁平面控制网

　　平面控制测量的方法有传统方法(三角测量、三边测量、边角测量)和 GPS 测量。

　　如图 13 – 1 所示，桥梁平面控制网一般用三角网。图 13 – 1(a)为双三角形，适用于一般桥梁的施工放样；图 13 – 1(b)为大地四边形，适用于中、大型桥梁施工测量；图 13 – 1(c)为

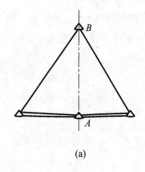
(a)

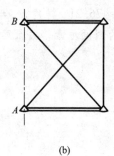
(b)

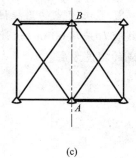
(c)

图 13 – 1　桥梁施工控制网

桥轴线两侧各布设一个大地四边形，适用于特大型桥的施工放样。图 13 - 1 中双线为基线；AB 为桥轴线，桥轴线在两岸的控制桩 A、B 间的距离称为桥轴线长度，它是控制桥梁定位的主要依据。对于较长的桥梁，控制网应向两岸方向延伸。

在《铁路测量技术规则》里，按照桥轴线的精度要求，将三角网的精度分为五个等级，不同等级分别对测边和测角的精度有规定，如表 13 -1 所示。

表 13 - 1　测边和测角的精度规定

三角网等级	桥轴线相对中误差	测角中误差/(″)	最弱边相对中误差	基线相对中误差
一	1/175000	±0.7	1/150000	1/400000
二	1/125000	±1.0	1/100000	1/300000
三	1/75000	±1.8	1/60000	1/200000
四	1/50000	±2.5	1/40000	1/100000
五	1/30000	±4.0	1/25000	1/75000

表 13 - 1 的规定是对测角网而言的，由于桥轴线长度及各个边长都是根据基线及角度推算的，为保证桥轴线有可靠的精度，基线精度要高于桥轴线精度的 2 ~ 3 倍。如果采用测边网或边角网，由于边长是直接测定的，不受或少受测角误差的影响，所以测边的精度与桥轴线要求的精度相当即可。

桥梁三角网的布设，应满足三角测量规范规定的技术要求。同时三角点应选在土质坚硬的高地、不易受施工干扰、通视条件良好的地方。基线不应少于两条，依据地形可布设于河流两岸，尽可能与桥轴线正交。应尽可能使桥的轴线作为三角网的一个边，以利于提高桥轴线的精度。基线长度一般不小于桥轴线的 0.7 倍，困难地段不得小于 0.5 倍，对于桥轴线长度可用测距仪直接测量。在选定的桥梁控制点上要埋设标石及刻有"十"字的金属中心标志。如果兼作高程控制点用，则中心标志宜做成顶部为半球状。

2. 高程控制网

在桥梁的施工阶段，为了作为放样的高程依据，应建立高程控制，即在桥址两岸布设一系列基本水准点和施工水准点，用精密水准测量联测，组成桥梁高程控制网。桥位的高程控制的基本水准点一般在线路基平测量时建立，一般在桥址的两岸各设置两个水准基点；当桥长在 200 m 以上时，每岸至少埋设三个水准基点，同岸三个水准点中的两个应埋设在施工范围之外，以免受到破坏。水准基点应与国家（或城市）水准点联测。在施工阶段，为了将高程传递到桥台与桥墩上去和满足各施工阶段引测的需要，还需建立施工高程控制点。

水准基点是永久性的，必须"十"分稳固。除了它的位置要求便于保护外，根据地质条件，可采用混凝土标石、钢管标石、管柱标石或钻孔标石。在标石上方嵌以凸出半球状的铜质或不锈钢标志。水准基点除用于施工外，还可作为以后变形观测的高程基准点。为了方便施工，可在附近设立施工水准点，由于其使用时间较短，在结构上可以简化，但要求使用方便，也要相对稳定，且在施工时不易破坏。

高程控制点一般用水准测量施测，测量精度必须符合相关规范规定的技术要求。例如《公路桥涵施工技术规范》规定：2000 m 以上的特大桥一般为三等，1000 ~ 2000 m 的桥梁为四等，1000 m 以下的桥梁为五等。对于需进行变形观测的桥梁高程控制网应用精密方法联测。不论是水准基点还是施工水准点，都应根据其稳定性和使用情况定期检测。

当跨河距离较远时，宜采用过河水准测量的方法或光电测距三角高程测量方法。

如图 13 - 2 所示，A、B 为立尺点，C、D 为测站点，要求 AD 与 BC 长度基本相等，AC 与 BD 长度基本相等且不小于 10 m，构成对称图形。用两台水准仪同时作对向观测，在 C 站先测本岸 A 点尺上读数，得 a_1，然后测对岸 D 点尺上读数 2~4 次，取其平均值得 b_1，高差为 $h_1 = a_1 - b_1$。同时，在 D 站先测本岸 B 点尺上读数，得 a_2，然后测对岸 A 点尺上读数 2~4 次，取其平均值得 b_2，高差为 $h_2 = a_2 - b_2$，取 h_1 和 h_2 的平均值，即完成一个测回。一般进行 4 个测回。

由于过河水准测量的视线长，远尺读数困难，可以在水准尺上安装一个能沿尺面上下移动的觇板，如图 13 - 3 所示，观测员指挥扶尺员上下移动觇板，使觇板中横线被水准仪横丝平分，扶尺员根据觇板中心孔在水准尺上读数。

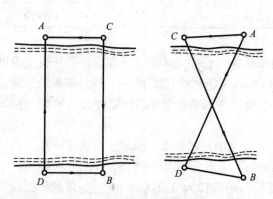

图 13 - 2　跨河水准测量的测站和立尺点布置

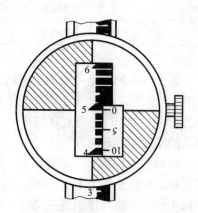

图 13 - 3　跨河水准测量觇板

13.1.2　桥梁墩台中心定位

桥梁墩台定位测量，是桥梁施工测量中的关键性工作。它是根据桥轴线控制点的里程和墩台中心的设计里程，以桥轴线控制点为基准，放出墩台中心的位置。若为曲线桥梁，其墩台中心不一定位于线路中线上，此时应考虑设计资料、曲线要素和主点里程等。直线桥梁墩台中心定位一般可采用下述方法。

1. 直接测距法

直线桥的墩、台中心都位于桥轴线的方向上。

在河床干涸、浅水或水面较窄的河道，用钢尺可以跨越丈量时，可用直接丈量法。如图 13 - 4 所示，墩、台中心的设计里程及桥轴线起点的里程是已知的，相邻两点的里程相减即可得出它们之间的计算距离，这就是放样所需的测设数据。然后使用检定过的钢尺，考虑尺长、温度、倾斜三项改正，采用精密测设已知水平距离的方法，沿桥轴方向从一端测至另一端，依次测设出各墩台的中心位置，最后与 A、B 控制点闭合，进行检核。经检核合格后，用大木桩加钉小铁钉标定于地上，定出各墩、台中心位置。亦可采用光电测距施放墩、台中心位置，在桥轴线起点或终点架设仪器，并照准另一端点。在桥轴线方向上设置反光镜，并前后移动，直至测出的距离和设计距离相符，则该点即为要测设的墩、台中心位置。

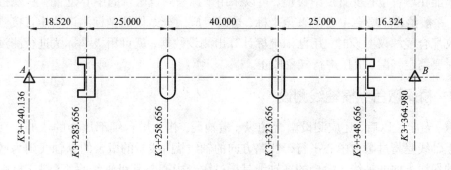

图 13-4　直接测距法（单位：m）

2. 角度交会法

当桥墩所在位置的河水较深，无法直接丈量，且不易安置反射棱镜时，可根据建立的三角网，如图 13-5 所示，在三个三角点上（其中一个为桥轴线控制点）安置经纬仪，进行三个方向交会，定出桥墩中心位置。

如图 13-5 所示，AB 为桥轴线，C、D 为桥梁平面控制网中的控制点，P_i 点为第 i 个桥墩设计的中心位置（待测设的点）。在 A、C、D 三点上各安置一台经纬仪。A 点上的经纬仪照准 B 点，定出桥轴线方向；A、B、C、D、P_i 点的坐标已知，采用坐标反算方法解出 α_{CA}、α_{ci}、α_{DA}、α_{Di}，计算出测设交会角 a、β 角。C、D 两点上的经纬仪均先照准 A 点，分别测设 a、β 角，三个交会方向线均以正倒镜分中法定出。

由于测量误差的影响，从 C、A、D 三站拨角定出的三条方向线不交会于一点而构成误差三角形。若误差三角形在桥轴线方向的边长在容许范围（墩底为 2.5 cm，墩顶为 1.5 cm）内，对于直线桥取交点 P_2 在桥轴线上的投影 P_i 作为桥墩的中心位置。随着桥墩的逐渐筑高，其中心位置的放样需要反复进行，而且必须准确和快速。为此，在第一次求得正确的桥墩中心位置以后，通常将方向线延长到对岸，设立固定标志 C'、D'，如图 13-6 所示。以后每次作方向交会法放样时，不再测设角度，直接照准固定标志即可。

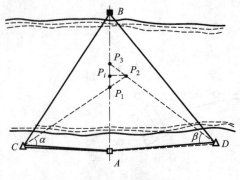

图 13-5　角度交会法

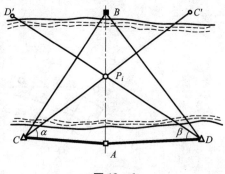

图 13-6

3. 坐标法

如果能在墩台位置安置反射棱镜,可以采用坐标法测设墩台的中心位置。在现行的设计文件中,一般给出了墩台中心的直角坐标,这时可应用全站仪的坐标测设功能直接测设。当用测距仪配合经纬仪测设时,用已知坐标计算出测设数据,就可用极坐标法进行测设。坐标法测设时要测定气温、气压进行气象改正。

13.1.3 桥梁墩台纵横轴线测设

在墩、台定位以后,还应测设墩台的纵、横轴线,作为墩台细部放样的依据。直线桥的墩台的纵轴线是指过墩台中心平行于线路方向的轴线;曲线桥的墩台的纵轴线则为墩台中心处曲线的切线方向的轴线。墩台的横轴线是指过墩台中心与其纵轴线垂直(斜交桥则为与其纵轴线垂直方向成斜交角度)的轴线。

直线桥墩、台的纵轴线与线路中线的方向重合,在墩、台中心架设仪器,自线路中线方向测设90°角,即为横轴线的方向(图13-7)。

在施工过程中,墩台中心的定位桩要被挖掉,但随着工程的进展,又经常需要恢复墩、台中心的位置,因而要在施工范围以外钉设护桩,以恢复墩台中心的位置。护桩是墩、台的纵、横轴线上,两侧钉设的两个木桩,有两个桩点

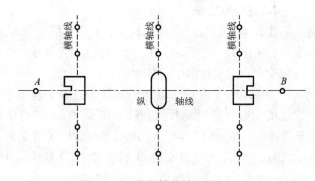

图13-7 墩台轴线控制桩

可恢复轴线的方向。为防破坏,可以多设几个。如果施工期限较长,应加以固桩方法进行保护。位于水中的桥墩,如采用筑岛或围堰施工时,则可把轴线测设于岛上或围堰上。在曲线桥上的护桩纵横交错,使用时极易弄错。所以在桩上一定要注明墩台编号。

在曲线桥上,若墩台中心位于路线中线上,则墩台的纵轴线为墩台中心曲线的切线方向,而横轴与纵轴垂直。如图13-8所示,假定相邻墩、台中心间曲线长度为l,曲线半径为R,则有

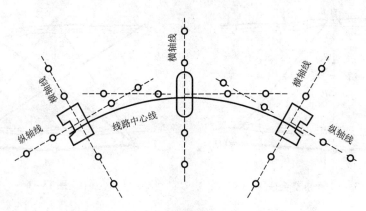

图13-8 曲线墩台轴线控制桩

$$\frac{\alpha}{2}=\frac{180°}{\pi}\times\frac{l}{2R} \qquad (13-1)$$

测设时,在墩台中心安置经纬仪。自相邻的墩台中心方向测设 $\frac{\alpha}{2}$ 角,即得纵轴线方向,自纵轴线方向再测设 90° 角,即得横轴线方向。若墩台中心位于路线中线外侧时,首先按上述方法测设中线上的切线方向和横轴线方向,然后根据设计资料给出的墩台中心外移值将测设的切线方向平移,即得墩台中心纵轴线方向。

13.1.4　墩台施工放样

桥梁墩台主要由基础、墩台身、台帽或盖梁三部分组成,它的细部放样,是在实地标定好的墩位中心和桥墩纵、横轴线的基础上,根据施工的需要,按照施工图自上而下分阶段地将桥墩各部位尺寸放样到施工作业面上。

1. 基础施工放样

桥墩基础最常采用的是明挖基础和桩基础。

明挖基础的构造如图 13-9 所示,它是在墩、台位置处挖出一个基坑,将坑底平整后,再灌注基础和墩身。根据已测设出的墩中心位、纵、横轴线,基坑的长度、宽度及坑壁坡度,测设出基坑的开挖边界线。

边坡桩至墩、台轴线的距离 D 按下式计算

$$D=\frac{b}{2}+l+mh \qquad (13-2)$$

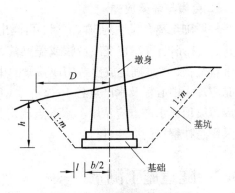

图 13-9　明挖基础基坑放样

式中: b 为基础宽度; l 为预留工作宽度; m 为边坡系数; h 为基底距地表的深度。

桩基础可分为单桩和群桩,单桩的中心位置放样方法同墩台中心定位。群桩的构造如图 13-10(a)所示,它是在基础的下部打入基桩,在桩群的上部灌注承台,使桩和承台连成一体,再在承台上修筑墩身。基桩位置的放样如图 13-10(b)所示,它以墩台纵横轴线为坐标轴,按设计位置用直角坐标法测设逐桩桩位。

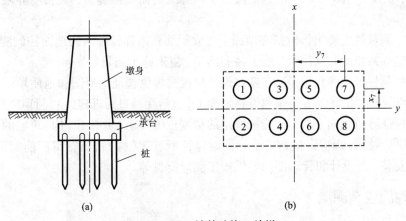

图 13-10　桩基础施工放样

2. 桥墩细部放样

基础完工后，应根据岸上水准基点检查基础顶面的高程。细部放样主要依据桥墩纵横轴线或轴线上的护桩逐层投测桥墩中心和轴线，再根据轴线设立模板，浇灌混凝土。

圆头墩身的放样如图 13 – 11 所示。设墩身某断面长度为 a、宽度为 b、圆头半径为 r，可以墩中心 O 点为准，根据纵横轴线及相关尺

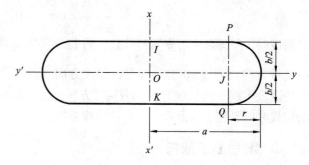

图 13 – 11　圆头墩身的放样

寸，用直角坐标法可放出 I、K、P、Q 点和圆心 J 点。然后以 J 点为圆心，以半径 r 可放出圆弧上各点。同法放样出桥墩的另一端。

3. 台帽与盖梁放样

桥墩砌至离台帽底约 30 cm 时，再测出墩中心及纵、横轴线，据此竖立墩帽模板、安装锚栓孔、安扎钢筋等。在浇注台帽或盖梁前，必须对桥墩的中线、高程、拱座斜面及各部分尺寸进行复核，并准确地放出台帽或盖梁的中心线及拱座预留孔(拱桥)。灌注台帽或盖梁至顶部时应埋入中心标及水准点各 1 ~ 2 个，中心标埋在桥中线上并与墩台中心呈对称位置。台帽或盖梁顶面水准点应从岸上水准点测定其高程，作为安装桥梁上部结构的依据。高程传递可采用悬挂钢尺的办法进行。

13.2　隧道施工测量

13.2.1　隧道测量的内容与作用

隧道是线路工程穿越山体等障碍物的通道，或是为地下工程施工所做的地面与地下联系的通道。按所在平面线形及长度，隧道可分为特长隧道、长隧道和短隧道。如直线形隧道，长度在 3000 m 以上的为特长隧道；长度在 1000 ~ 3000 m 的为长隧道；长度在 500 ~ 1000 m 的为中隧道；长度在 500 m 以下的为短隧道。同等级的曲线形隧道，其长度界限为直线形隧道的一半。

隧道施工测量的主要工作包括在地面上建立平面和高程控制网的地面控制测量、建立地面地下统一坐标系统的联系测量、地下控制测量、隧道施工测量。

所有这些测量工作的作用是：在勘测设计阶段是提供选址地形图和地质填图所需的测绘资料；在定测阶段时是将隧道线路测设在地面上(包括在洞口附近定线和洞顶路线标定)；在施工阶段是保证隧道相向开挖时，能按规定的精度正确贯通，并使建(构)筑物的位置符合规定，不侵入建筑限界，以保证运营安全。同时保证所有建(构)筑物在贯通前能正确地修建、设备的正确安装，为设计和管理部门提供竣工测量资料等。

13.2.2　地面控制测量

地面控制测量包括平面控制测量和高程控制测量。一般要求在每个洞口应测设不少

于 3 个平面控制点和两个高程控制点。直线隧道上，两端洞口应各设一个中线控制桩，以两个控制桩间的连线作为隧道的中线。平面控制应尽可能包括隧道洞口的中线控制点，以利于提高隧道贯通精度。在进行高程控制测量时，要联测各洞口水准点的高程，以便引测进洞，保证隧道在高程方向的正确贯通。

1. 地面平面控制测量

平面控制测量的主要任务是测定各洞口控制点的平面位置，以便根据洞口控制点将设计方向导向地下，指引隧道开挖，并能按规定的精度进行贯通。因此，平面控制网中应包括隧道的洞口控制点。通常，平面控制测量有以下几种方法。

（1）中线法

一般在直线隧道短于 1000 m，曲线隧道短于 500 m 时，可以采用中线法作为控制。中线法简单、直观，但精度不高。

如图 13 – 12 所示，A、D 为两洞口中线控制点，但互不通视。中线法就是在 AD 方向间按一定距离将 B、C 等点在地表面标定出来，作为洞口点 A、D 向洞内引测中线方向时的定向点。

安置经纬仪于 A 点，按 AD 的概略方位角定出 B' 点。然后迁站至 B' 点以正倒镜分中法延长直线定出 C'，按同法逐点延长直线至 D' 点。在延长直线的同时测定 AB'、$B'C'$ 和 $C'D'$ 的距离和 DD' 的长度，可按下式求得 C 点的偏距 CC' 为

$$CC' = \frac{AC'}{AD'}DD' \tag{13 – 3}$$

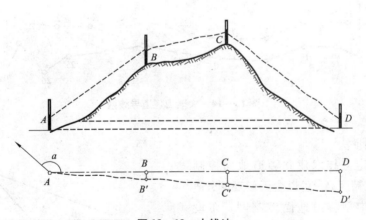

图 13 – 12　中线法

在 C' 点按近似垂直 $C'D'$ 方向量取 CC' 定出 C 点。安置仪器于 C 点，同理延长直线 DC 至 B 点，再从 B 点延长至 A 点，如果不与 A 点重合，则需要进行第二次趋近，直到 B、C 两点确定位于 AD 直线上为止。最后用光电测距仪分段测量 AD 间的距离，其测距相对误差 $K \leq 1/5000$。

若用于曲线隧道，则应首先精确测设出两切线方向，然后精确测出转向角，将切线长度正确地标定在地面上，以切线上的控制点为准，将中线引入洞内。

（2）三角测量法

在隧道较长，且地形复杂的山岭地区，可采用此方法。三角测量控制网形式一般

如图 13-13 所示。三角测量的点位精度比较高，有利于控制隧道贯通的横向误差。隧洞三角网一般布设成沿隧道路线方向延伸的单三角锁，最好尽量沿洞口连线方向布设成直伸型三角锁，以减小边长误差对横向贯通的影响。三角锁必须测量高精度的基线，测角精度要求也较高，一般测角精度为 ±2″，起始边的相对误差不应低于 1/300000。若用高精度的测距仪多测几条基线，则用测角锁计算比较简便。

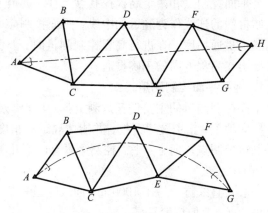

图 13-13　隧道小三角控制网

（3）导线测量法

精密导线法比较灵活、方便，对地形的适应性比较大。

连接两隧道口布设的精密导线应组成多边形闭合环。导线尽量以直伸形式布设，减少转折角的个数，以减弱边长误差和测角误差对隧道横向贯通误差的影响。为了增加校核条件、提高导线测量的精度，应适当增加闭合环个数以减少闭合环中的导线点数。图 13-14 为我国已建成的长达 14.295 km 的大瑶山隧道，其地面控制网就是采用了由 5 个闭合环组成的导线网。

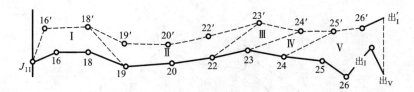

图 13-14　大瑶山隧道导线网

（4）GPS 测量法

利用 GPS 定位技术建立隧道地面控制网，工作量小、精度高、可以全天候观测，适用于建立大、中型隧道地面控制网。布设 GPS 网时，需要布设洞口控制点和定向点，为了施工定向使用要求洞口控制点与定向点间相互通视。但是，不同洞口之间的点不需要通视，与国家控制点或城市控制点之间的联测也不需要通视，因此，控制点的布设灵活方便。对于曲线隧道，还应把曲线上的主要控制点包含在网中。图 13-15 为一 GPS 控制网布网方案，图中两点间连线为独立基线，网中每个点至少有两条独立基线相连，其可靠性较好。

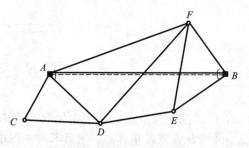

图 13-15　隧道 GPS 控制网方案

2. 地面高程控制测量

高程控制测量的任务是按规定的精度测定洞口附近水准点的高程，作为高程引测进洞的依据。高程控制的二、三等采用水准测量，四、五等可采用水准测量或光电测距仪三角高程的方法。每一洞口埋设的水准点应不少于两个，两个水准点的位置以能安置一次仪器即可联测为宜。水准测量应选择连接洞口最平坦和最短的线路，以期达到设站少、观测快、精度高的要求。

高程控制测量的精度，一般参照表 13 - 2。

表 13 - 2　等级水准测量的路线长度和仪器精度

测量部位	测量等级	每公里高差中数的偶然中误差 /mm	两开挖洞口间的水准路线长度 /km	仪器等级		水准尺类型
				水准仪	测距仪	
洞外	二	≤1.0	>36	$S_{0.5}$、S_1		线条式因瓦水准尺
	三	≤3.0	13 ~ 36	S_1		线条式因瓦水准尺
				S_3		区格式水准尺
	四	≤5.0	5 ~ 13	S_3	Ⅰ、Ⅱ	区格式水准尺
	五	≤7.5	<5	S_3	Ⅰ、Ⅱ	区格式水准尺
洞内	二	≤1.0	>32	S_1		线条式因瓦水准尺
	三	≤3.0	11 ~ 32	S_3		区格式水准尺
	四	≤5.0	5 ~ 11	S_3	Ⅰ、Ⅱ	区格式水准尺
	五	≤7.5	<5	S_3	Ⅰ、Ⅱ	区格式水准尺

13.2.3　地下控制测量

隧道地下平面控制一般采用导线测量，其目的是以规定的精度建立与地面控制测量统一的地下坐标系统，根据地下导线点坐标，放样出隧道中线及其衬砌的位置，指导隧道开挖的方向，保证隧道贯通符合设计和规范要求。

1. 地下导线布设

地下导线的起始点通常设在由地面控制测量测定隧道洞口的控制点上，其特点是：它为随隧道开挖进程向前延伸的支导线，沿坑道内敷设导线点选择余地小。

为了控制贯通误差，要先敷设精度较低的施工导线，再敷设精度较高的基本控制导线，做到逐级控制和检核。施工导线随着开挖面逐渐推进布设，通过这种方式放样指导开挖，边长一般为 25 ~ 50 m。

对于长隧道，为了检查隧道方向是否与设计相符合，当隧道掘进一段后，选择部分施工导线点布设边长一般为 50 ~ 100 m、精度较高的基本导线，以检查开挖方向的精度。对于特长隧道掘进大于 2 km 时，可选部分基本导线点敷设主要导线，其边长一般为 150 ~ 300 m，用测距仪测边，并加测陀螺边以提高方位的精度。在布设导线的时候需要考虑点位、精度和贯通精度要求。地下控制导线布设方案如图 13 - 16 所示，其中 A、B、C、…为主导线，a、b、c、…为基本导线，1、2、3、…为施工导线。隧道施工中，导线点大多埋设在洞顶板，测角、量距与地面大不相同。

　　因为地下导线布设成支导线，而且测量过程中测一个新点后，中间会间断一段时间，所以在继续向前测量时，需要对原测点进行检测。如果是在直线隧道中，则只进行角度检核；假如在曲线隧道中，就还需要进行边长的检核。在条件允许时，尽量构成闭合导线。

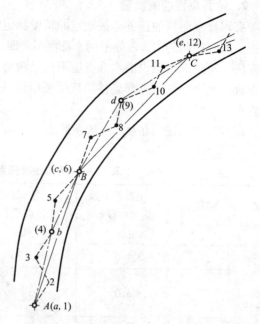

图 13 - 16　隧道地下平面控制网

2. 地下导线测量的外业

　　导线点要选在坚固的地板或顶板上，应便于观测和安置仪器、通视较好，边长大致相等，且不小于 20 m。测角一般采用测回法，观测时要严格进行对中，瞄准目标或垂球线上的标志。如果导线点在洞顶，则要求经纬仪具有向上对中功能。量边以相应要求进行悬空丈量。若用光电测距量边长，既方便又快速。

3. 地下导线测量的内业

　　地下导线测量的内业计算与地面相同。只是因为地下导线是随着隧道掘进而逐步敷设的，所以在贯通前难以闭合，也难以附合到已知点上，它就是一种支导线的形式。因此，根据误差分析可知，测角误差对导线点位的影响，随测站数的增加而增大，故应尽量减少测站数；量边的系统误差对隧道纵向误差影响较大，测角误差对隧道横向误差影响较大。

4. 地下高程控制测量

　　当隧道坡度小于 8°时，多采用水准测量比较方便；当坡度大于 8°可采用三角高程测量。地下水准路线可利用地下导线点作为水准点，水准点可埋设在顶板、底板或边墙上，力求稳固和便于观测。在隧道贯通之前，地下水准路线为水准支线，因而需用往返观测进行检核。若有条件尽量闭合或附合。测量方法与地面基本相同。

13.2.4　竖井联系测量

　　在隧道工程建设、矿井建设和地下工程建设中，为了保证各向开挖面能正确贯通，必须将地面控制网中的坐标、方向及高程，经由竖井传递到地下，这些传递工作称为竖井联系测量。其中坐标和方向的传递称为竖井定向测量。定向方法有：一井、两井、平(斜)峒定向和陀螺经纬仪定向。这里主要介绍一井定向。

1. 竖井定向测量

　　如图 13 - 17 所示，一井定向是在井筒内挂两条吊垂线，在地面根据近井控制点测定两吊垂线的坐标 x、y 及其连线的方位角。在井下，根据投影点的坐标及其连线的方位角，确定地下导线点的起算坐标及方位角。一井定向分为投点和连接测量。

　　(1)投点

通常采用单荷重稳定投点法。吊垂重量与钢丝直径随井深而异（如井深为 100 m 时，吊垂重 60 kg，钢丝直径 0.7 mm）。投点时，先在钢丝上挂一个较轻的垂球用绞车将钢丝导入竖井中，然后在井底换上作业重锤，并将它放入油桶中，使其稳定。由于井筒内气流影响，致使重锤线发生偏移或摆动，当摆幅 < 0.4 mm 时，即认为是稳定的。

（2）连接测量

如图 13 - 17 所示，A、B 为井中悬挂的两极重锤线，C、C_1 为井上、井下定向连接点，从而形成了以 AB 为公共边的两个联系三角形 ABC 与 $A_1B_1C_1$。D 点坐标和方位角 α_{DE} 为已知。经纬仪安置在 C 点较精确地观测连接角 ω、φ 和三角形 ABC 的内角 γ，用钢尺准确丈量 a、b、c，用正弦定律计算 α、β，根据 C 点坐标和 CD 方位角算得 A、B 的坐标和 AB 方位角。在井下经纬仪安置于 C_1 点，较精确地测量连接角 ω_1、φ_1 和井下三角形 ABC_1 内角 γ_1，丈量边长 a_1、b_1、c_1，按正弦定理可求得 α_1、β_1。在井下根据 B 点坐标和 AB 方位角便可推算 C_1、D_1 点的坐标及 D_1、E_1 的方位角。

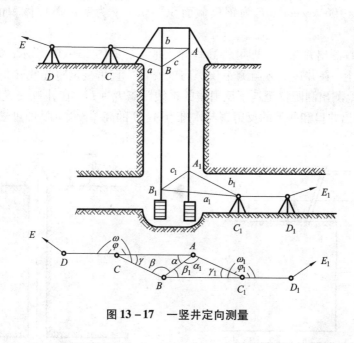

图 13 - 17　一竖井定向测量

为了提高定向精度，在点的设置和观测时，两重锤之间距离尽可能大；两重锤连线所对的 γ、γ_1 应尽可能小，最大应不超过 3°，a/c、a_1/c_1 的比值不超过 1.5；丈量 a、b、c 时，应用检定过的钢尺，施加标准拉力，在垂线稳定时丈量 6 次，读数估读 0.5 mm，每次较差不应大于 2 mm，取平均值作为最后结果。水平角用 DJ_2 经纬仪观测 3 ~ 4 个测回。

2. 竖井高程传递

通过竖井传递高程（也称导入高程）的目的是将地面上水准点的高程传递到井下水准点上，建立井下高程控制，使地面和井下纳入统一的高程系统。

在传递高程之前，必须对地面上起始水准点的高程进行复核。

在传递高程时，应同时用两台水准仪，两根水准尺和一把钢尺进行观测，其布置如图 13 - 18 所示。将钢尺悬挂在架子上，其零端放入竖井中，并在该端挂一重锤（一般为 10 kg）。一台水准仪安置在地面上，另一台水准仪安置在隧道中。地面上水准仪在起始水准点

A 的水准尺上读取数 a，而在钢尺上读取数 a_1；地下水准仪在钢尺上读取数 b_1，在水准点 B 的水准尺上读取读数 b。a_1 及 b_1 必须在同一时刻观测，而观测时应量取地面及地下的温度。

在计算时，对钢尺要加入尺长、温度、垂直和自重四项改正。用钢尺垂直悬挂传递高程的状态和检定钢尺时钢尺时不同，所以需要加入垂曲改正和由于钢尺自重而产生的伸长改正值。

这时地下水准点 B 的高程可用下列公式计算

$$H_B = H_A + a - [(a_1 - b_1) + \Delta l_t + \Delta l_d + \Delta l_c + \Delta l_s] - b \qquad (13-4)$$

式中：Δl_t 为温度改正数；Δl_d 为尺长改正数；Δl_c 为垂曲改正数；Δl_s 为钢尺自重伸长值。

Δl_c、Δl_s 按下式计算

$$\Delta l_c = \frac{l(P - P_0)}{EF} \qquad\qquad \Delta l_s = \frac{\gamma l^2}{2E}$$

式中：$l = a_1 - b_1$；P 为重锤重量，kg；P_0 为钢尺检定时的标准拉力，N；E 为钢尺的材料弹性模量，一般为 2×10^6 kg/cm^2；F 为钢尺截面积，cm^2；γ 为钢尺单位体积的质量，一般取为 7.85 g/cm^3。

用光电测距仪测出井深 L_1，即可将高程导入地下。如图 13-19 所示，将测距仪安置在井口一侧的地面上，在井口上方与测距仪等高处安置一直角棱镜将光线转折 90°，发射到井下平放的反射镜，测出测距仪至地下反射镜的折线距离 $L_1 + L_2$；在井口安置反射镜，测出距离 L_2。再分别测出井口和井下的反射镜与水准点 A、B 的高差 h_1、h_2，即可求得 B 点的高程。

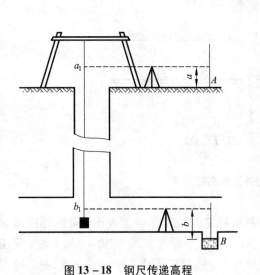

图 13-18 钢尺传递高程   图 13-19 测距仪传递高程

13.2.5 隧道掘进中的测量工作

1. 隧洞中线的测设

由洞口控制点 A（或 H）的坐标和与其他控制点连线（如 C、F）的方向，反算得到隧道开挖方向的进洞数据 β_1 或 β_2。把经纬仪置于 A（或 H），测设 β_1 或 β_2，即可标定出进洞的中线方向，并把该方向标定在地面上，同时过 A（或 H）点在中线及垂直方向埋设护桩，以便施工

中检查和恢复洞口点位置。

隧道施工时通常用中线确定掘进方向。先用经纬仪根据洞内已敷设的导线点设置中线点。如图 13 – 20 所示，P_3、P_4 为已敷设导线点，i 为待定中线点，已知 P_3、P_4 的实测坐标、i 点的设计坐标和隧道中线的设计方位角，即可推算出放样中线点所需的数据 β_4、β_i 和 L_i。置经纬仪于 P_4 点，测设 β_4 角和 L_i，便可标定 i。在 P_i 点埋设标志并安置仪器，后视 P_4 点，拨角 β_i 角即得中线方向。随着开挖面向前推进，便需要将中线点向前延伸，埋设新的中线点，如图中 $i+1$ 点。由此构成施工控制点，各施工控制点间的距离不宜超过 50 m。

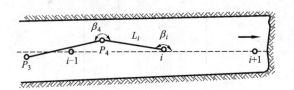

图 13 – 20 隧道中线测设图

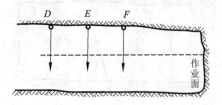

图 13 – 21 串线法定中线

为了施工方便快速地进行，操作时是在近工作面处采用串线法指导开挖方向。先用正倒镜分中法延长直线在洞顶设置三个临时中线点，点间距保证不小于 5 m，如图 13 – 21 所示。定向时，一人在 E 点指挥另一人在作业面上用红油漆标出中线位置。因用肉眼定向，E 点到作业面的距离不宜超过 30 m。随着开挖面的不断向前推进，地下导线应按前述方法进行检查、复核，不时正开挖方向。

2. 隧洞高程和坡度的测设

水准测量常用倒尺法传递高程，如图 13 – 22 所示。高差计算仍为 $h_{AB} = a - b$，但倒尺读数应作为负值参与计算。

在隧道施工中，为了控制施工的标高和隧道横断面的放样，在隧道岩壁上，每隔一定距离（5 ~ 10 m）测设出比洞底设计地坪高出 1 m 的标高线，称为腰线。腰线的高程由引入洞内的施工水准点进行测没。腰线点设置一般采用视线高法。如图 13 – 23 所示，水准仪后视水准点 P_5，读取后视读数 a，得仪器高。根据腰线点 A、B 的设计高程，可分别求出 A、B 点与视线间的高差 Δh_1、Δh_2，据此可在边墙上定出 A、B 两点。A、B 两点的连线即为腰线。

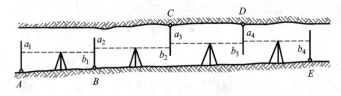

图 13 – 22 地下高程测设

3. 开挖断面的测设

隧洞断面的形式如图 13 – 24 所示，设计图纸上给出断面宽度 B、拱高 f、拱弧半径 R 以及设计起拱线的高度 H 等数据。在进行开挖断面的测设时，第一步采用串线法（或在中线桩上安置经纬仪），在工作面上定出断面中垂线，同时根据腰线定出起拱线位置。第二步根据设计图纸，采用支距法测设断面轮廓。测量时是按中线和外拱顶高程，从上至下每 0.5 m（拱部和曲墙)和 1.0 m(直墙)分别向左、右量测支距。量支距时,应考虑曲线隧道中心与线路中心的偏移值和施工预留宽度。

特别强调,为了保证施工安全,在隧道掘进过程中,还应设置变形观测点,以便监测围岩的位移变化。腰桩、洞壁和洞顶的水准点可作为变形观测点。

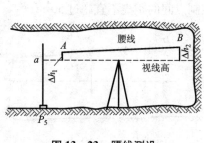

图 13-23   腰线测设

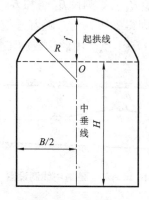

图 13-24   隧洞断面测设

思 考 题

1. 桥梁测量的主要任务有哪些? 桥梁施工测量主要内容是什么?

2. 什么是桥轴线? 它的需要精度是怎样确定的?

3. 桥梁平面控制测量可采用哪些方法? 选点布设控制网时应满足哪些要求?

4. 桥梁平面控制网的坐标系是怎样建立的? 为什么要建立这样的坐标系?

5. 桥梁高程控制测量主要采用哪些方法?

6. 采用方向交会法放样桥梁墩、台中心时,对于直线桥和曲线桥是如何确定桥梁墩、台中心位置的?

7. 怎样确定曲线桥墩、台的纵、横轴线? 为什么在设立护桩时每侧不少于两个?

8. 隧道测量的主要任务有哪些? 隧道控制网有何特点? 为什么要进行隧道洞外、洞内施工测量?

习 题

1. 如图 13-31 所示,在控制点 A、C、D 处安置仪器交会墩中心 E,已知控制点及墩中心的坐标为: $x_C = 1212.45$, $y_C = -234.72$, $x_A = 1238.96$, $y_A = 0$, $x_D = 1207.63$, $y_D = 243.83$, $x_E = 1492.78$, $y_E = 0$。试计算放样时在 C、D 的测设角 α 和 β。

2. 如图 13-32,A、C 投点在线路中线上,各导线点的坐标值为 A:(0, 0),B:(238.820, -42.376),C(1730.018 0),D(1876.596, 0.007),问仪器安置在 A、C 时如何引测进洞?

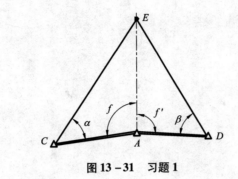

图 13 – 31　习题 1

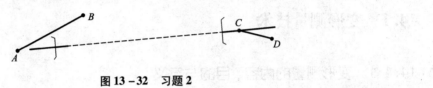

图 13 – 32　习题 2

第 14 章

变 形 测 量

14.1   变形测量技术

14.1.1   变形测量的内容、目的与意义

随着国民经济及社会的快速发展，我国城市化进程越来越快，大型及超大型建筑越来越多，城市建筑向高空和地下两个空间方向拓展，往往要在狭窄的场地上进行深基坑的垂直开挖。在开挖过程中，周围高大建(构)筑物以及深基坑土体自身的重力作用，使得土体自身及其支护结构失稳、裂变、坍塌等变形，这种变形在一定限度之内，应认为是正常的现象，但如果超过了规定的限度，就会影响建(构)筑物的正常使用，严重时还会危及建(构)筑物的安全。因此，在工程建(构)筑物的施工和运营期间，必须对它们进行变形观测。

变形测量就是对建(构)筑物(建(构)筑物)及其地基或一定范围内岩体和土体的变形(包括水平位移、沉降、倾斜、挠度、裂变等)所进行的测量工作。深基坑施工中，变形测量的内容主要包括：支护结构顶部的水平位移监测；支护结构沉降监测；支护结构倾斜观测；邻近建(构)筑物、道路、地下管网设施的沉降、倾斜、裂缝监测。在建(构)筑物主体结构施工中，变形测量的主要内容是建(构)筑物的沉降、倾斜、挠度和裂缝观测。

变形观测的主要目的是监视建(构)筑物的安全以防止事故发生，同时了解其变形的规律，为工程建(构)筑物的设计、施工、管理和科学研究提供资料。变形测量的任务是周期性对观测点进行重复观测，以求得其在两个周期间的变化量。若为了求得瞬时变形，则应采用各种自动记录仪器记录其瞬时位置。

变形测量的意义是通过对变形体的动态监测，获得精确的观测数据，并对监测数据进行综合分析，及时对基坑或建(构)筑物施工过程中的异常变形可能造成的危害作出预报，以便采取必要的技术措施，避免造成严重后果，这就需要采取支护结构对基坑边坡土体加以支护，了解变形的机理对下一阶段的设计和施工具有指导意义。

14.1.2   变形测量方法

1. 常规测量法

常规测量法包括精密水准测量、三角高程测量、三角(边)测量、导线测量、交会法测量等。测量仪器主要有经纬仪(光学、电子)、水准仪(光学、电子)、电磁波测距仪以及全站仪

等。这类方法的测量精度高、应用灵活，适用于不同变形体和不同的工作环境。

2. 摄影测量方法

摄影测量法不需接触被监测的工程建(构)筑物，摄影影像的信息量大，利用率高。外业工作量小，观测时间短，可获取快速变形过程，可同时确定工程建(构)筑物上任意点的变形。数字摄影测量和实时摄影测量为该技术在变形观测中的应用开拓了更好的前景。

3. 专门测量方法

专门测量方法包括各种准直测量法(如激光准直仪)、挠度曲线测量法(测斜仪观测)、液体静力水准测量法和微距离精密测量法(如因瓦线尺测距仪)等。这些方法可实现连续自动监测和遥测，且相对精度高，但测量范围不大，提供局部变形信息。

4. 空间测量技术

空间测量技术包括长基线干涉测量(VLBI)、卫星测高、全球定位系统(GPS)等。空间测量技术先进，可以提供大范围的变形信息，是研究地球板块运动和地壳形变等全球性变形的主要手段。全球定位系统(GPS)已成功应用于山体滑坡监测，高精度 GPS 实时动态监测系统实现了对大坝全天候、高频率、高精度和自动化的变形监测。

14.1.3　变形测量技术及其发展

目前，变形观测的技术和方法正在由传统的单一观测模式向点、线、面立体交叉的空间模式发展。在工程建(构)筑物上布置变形观测点，在变形区影响范围之外的稳定地点设置固定观测站，用高精度测量仪器定期观测变形区内网点的三维位移变化成为一种行之有效的外部监测方法。

由于在进行变形监测过程中一般不允许监测系统中断监测，所以就需要监测系统能精确、安全、可靠、长期而又实时地采集数据，而传统的设备难以满足要求。因此，科研人员在现有自动化监测技术的基础上，有针对性地研发精度高、稳定性好的自动化监测仪器和设备。这方面成果有：自动化监测技术、光纤传感检测技术、CT 技术的应用、GPS 在变形监测中应用、激光技术的应用、测量机器人技术、渗流热监测技术、安全监控专家系统。

14.2　变形测量方案

14.2.1　变形测量内容

变形测量的内容是要依据变形体的性质与地基情况而定的。既要有针对性，又要有重点，要全面考虑，这样才能正确反映出变形体的变化情况，监视变形体的安全和掌握了解其变形规律。

变形规律如下所述：

①工业与民用建(构)筑物主要观测内容是水平位移和垂直位移。主要包括基础的沉陷观测与建(构)筑物本身的变形观测。就其基础而言，主要观测内容是建(构)筑物的均匀沉陷与不均匀沉陷。对于建(构)筑物本身来说，则主要是观测倾斜与裂缝。

②水工建(构)筑物的观测项目主要为水平位移、垂直位移、渗透以及裂缝观测。以混凝土重力坝为例，由于外界环境等因素的作用，其主要观测项目主要为垂直位移、水平位移以

及伸缩缝的观测，这些内容通常称为外部变形观测。

③对于建立在冲积层上的城市，由于地下水过度开采，而影响地下土层的结构，将使地面发生沉降现象。对于地下采矿地区，由于在地下大量的采掘，同样会使地表发生沉降现象。会危及周围建(构)筑物和环境的安全。因此，必须定期地进行观测，掌握其沉降与回升的规律，采取防护措施。对于此类地区主要应进行地表沉降观测。

14.2.2 测量方法、仪器和监测精度

1. 垂直位移观测

建(构)筑物受地下水位升降、荷载的作用及地震等的影响，会使其产生位移。一般说来，在没有其他外力作用时，多数呈现下沉现象，对它的观测称沉降观测。

在建(构)筑物施工开挖基槽以后，深部地层由于荷载减轻而升高，这种现象称为回弹，对它的观测称为回弹观测。

沉降观测就是测定建(构)筑物上所设观测点相对于基准点(水准点)在垂直方向(高程)上随时间的变化量。通常采用精密水准测量或液体静力水准测量的方法进行。由水准基点组成的水准网称为垂直位移监测网，它可布设成闭合环、结点或附合水准路线等形式，其精度等级及主要技术要求见表 14-1。

沉降观测应先根据建(构)筑物的特征、变形速率、观测精度和工程地质条件等因素综合考虑，确定沉降观测的周期，并根据沉降量的变化情况适当调整。深基坑开挖时，锁口梁会产生较大的水平位移，沉降观测周期应较短，一般每隔 1~2 天观测一次；浇筑地下室底层后，可每隔 3~4 天观测一次，直至支护结构变形稳定。当出现暴雨、管涌、变形急剧增大的情况时，要增加观测次数。

如果设置有工作基点，则每年应进行 1~2 次与水准基点的联测，以检查工作基点是否发生变动。联测工作应尽可能选择固定的月份，即保证外界条件基本相同，以减少外界条件变化对成果的影响。

表 14-1 垂直位移监测网的主要技术要求

等级	相邻基准点高差中误差 /mm	每站高差中误差 /mm	往返较差、附合或环线闭合差/mm	检测已测高差较差 /mm	使用仪器、观测方法及要求
一等	±0.3	±0.07	$0.15\sqrt{n}$	$0.2\sqrt{n}$	$DS_{0.5}$ 型仪器，视线长度≤15 m，前后视距差≤0.3 m，视距累积差≤1.5 m 宜按国家一等水准测量的技术要求施测
二等	±0.5	±0.13	$0.30\sqrt{n}$	$0.5\sqrt{n}$	$DS_{0.5}$ 型仪器，宜按国家一等水准测量的技术要求施测
三等	±1.0	±0.30	$0.60\sqrt{n}$	$0.8\sqrt{n}$	$DS_{0.5}$ 或 DS_1 型仪器，宜按测规二等水准测量的技术要求施测
四等	±2.0	±0.70	$1.40\sqrt{n}$	$2.0\sqrt{n}$	DS_1 或 DS_3 型仪器，宜按测规三等水准测量的技术要求施测

注：n 为测段的测站数

变形点垂直位移观测的方法有多种,常用的是水准测量、精密三角高程测量。水准观测的精度等级和主要技术要求见表 14-2。采用精密三角高程测量时,也应达到同等精度。

由于变形观测是多周期的重复观测,且精度要求较高,因此,应固定测量人员、仪器设备,设置固定的测站与转点,以减小测量误差。

表 14-2　变形点垂直位移观测的精度要求和观测方法

等级	高程中误差/mm	相邻点高差中误差/mm	观测方法	往返较差、附合或环线闭合差/mm
一等	±0.3	±0.15	除按国家一等水准测量的技术要求施测外,尚需设双转点,视线≤15 m 前后视视距差≤0.3 m,视距累积差≤1.5 m	$\leqslant 0.15\sqrt{n}$
二等	±0.5	±0.30	按国家一等水准测量的技术要求施测	$\leqslant 0.30\sqrt{n}$
三等	±1.0	±0.50	按测规二等水准测量的技术要求施测	$\leqslant 0.60\sqrt{n}$
四等	±2.0	±1.00	按测规三等水准测量的技术要求施测	$\leqslant 1.40\sqrt{n}$

注: n 为测站数

2. 水平位移观测

水平位移观测的依据是水平位移监测网,也称平面控制网。根据建(构)筑物的结构形式、已有设备和具体条件,可采用三角网、导线网、边角网、三边网、GPS 网和视准线等形式。在采用视准线时,为能发现端点是否产生位移,还应在两端分别建立检核点。

监测网的精度,应能满足变形点观测精度的要求。在设计监测网时,要根据变形点的观测精度,预估对监测网的精度要求,并选择适宜的观测等级和方法。水平位移监测网的等级和主要技术要求见表 14-3。

表 14-3　水平位移监测网的主要技术要求

等级	相邻基准点的点位中误差/mm	平均边长/m	测角中误差/(″)	最弱边相对中误差	作业要求
一等	1.5	<300	±0.7	≤1/250000	按国家一等三角要求施测
		<150	±1.0	≤1/120000	按测规二等三角要求施测
二等	3.0	<300	±1.0	≤1/120000	按测规二等三角要求施测
		<150	±1.8	≤1/70000	按测规三等三角要求施测
三等	6.0	<350	±1.8	≤1/70000	按测规三等三角要求施测
		<200	±2.5	≤1/40000	按测规四等三角要求施测
四等	12.0	<400	±2.5	≤1/40000	按测规四等三角要求施测

根据场地条件,可采用基准线法、小角法、全站仪坐标法等测量水平位移。

（1）基准线法

基准线法的基本原理是以通过建筑线或平行于建（构）筑物轴线的竖直平面为基准面，在不同时期分别测定大致位于轴线上的观测点相对于此基准面的偏离值。比较同一点在不同时期的偏离值，即可求出观测点在垂直于轴线方向的水平位移。基准线法适用于直线型建（构）筑物。

在深基坑监测中，主要是对锁口梁的水平位移进行监测。如图 14 - 1 所示，在锁口梁轴线两端基坑的外侧分别设立两个稳定的工作基点 A 和 B，两个工作基点的连线即为基准线方向。锁口梁上的观测点应埋设在基准线的铅垂面上，偏离的距离应小于 2 cm。观测点标志可埋设直径 16 ~ 18 mm 的钢筋头，顶部锉平后，做出"＋"字标志，一般每 8 ~ 10 m 设置一点。观测时，将经纬仪安置于一端工作基点 A 上，瞄准另一端工作基点 B（后视点），此视线方向即为基准线方向，通过测量观测点 P 偏离视线的距离变化，即可得到水平位移。

（2）小角法

测小角法的基本原理如图 14 - 2 所示，AB 为基准线，在工作基点 A 点上安置仪器，在工作基点 B 及观测点 P_i 上设立觇标，用精密经纬仪（如 DJ1 级）测出小角 α_i，则 P_i 点相对于基准线的偏离值（水平位移）λ_i 按下式计算

$$\lambda_i = \frac{\alpha_i}{\rho} \cdot S_i \tag{14 - 1}$$

式中：S_i 为基线端点 A 到观测点 P_i 的距离；$\rho = 206265''$。

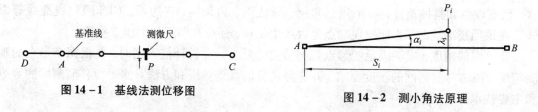

图 14 - 1　基线法测位移图　　　　　　　图 14 - 2　测小角法原理

观测周期视水平位移的大小而定，位移速度较快时，周期应短；位移速度减慢时，周期相应增长；当出现险情如位移急剧增大，出现管涌或渗漏，割去支护对撑或斜撑等情况时，可进行间隔数小时的连续观测。

当工程场地受地环境限制时，不能采用小角法和基准线法，可用其他类似控制测量的方法测定水平位移。首先在场地上建立水平位移监测控制网，然后用控制测量的方法测出各测点的坐标，将每次测出的坐标值与前一次坐标值进行比较，即可得到水平位移在 x 轴和 y 轴方向的位移分量（Δx，Δy），则水平位移量为 $\delta = \sqrt{\Delta x^2 + \Delta y^2}$，位移的方向根据 Δx、Δy 求出的坐标方位角来确定。x、y 轴最好与建（构）筑物轴线垂直或平行，这样便于以 Δx，Δy 来判定位移方向。

当需要动态监测建（构）筑物的水平位移时，可用 GPS 卫星来进行定位测量观测点位坐标的变化情况，从而得到水平位移。另外还有最新研制成功的全站式扫描测量仪，对建（构）筑物进行全方位扫描之后，就可以获得建（构）筑物的空间位置分布情况，并生成三维景观图。将不同时刻的建（构）筑物三维景观图进行对比，即可得到建（构）筑物全息变形值。

3. 倾斜观测

如图 14 - 3 所示，根据建(构)筑物的设计，M 点与 N 点位于同一铅垂线上。当建(构)筑物因不均匀沉陷而倾斜时，M 点相对于 N 点移动了一段距离 D，即位于 M' 上。这时建(构)筑物的倾斜度为

$$i = \tan\alpha = \frac{D}{H} \qquad\qquad (14-2)$$

式中：H 为建(构)筑物的高度。由式(14-2)可知，倾斜观测已转化为平距 D 和高度 H 的观测。然后运用前面章节的知识，直接测量 D 和 H。

很多时候，直接测量 D 和 H 是困难的，可采用间接测量的方式。如图 14 - 4 所示，在建(构)筑物顶部设置观测点 M，在离建(构)筑物大于高度 H 的 A 点安置经纬仪，用正、倒镜法将 M 点向下投影，得 N 点并作出标志。当建(构)筑物发生倾斜时，顶角 P 点偏到了 P' 点的位置，M 点也向同一方向偏到了 M' 点位置，这时，经纬仪安置在 A 点将 M' 点向下投影得到 N' 点，N' 与 N 不重合，两点间的水平距离为 D 表示建(构)筑物在水平方向产生的倾斜量。

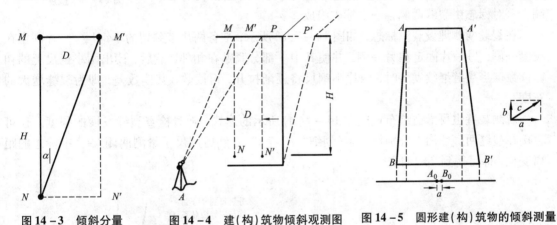

图 14 - 3 倾斜分量　　图 14 - 4 建(构)筑物倾斜观测图　　图 14 - 5 圆形建(构)筑物的倾斜测量

测定圆形建(构)筑物如烟囱、水塔等的倾斜度时，首先要在互相垂直的两个方向上测定顶部中心对底部中心的偏移值。如图 14 - 5 所示，先在烟囱底部横放一标尺，安置经纬仪使视线方向与标尺垂直。用经纬仪把顶部边缘两点 A、A' 投到标尺上，得顶部中心位置 A_0，再把底部边缘两点 B、B' 投到标尺上，得底部中心位置 B_0。B_0 与 A_0 之间的距离 a 就是烟囱在 AA' 方向上顶部中心偏离底部中心的距离。同法又可测得烟囱在与 AA' 垂直方向上的偏心距 b。则总偏心距 $c = \sqrt{a^2 + b^2}$。烟囱的倾斜度仍按式(14-2)计算。

4. 挠度与裂缝观测

在建(构)筑物的垂直面内各不同高程点相对于底点的水平位移称为挠度，如图 14 - 6 所示。对于高层建(构)筑物，由于它们相当高，故在较小的面积上有很大的集中荷载，从而导致基础与建(构)筑物的沉陷，其中不均匀沉陷将导致建(构)筑物倾斜，局部构件产生弯曲和引起裂缝。这种倾斜和弯曲又将导致建(构)筑物的挠曲，对于塔式建(构)筑物，在风力和温度的作用下，其挠曲会来回摆动，从而就需要对建(构)筑物进行动态观测。建(构)筑物的挠度不应超过设计允许值，否则会危及建(构)筑物的安全。

挠度观测的方法可用水准测量，如果由于结构或其他原因，无法采用水准测量时，也可

采用光电测距三角高程测量的方法。

当要对建(构)筑物进行动态连续测量时,需要专用的光电观测系统,如电子测斜仪。这种方法从原理上来看与激光准直仪相类似,只不过在方向上旋转了90°。

当基础挠度过大时,建(构)筑物可能出现剪切破坏而产生裂缝。建(构)筑物出现裂缝时,除了要增加沉降观测、位移观测外,还应立即进行裂缝观测,以掌握裂缝发展情况。

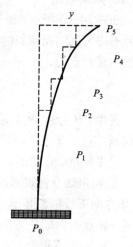

图 14 – 6   挠度

建(构)筑物出现裂缝,应立即进行全面检查,对变化大的裂缝应进行观测。画出裂缝分布图,对裂缝进行编号,观测每一裂缝的位置、走向、长度、宽度、深度及其变化程度。

裂缝观测标志应根据裂缝重要性及观测期长短安置不同类型的标志,观测标志应具有可供量测的明晰端面或中心。每条裂缝至少布设两对标志,一对设在裂缝最宽处,另一对设在裂缝末端。每对标志由裂缝两侧各一个标志组成。

在裂缝两侧埋设观测标志,如图 14 – 7(a)所示,准备两片带刻划的小钢尺,一片固定在裂缝一侧,另一片固定在另一侧,并使其中一部分紧贴在相邻,然后,读出两小钢尺上的初始读数。当裂缝继续发展时,两片小钢尺将逐渐拉开,再读数,其读数差,即为裂缝增大的宽度。

观测装置也可沿裂缝布置成图 14 – 7(b)所示的形式,随时检查裂缝发展的程度。还可直接在裂缝两侧墙面上分别作标志(划细"+"字线),然后用尺子量测两侧"+"字标志的距离变化,即可得到裂缝的变化。

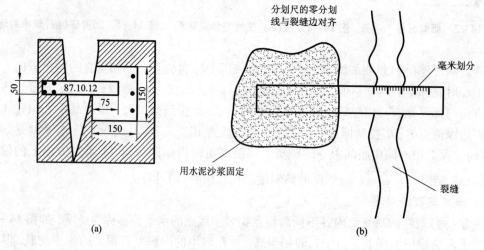

(a)   (b)

图 14 – 7   裂缝观测

14.2.3   测量部位和测点布置

变形是指观测点相对于稳定点的空间位置的变化。所以,无论是水平位移的观测还是垂直位移的观测,都要以稳固的点作为基准点,以求得变形点相对于基准点的位置变化。基准点的选定取决于工程的特点、观测的目的和变形观测的方法。

点的位置的数量应根据地质情况、支护结构形式、基坑周围环境和建(构)筑物荷载等情况而定。通常由设计部门提出要求,具体位置由测量工程师和结构工程师共同确定。点位埋设合理,就可全面、准确地反映变形体的沉降情况。

对于用作水平位移观测的基准点,大多构成三角网、导线网或方向线等平面控制网;对于用作垂直位移观测的基准点,则需构成水准网。由于对基准点的要求主要是稳固,所以都要选在变形区域以外,且地质条件稳定,附近没有震动源的地方。对于一些特大工程,如大型水坝等,基准点距变形点较远,无法根据这些点直接对变形点进行观测,所以还要在变形点附近相对稳定的地方,设立一些可以利用来直接对变形点进行观测的点作为过渡点,这些点称为工作基点。工作基点由于离变形体较近,可能也有变形,因而也要周期性地进行观测。

深基坑支护的沉降观测点应埋设在锁口梁上,一般20 m左右埋设一点,在支护结构的阳角处和原有建(构)筑物离基坑很近处加密设置观测点。

建(构)筑物上的观测点可设在建(构)筑物四角,或沿外墙间隔10～15 m布设,或在柱上布点,每隔2～3根柱设一点。烟囱、水塔、电视塔、工业高炉、大型储藏罐等高耸建(构)筑物可在基础轴线对称部位设点,每一建(构)筑物不得少于4点。

此外,在建(构)筑物不同的分界处,人工地基和天然地基的接壤处,裂缝或沉降缝、伸缩缝两侧,新旧建(构)筑物或高低建(构)筑物的交接处以及大型设备基础等处也应设立观测点,即在变形大小、变形速率和变形原因不一致的地方设立观测点。

14.2.4　变形测量频率

要使得工程建(构)筑物的变形观测达到预定目的,需要考虑很多因素的影响,其中,最基本的因素有观测点的布置、观测的精度和频率,以及每次观测所进行的时间。

观测频率决定于荷载的变化、变形值的大小、变形速度和观测的目的。通常要求观测的次数能反映变化的过程。例如,高层建筑在施工过程中的变形观测,通常楼层加高1～2层即应观测一次;大坝的变形观测,即随着水位的高低确定观测周期;对于已经建成的建(构)筑物,在建成初期,因为变形值大,观测的频率宜高,如果变形逐步趋于稳定,则周期逐渐加长,直至完全稳定,即可停止观测;对于濒临破坏的建(构)筑物,或者是即将产生滑坡、崩塌的地面,其变形速度会逐渐加快,观测周期也要相应的逐渐缩短。

观测的精度和频率两者是相关的,只有在一个周期内的变形值远大于观测误差,其所得结果才是可靠的。

14.3　变形监测网优化设计

14.3.1　控制网优化设计问题的分类及解法

对于测量控制网而言,按照Grafarend提出的分类方法,将控制网的优化设计问题分为以下几个方面:

①零类设计问题(或称和基准选择问题),即对一个已知图形结构和观测计划的自由网,

为控制网点坐标向量 X 和其协因数阵 Q_{XX}，使 X 的某个目标函数达到极值。因此，零阶段设计问题也就是一个平差问题。

②Ⅰ类设计问题（或称为结果图形设计问题），即在已知观测值权阵 P 的条件下，确定设计矩阵 A，使网中的某些元素的精度达到预定值或最高精度。

③Ⅱ类设计问题（或称观测值权的分配问题），即已知设计矩阵 A，确定观测值权阵 P，使某些元素达到预定的精度或精度最高。

④Ⅲ类设计问题（或称网的改造或加密方案的设计问题），通过增加新点和新的观测值，以改善原网的质量，使改造方案的效果最佳。

14.3.2　控制网优化设计的质量标准

控制网的质量是控制网设计的核心和宗旨，而衡量其的标准就是控制网优化设计的质量标准根据控制网的要求不同一般有精度、可靠性、灵敏度、经济四类指标。

1. 精度指标

①整体精度是用于评价网的总体质量。因为精度矩阵 D_{XX} 是一个非负定阵，特征值 λ_i 也必非负。

②局部精度是控制网中某一个元素的精度称为网的局部精度，如某一条边长、某一个方向和某一个点位等的精度，局部精度均可以看成是未知参数的某个线性函数（即权函数式）

$$\varphi = f^T \hat{X} \tag{14-3}$$

即 φ 的方差

$$\sigma_\varphi^2 = f^T D_{XX} f \tag{14-4}$$

当 f 取不同形式时，可以得到单个坐标未知数的精度为

$$m_{x_i} = \sigma_0 \sqrt{Q_{x_i x_i}}, \quad m_{y_i} = \sigma_0 \sqrt{Q_{y_i y_i}} \tag{14-5}$$

点位精度为

$$m_i = \sigma_0 \sqrt{Q_{x_i x_i} + Q_{y_i y_i}} \tag{14-6}$$

点位误差椭圆元素

$$E_1^2 = \frac{\sigma_0^2}{2}(Q_{x_i x_i} + Q_{y_i y_i} + K_i) \tag{14-7}$$

$$F_2^2 = \frac{\sigma_0^2}{2}(Q_{x_i x_i} + Q_{y_i y_i} - K_i) \tag{14-8}$$

式中：$K_i = \sqrt{(Q_{x_i x_i} - Q_{y_i y_i})^2 + 4Q_{x_i y_i}^2}$

2. 可靠性准则

可靠性概念是 Barrda 教授（1968）针对观测值数据中的粗差提出的。测量控制网的可靠性是指控制网探测观测值和抵抗残存粗差对平差成果影响的能力，它分为内部可靠性和外部可靠性。

①内部可靠性是指某一个观测值中出现最小粗差 ∇_i（下界值），使给定的检验功效 β_0 在显著水平为 α 的统计检验中被发现。

②外部可靠性是指无法探测出（小于 $\nabla_0 l_i$），而保留在观测数据中的残存粗差对平差结果的影响。内、外可靠性均与多余观测分量 r_i 有关，当显著水平 α 和检验功效 β_0 一定时，它们

完全随 r_i 的变化而变化，因此，r_i 可以作为内、外部可靠性的公共指标。多余观测分量与多余观测有下列关系 $r_i = \sum r_i$，不难发现，多余观测分量值较大的，其内、外部可靠性一定较好。

③变形监测网的特殊准则——灵敏度准则。变形监测网以灵敏度(α_{0i})作为其特殊的质量标准，而不同于一般控制网的性质、特点和用途。其特点就是具有周期性和方向性，即通过多期观测来发现建(构)筑物在某一特定方向上的变形。而灵敏度正是用来描述监测网发现变形体在某一特定方向上 变形的能力，是变形监测网特有主要质量准则。

14.4　变形测量案例

1. 工程概况

某轨道交通线某区间盾构工程将通过正在施工的某住宅小区工地。目前，该工地基坑土方开挖已经完成，正在进行桩施工。地铁隧道将从工程桩中间穿过，两者最近距离1.7~1.8 m。

该地段工程地质条件差，存在较厚的淤泥层和砂层。住宅小区基坑用搅拌桩、旋喷桩止水，支护采用喷锚支护。

目前，住宅小区周边较大范围内地面有明显沉降，该区域建筑大部分为多层建筑，其基础有采用静压桩(桩长 12~18 m)，有采用锤击灌注桩(持力层为强风化层)，另有部分建(构)筑物基础形式未明。

由于地质和设计原因，该地段地铁隧道顶部部分需在砂层中成孔，成孔过程中流砂和降水均可能会对周边环境造成如下影响：

①成孔过程中流砂可能会引起周边地面、建(构)筑物沉降。

②成孔过程中流砂可能会引起周边土体、工程桩位移。

③成孔过程中流砂可能会引起周边水体下降，导致淤泥层固结压缩，引起周边地面、建(构)筑物沉降。

④隧道穿过止水砂幕墙时对止水幕墙的扰动和周边土体变形而引起止水幕墙的变形可能拉裂幕墙，造成基坑漏水，从而导致周边地面、建(构)筑物沉降。

基于上述考虑，在采取相关加固措施以保证周边已有建(构)筑物安全的同时，应进行严密的检测，以确保周边建(构)筑物安全。

2. 实施技术方案编制依据

①《建筑地基基础设计规范》(GB50007—2002)；

②《地下铁路、轻轨交通工具工程测量规范》(GB50308—1999)；

③《建筑变形测量规范》(JGJ8—2007)。

④《工程测量规范》(GB50026—2007)。

⑤《国家一、二等水准测量规范》(GB12897—2006)。

⑥《城市测量规范》(CJJ8—99)。

⑦《建筑工程设计手册》。

⑧轨道交通线区间盾构工程住宅小区段相关图纸。

3．监测项目

为准确了解盾构施工对周边环境和已有建(构)筑物的影响，及时发现可能存在的危险，并采用相应措施将地铁施工对周边的不利影响减至最小，确定以周边建(构)筑物、地面(管线)沉降测量、基坑止水幕墙顶部位移和沉降测量、工程桩顶部水平位移测量为主要观测项目。

具体监测项目及内容见表14-4。

表 14 - 4　监测项目一览表

序号	项目	单位	数量	备注
1	周边建(构)筑物、地面(管线)沉降测量	点	165	—
2	基坑止水幕墙顶部位移和沉降测量	点	21	—
3	工程桩顶水平位移测量	点	20	—

4．监测方法和测点布置

(1)周边建(构)筑物、地面(管线)沉降测量

沉降测量(垂直位移监测)选用进口精密水准仪配合铟钢尺测量，仪器标称精度±0.4 mm/km。参照《工程测量规范》(GB 50026—2007)、《建筑变形测量规程》(JGJ 8—2007)等有关规范，沉降按三等变形测量的精度要求施测，外业观测按二等水准测量要求作业。计划共埋设6个测量基准点；在住宅小区埋设3个测量点(其中2个为深埋式基准点，另一个基准点布置在施工影响范围外的、沉降已经稳定的桩基建(构)筑物的结构柱位)；在邻近小区，埋设3个深埋式基准点。所有深埋式基准点均钻孔至岩层，然后在其顶部设置护罩。水准测量须在水准基点稳定后方可进行测量。基准网水准线路长约25 km。

建(构)筑物沉降测点为直径14 mm的膨胀螺丝，膨胀螺丝杆与墙面成60°，以保证每次测量测点与测尺在同一位置接触；对于基坑止水幕墙顶部沉降测点，为减少测点埋设高度，减少测点被破坏的概率，膨胀螺丝顶部与周围高差小于1 cm；对于地面沉降测点的埋设，先钻直径大于等于24 mm的孔，再埋、直径14 mm或16 mm的钢筋，钢筋穿透路面，且比路面略高。

测量采用相同的观测网形，使用固定的仪器和观测人员，并尽可能选择最佳观测时段，在基本相同的环境和条件下进行观测。

本项目监测以建(构)筑物结构沉降测量为主，同时测量周边地面沉降，共布置165个测点。

每栋楼根据距离地铁隧道的远近、基础形式的不同布置2~12个结构沉降测点和1~4个地面沉降点；在住宅小区基坑南侧管线位置布置8个地面沉降点；在隧道与止水幕墙交叉的2个位置各布置6~8个地面沉降测点。

(2)基坑止水幕墙顶部位移沉降测量

监测工作基点在基坑四周布置，同时在远处稳固的地方布置基准点，测量工作基点的变

化情况，共布设约 12 个基准点和工作基点，基准网与工程桩顶部水平位移测量公用。水平位移监测控制网的主要技术要求见表 14-5。

表 14-5 水平位移监测控制网的主要技术要求

等级	相邻控制点点位中误差/mm	平均边长/m	测角中误差/(")	最弱边相对中误差	主要作业方法和观测要求
Ⅱ	±3.0	<150	±1.8	≤1/70000	按三等三角测量进行

水平位移观测使用精密全站仪配合棱镜并采用极坐标法施测；测量采用等水平位移标准测量，变形点的点位中误差≤3 mm；测点采用强制对中，减少对中误差。沉降测量方法同周边建(构)筑物、地面(管线)沉降测量。

基坑止水幕墙顶部位移和沉降测量共布置 21 个测点。在止水幕墙的顶部布置测点时，测点间距 15~30 mm。

(3)工程桩顶部水平位移测量

工程桩顶部水平位移测量的测量方法同基坑止水幕墙顶部位移测量。工程桩顶部水平位移测量共布置 20 个测点。在隧道两边 82 条工程桩中选择 20 条桩，在桩顶布置水平位移测点。

5. 监测频率

监测时间从×××年××月开始至×××年××月结束，历时约 6 个月，分为 3 个阶段：地铁隧道施工前、地铁隧道施工中、地铁隧道施工后。由于本项目监测时间较短，基准网没有复测计划，但每次观测前必须对基点或工作基点进行稳定性检查。

从工程实际情况出发可将测量分为两部分：一部分是所有测量点定期普遍测量，一部分是对在隧道经过位置前后的测点进行加密观测。

观测周期、次数初步确定如下：

①各监测项目测初值 1 次。

②地铁隧道监测频率。

表 14-6 地铁隧道监测频率

变形速度 ω /(mm·d⁻¹)	监测频率	施工状况	
		喷锚暗挖法	盾构掘进法
ω>10	每天 2 次	距工作面 1 倍洞径	距盾尾 1 倍洞径
5<ω≤10	每天 1 次	距工作面 1~2 倍洞径	距盾尾 1~2 倍洞径
1<ω≤5	每 2 天 1 次	距工作面 2~5 倍洞径	距盾尾 2~5 倍洞径
ω≤1	7~14 天 1 次	距工作面大于 5 倍洞径	距盾尾大于 5 倍洞径

(3)地铁隧道施工后(3 个月)，按变形情况确定，一般每月测量 1~2 次，直至隧道稳定为止。

思 考 题

1. 为什么要进行建（构）筑物变形测量？变形测量主要包括哪些内容？

2. 深基坑变形监测式有什么特点？监测内容有哪些？

3. 建（构）筑物沉降异常的表现形式是什么？

4. 沉降观测有哪些步骤？每次观测为什么要保持仪器、观测员和水准路线不变？如何根据观测成果判断建（构）筑物沉降已趋于稳定？

5. 水平位移的观测方法主要有哪些？各适合于什么场合？

参考文献

［1］武汉地质学院测量教研室.测量学［M］.北京:地质出版社,1982.

［2］罗时恒.地形测量学［M］.北京:冶金工业出版社,1985.

［3］武汉测绘科技大学《测量学》编写组.测量学［M］.北京:测绘出版社,1997.

［4］王秉礼等.测量学［M］.上海:同济大学出版社,1990.

［5］熊春宝,姬玉华.测量学［M］.天津:天津大学出版社,2002.

［6］杨松林.测量学［M］.北京:中国铁道出版社,2002.

［7］顾孝烈,鲍峰,程效军.测量学［M］.上海:同济大学出版社,1999.

［8］许娅娅,雒应.测量学［M］.北京:人民交通出版社,2003.

［9］钟孝顺,聂让.测量学［M］.北京:人民交通出版社,1997.

［10］吕云麟,林凤明.建筑工程测量［M］.武汉:武汉工业大学出版社,1996.

［11］陈永奇.工程测量学［M］.北京:测绘出版社,1995.

［12］张正禄.工程测量学［M］.武汉:武汉大学出版社,2002.

［13］李青岳,陈永奇.工程测量学［M］.北京:测绘出版社,1995.

［14］胡伍生,潘庆林.土木工程测量［M］.南京:东南大学出版社,1999.

［15］邹永廉.土木工程测量［M］.北京:高等教育出版社,2004.

［16］覃辉.土木工程测量［M］.上海:同济大学出版社,2004.

［17］史兆琼.土木工程测量［M］.北京:中国电力出版社,2006.

［18］陈久强,刘文生.土木工程测量［M］.北京:北京科技大学出版社,2006.

［19］陈丽华.土木工程测量［M］.浙江:浙江大学出版社,2006.

［20］王国辉.土木工程测量［M］.西安:中国建筑工业出版社,2011.

［21］过静珺,饶云刚.土木工程测量［M］.武汉:武汉理工大学出版社,2011.

［22］许国辉,郑志敏.土木工程测量［M］.西安:中国建筑工业出版社,2012.

［23］罗聚胜,杨晓明.地形测量学［M］.北京:测绘出版社,2002.

［24］张晓东.地形测量［M］.黑龙江:哈尔滨工程大学出版社,2009.

［25］钟宝琪,谌作霖.地籍测量［M］.武汉:武汉测绘科技大学出版社,1996.

［26］詹长根.地籍测量学［M］.武汉:武汉大学出版社,2001.

［27］张豪.建筑工程测量［M］.西安:中国建筑工业出版社,2012.

［28］王兆祥.铁道工程测量［M］.北京:铁道出版社,2001.

［29］陈斌等.公路工程测量［M］.北京:中国劳动会社保障出版社,2012.

[30] 张项铎,张正禄.隧道工程测量[M].北京:测绘出版社,1997.

[31] 聂让.全站仪与高等级公路测量[M].北京:人民交通出版社,1997.

[32] 孔祥元,梅是义.控制测量学[M].武汉:武汉测绘大学出版社,2000.

[33] 王侬,过静珺.现代普通测量学[M].北京:清华大学出版社,2001.

[34] 刘基余,李征航,王跃虎,桑吉章.全球卫星定位系统原理及其应用[M].北京:测绘出版社,1993.

[35] 朱光,季晓燕,戎兵.地理信息系统基本原理及应用[M].北京:清华大学出版社1999.

[36] 李志林,朱庆.数字高程模型[M].武汉测绘科技大学出版社,2000.

[37] 黄丁发,范东明.GPS卫星定位及其应用[M].成都:西南交通大学出版社,1994.

[38] 周忠谟,易杰军,周琪.GPS卫星测量原理与应用[M].北京:测绘出版社,1999.

[39] 冯仲科,余新晓."3S"技术及其应用[M].北京:中国林业出版社,1996.

[40] 高井详,肖本林,付培义等.数字测图原理与方法[M].徐州:中国矿业大学出版社,2001.

[41] 潘正风,杨正尧.数字测图原理与方法[M].武汉:武汉大学出版社,2002.

[42] 於宗俦,鲁成林.测量平差基础[M].北京:测绘出版社,1999.

[43] GB 50026-2016 工程测量规范[S].北京:中国计划出版社,2016.

[44] GB/T 18314-2009 全球定位系统(GPS)测量规范[S].北京:中国计划出版社,2009.

[45] JTG D20-2006 公路路线设计规范[S].北京:人民交通出版社,2006.